AF340634

ŒUVRES

DE J. J. AMPÈRE

LA SCIENCE ET LES LETTRES

EN ORIENT

OUVRAGES DU MÊME AUTEUR

FORMAT IN-12

La Grèce, Rome et Dante, 4ᵉ édit. 1 vol. in-12. . . . .   3 50

Littérature et Voyages. 1 vol. in-12. . . . .   3 50

Heures de Poésie. 1 vol. in-12. . . . .   3 50

PARIS. — IMP. SIMON RAÇON ET COMP., RUE D'ERFURTH, 1.

LA SCIENCE

ET

LES LETTRES

EN ORIENT

PAR

J. J. AMPÈRE

DE L'ACADÉMIE FRANÇAISE ET DE L'ACADÉMIE DES INSCRIPTIONS

AVEC UNE PRÉFACE PAR M. BARTHÉLEMY SAINT-HILAIRE

DEUXIÈME ÉDITION

PARIS

LIBRAIRIE ACADÉMIQUE

DIDIER ET Cⁱᵉ, LIBRAIRES-ÉDITEURS

35   QUAI DES AUGUSTINS, 35

1867

AVANT-PROPOS

M. Ampère, dans un testament écrit peu de
jours avant sa mort, nous a chargés, M. de Loménie et moi, du triste soin de mettre au jour
ses œuvres inédites, de réunir en volumes les
articles ou mémoires disséminés dans divers
recueils périodiques, enfin de donner, s'il y
avait lieu, de nouvelles éditions des ouvrages
dont il avait lui-même surveillé l'impression.
Dans ce même testament, M. Ampère a remis
entre les mains de M. C. Cheuvreux, de cet ami
si dévoué auprès duquel il a passé les dernières
années de sa vie, la direction générale des publications posthumes. Nous voulons ici remercier M. Cheuvreux du concours si utile et si

affectueux qu'il nous a prêté dans l'accomplissement d'une tâche délicate, puisqu'il s'agissait d'une mémoire qui nous est également chère.

Les œuvres de M. Ampère sont partagées entre deux éditeurs, MM. Didier et Cie et MM. Michel Lévy frères; c'est à M. de Loménie qu'est confiée la révision des volumes qui s'impriment pour le compte de MM. Michel Lévy [1], et je reste chargé de ceux qui doivent paraître à la librairie Didier. Ces deux honorables éditeurs ont décidé que tous les volumes auraient le même format et sortiraient des mêmes presses, celles de M. Raçon, de telle sorte que la division matérielle des œuvres de M. Ampère n'est plus un obstacle à ce qu'elles soient renfermées en une collection uniforme.

Nous livrons aujourd'hui au public un volume consacré tout entier à de savantes et spi-

----

[1] Nous espérons de M. de Loménie, le disciple et le digne successeur de M. Ampère au Collége de France, une notice biographique étendue; nous souhaitons qu'elle paraisse bientôt, soit à part, soit en tête de quelqu'un des volumes nouveaux. En attendant, nous renvoyons volontiers le lecteur aux discours prononcés sur la tombe de M. Ampère, aux articles nécrologiques de revues ou de journaux, et nous recommandons aussi l'*Étude historique et littéraire* de M. Tamisier.

rituelles études sur la Chine et sur l'Inde. Nous n'avons personnellement rien à en dire, puisqu'un écrivain des plus compétents, M. Barthélemy Saint-Hilaire, a bien voulu rédiger une notice où le lecteur trouvera tous les renseignements préliminaires qu'il peut souhaiter. M. Ampère avait lui-même réuni les articles qui composent aujourd'hui ce volume[1], dans le dessein de les publier plus tard sous le titre que nous avons scrupuleusement conservé : *la Science et les lettres en Orient*. Mon rôle a été très-simple ; je me suis borné, comme je le devais, à reproduire le texte de M. Ampère, respectant même certaines négligences de style qu'on explique ou qu'on pardonne dans des articles ; les seules corrections que je me sois permises ont consisté à supprimer quelques répétitions, à substituer un mot à un autre lorsqu'il me paraissait évident qu'il y avait une faute d'impression, à effacer quelques lignes qui servaient de transition entre deux articles, enfin à mettre au passé ce qui était au présent au moment où M. Ampère tenait la plume. Toutes les fois qu'une difficulté sérieuse s'est présentée, je

---

[1] Ils sont pour la plupart tirés de la *Revue des Deux Mondes*.

l'ai soumise à M. Barthélemy Saint-Hilaire, et dans de rares occasions j'ai ajouté des notes rectificatives ou explicatives que j'ai placées entre deux crochets.

Puisse ce modeste travail n'être pas trop indigne de celui dont je garde précieusement le souvenir.

CH. DAREMBERG.

Ce 10 août 1865.

PRÉFACE

Une des qualités les plus brillantes et les plus
aimables d'Ampère, c'était une insatiable curiosité d'esprit. Il voulait connaître tout, et faire tout
connaître aux autres ; il apprenait pour savoir et
pour communiquer. Histoire et poésie, science
et beaux-arts, archéologie et politique, morale et
philologie, érudition et philosophie, il a touché à
une foule de sujets, trop nombreux peut-être,
mais où il a toujours porté les lumières d'une
intelligence enthousiaste et sûre. Cette passion
de l'étude, suivie bientôt d'une conversation non
moins passionnée, donnait au commerce d'Ampère un charme sérieux et une ardeur qu'ont ressentie tous ceux qui l'ont connu. C'étaient de ces

a.

entretiens qui émeuvent et qui instruisent, qui
attirent et qui élèvent ; c'étaient tout à la fois une
improvisation entraînante et comme un enseignement continué.

Cet amour de la science pour elle-même avait
développé dans Ampère une autre qualité aussi
précieuse et aussi rare : le désintéressement de
ses propres travaux, et la plus sympathique admiration pour ceux d'autrui. Il aimait tant à
s'instruire qu'il lui fallait remercier, devant le
public, ceux qui l'avaient instruit. Le silence lui
eût pesé comme une ingratitude ; garder pour
lui seul ce qu'il venait d'acquérir lui aurait paru
de l'égoïsme, et il se plaisait à exposer le résultat
de ses lectures, au moins autant qu'il s'était plu
à les faire. Comme d'ailleurs son estime et son
attention ne s'adressaient qu'aux plus grands, il
n'avait pas à craindre de perdre ses peines à les
étudier, à les louer. Il prêtait ainsi à des recherches peu accessibles par leur nouveauté et par
leur profondeur le secours d'une clarté concise ;
en les résumant, il les faisait apprécier par des
esprits qui, sans cette aide, n'en auraient jamais
compris toute la valeur. C'était rendre à la science
un service considérable en même temps que très-
modeste. Des labeurs qu'on croyait inabordables

devenaient tout à coup non pas seulement intelligibles, mais attrayants. Celui qui les mettait en relief, s'effaçait pour les faire saillir davantage; et l'auteur, qui lui-même pouvait composer tant d'œuvres originales, disparaissait pour faire place à ses maîtres et à ses amis, qu'il introduisait sur une scène nouvelle, où, sans lui, certainement leur gloire n'aurait pas de longtemps pénétré.

Voilà comment a été composé, dans un espace de vingt ans, le volume qui paraît aujourd'hui, et auquel on a cru pouvoir donner le titre de *la Science en Orient*. C'est un recueil d'articles[1], où Ampère a rendu compte de quelques ouvrages fort importants qui ont paru chez nous entre 1850 et 1850, et qui ont pour objets la religion et la littérature des principales contrées de l'Asie : la Chine, l'Inde et la Perse. Ces belles études se personnifient dans trois hommes, Abel Rémusat, Eugène Burnouf et M. Jules Mohl. Je puis, en

----

[1] Voici les dates de ces articles, extraits de la *Revue des Deux Mondes* : De la Chine et d'Abel Rémusat, numéros du 15 novembre 1852, 1er et 15 novembre 1853; Antiquités de la Perse, 1 décembre 1856; le Bouddhisme, 15 juin 1837; Théâtre chinois, 15 septembre 1858; l'Épopée persane, 15 août et 1er septembre 1839; Bhâgavata-Purâna, 15 novembre 1840; la Troisième religion de la Chine, 15 août 1842; l'Épopée indienne, le Râmâyana, 15 septembre 1847.

parlant des deux premiers, ne rien taire de tout
ce que j'en pense. Pour le troisième, je-dois
m'abstenir, parce qu'il est encore vivant. En face
des gens, il est trop difficile de faire leur éloge,
tout mérité qu'il est. Je ne dirais de J. Mohl que
la vérité la plus exacte et la plus mesurée, que
mon amitié pour lui rendrait ma sincérité suspecte ; et je me vois forcé, bien malgré moi, de
ne rien ajouter à ce qu'on lira dans l'article si
flatteur et si juste que M. Ampère lui a consacré.

Abel Rémusat a fondé parmi nous l'étude du
chinois ; c'est son titre de gloire, et la Restaura-
tion s'est honorée en créant une chaire tout ex-
près pour lui au Collége de France, comme elle
créait une chaire de sanskrit pour M. de Chézy,
non moins ingénieux et non moins neuf dans un
domaine également inexploré. D'autres, après
Abel Rémusat, ont poussé plus avant la connaissance de la langue chinoise, et notre orgueil national peut aujourd'hui se vanter de posséder le
plus habile des sinologues dans la personne de
M. Stanislas Julien. Mais, en 1814, Abel Rémusat, que devait surpasser son élève, était sans
rival ; et l'on doit toujours savoir un gré infini à
ceux qui, comme lui, sont les premiers à défri-
cher et à féconder un sol vierge. On verra, par les

articles de ce volume, tout ce qu'a fait Abel Rémusat dans une carrière trop courte [1], et tout ce
qu'il a préparé pour les progrès qui ont suivi.
Rien n'est plus curieux que la Chine par ses
mœurs, par sa langue, par ses arts, par son industrie, par ses livres et par son histoire. Abel
Rémusat, en fondant l'étude de la langue, a
donné la clef de tout le reste, dans un monde
plus étendu que le nôtre, et différent de l'univers entier.

Une application spéciale de l'instrument puissant qu'il venait de former, amena une révélation bien inattendue, celle du bouddhisme chinois, fils et reflet du bouddhisme primitif de
l'Inde. A la fin du quatrième siècle de notre ère,
un pèlerin, parti de la Chine pour aller dans
l'Hindoustan recueillir les livres sacrés, avait
écrit le récit de son périlleux voyage. Abel Rémusat entreprit de traduire l'ouvrage de Fa-Hien; il
mourut à la peine, et il fallut l'accession de Klaproth et de Landresse pour compléter l'ouvrage
inachevé du maître. Mais une page des plus intéressantes de l'histoire des religions venait d'être
découverte, et ce premier pas en devait confir-

---

[1] Abel Rémusat, né à Paris en 1788, est mort à Paris en 1852,
atteint, comme Cuvier et Casimir Périer, par le fléau du choléra.

mer bien d'autres. Montrer par un document authentique ce qu'était le bouddhisme au début du
cinquième siècle de notre ère, tant dans l'Inde
que dans la Chine, c'était une merveille ; et
malgré tout ce que la critique a pu justement reprendre, le *Foé-Koué-Ki* restera dans ces études
un vrai monument. Je sais très-bien quelles imperfections il présente ; et la traduction des
mémoires de Hiouen-Thsang, autre pèlerin chinois du septième siècle, nous a appris ce qui
manque à l'essai d'Abel Rémusat, et le mérite
incomparable de M. Stanislas Julien. Mais il a fallu
encore plus de vingt ans de recherches, et bien
des découvertes collatérales, pour que Hiouen-
Thsang fût traduisible par son illustre interprète.

Quant à Eugène Burnouf, je puis en parler
mieux que d'Abel Rémusat. Je l'ai connu, je l'ai
admiré, je l'ai aimé pendant longtemps. Quoique
plus jeune que lui de quelques années, nous
nous étions rencontrés au lycée Louis-le-Grand ;
plus tard, je m'étais lié avec lui d'une amitié qui
a duré trente ans, et qui n'a fini qu'avec sa vie,
prématurément tranchée comme celle d'Abel
Rémusat[1]. M. Villemain, dans une occasion solen-

[1] Eugène Burnouf est mort à Paris le 28 mai 1852, à peine
âgé de 50 ans.

nelle, a dit qu'Eugène Burnouf était un philologue de génie. Jamais ce juge si compétent n'a dit une parole plus vraie. Il suffit pour s'en convaincre de jeter un coup d'œil sur les trois grands ouvrages qu'a laissés Burnouf, tous trois interrompus aussi par la mort, qui est venue trop tôt, le *Yaçna*, l'*Introduction à l'histoire du bouddhisme indien* avec le *Lotus de la bonne loi*, et le *Bhâgavata-Purâna*.

Dans l'interprétation de cette partie des livres de Zoroastre qu'on appelle le *Yaçna*, ou le *Sacrifice*, Burnouf a ressuscité la langue zende, que personne n'avait comprise avant lui, pas même l'héroïque Anquetil-Duperron, qui était parvenu, au péril de sa vie, à retrouver ces monuments chez les Parsis, et qui, d'après eux, en avait publié la traduction traditionnelle. Sur les pas de Burnouf, on a pu désormais étudier le zend à peu près comme toutes les autres langues mortes; c'est lui qui a rendu possibles les belles publications qui ont été faites après la sienne. Il a reconstruit la grammaire d'une langue qui n'existait déjà plus, selon toute apparence, à l'époque de la première monarchie des Perses, et qui contient le dépôt d'une grande religion, intermédiaire entre les cultes de l'Inde et le christianisme. Ce n'est pas ici le lieu de raconter par quels prodiges de sagacité et de persévérance Burnouf est parvenu à cette restitution ; il me suffit de la signaler comme une des conquètes les plus étonnantes et les plus glorieuses de la philologie française.

Burnouf en a fait autant pour l'éclaircissement des doctrines et de l'histoire du bouddhisme. Mais du moins, dans ce sujet si vaste, il possédait une foule de documents, tous plus authentiques et plus étendus les uns que les autres. Depuis que M. B. H. Hodgson avait pu se procurer les soûtras bouddhiques au Népàl, sous leur forme originale, il n'y avait qu'à lire cette collection pour savoir, avec une précision définitive, ce qu'avait été le bouddhisme à son origine, dans quelle société il s'était développé, quelle réforme il avait entreprise, et quels succès il avait obtenus. Mais lire les soûtras avec facilité et nous en donner la substance, était une œuvre qui n'était accordée qu'à bien peu de philologues ; c'est à Burnouf que ce privilége était réservé. Sans Burnouf, le bouddhisme serait encore pour nous lettre close, attendant la lumière, qui ne serait peut-être pas venue de sitôt. L'*Introduction à l'histoire du bouddhisme indien* et le *Lotus de la bonne loi* ne sont pas des ouvrages plus complets, malheureusement que le *Yaçna* ; mais ils n'ont pas été moins féconds ; et la plupart des travaux postérieurs sur la religion la plus répandue de la terre ne seraient pas nés sans cette initiative toute-puissante. Enfanter de telles productions, c'est là précisément le fait du génie.

Le choix du *Bhâgavata-Purâna* n'a pas été aussi heureux, et il est permis de regretter qu'au lieu de ce monument secondaire, Burnouf n'ait pas mis sa forte main sur les *Védas*, et n'y ait pas porté son infaillible pénétration. Les *Védas* nous sont connus par d'autres voies ; mais, tout en admirant les éditions qu'on nous en donne, et notamment celle de M. Max Müller, on peut croire que personne ne fera mieux que n'eût pu faire Burnouf, longtemps avant tous les autres.

C'est que la qualité spéciale qu'il appliquait à toutes ces études, c'était une méthode d'une irréprochable rigueur ; elle le guidait dans ces sentiers obscurs ; elle le soutenait dans ces chemins ardus, où il n'a pas fait un faux pas ; elle l'a mis à peu près complétement à l'abri de toute erreur. Si l'on peut ajouter aux édifices qu'il a élevés, on n'aura rien à y refaire, parce qu'ils sont sans faute. Il est vrai que ce ne sont que des

fragments; mais ils n'en sont pas moins impéris-
sables; ils sont construits avec tant de solidité
que les siècles, on peut en être sûr, ne les ébran-
leront pas. Burnouf est de cette rare famille
d'esprits à qui il n'est pas donné sans doute de
tout dire, mais qui dans ce qu'ils disent ne se
trompent jamais. ·

On doit concevoir maintenant comment Ampère, ravi de pareils travaux, tenait à les faire
estimer des autres autant qu'il les estimait lui-
même; et comment il a voulu en étendre
l'utilité au delà des limites toujours fort restreintes du monde savant. En cela, il a eu parfaitement raison. Dans les destinées nouvelles
que la civilisation chrétienne prépare à la vieille
Asie, il est bon que chacun de nous, même parmi
les moins érudits, connaisse dans une certaine
mesure le passé de ces peuples, que nous trans-
formons peu à peu, et qui ne sauraient mieux
faire que de se mettre à notre suite. L'ignorance
inévitable où nous sommes nous porte trop souvent au mépris de toutes ces races, dont quelques-
unes sont plus anciennes et presque aussi intelli-
gentes que les nôtres. Il faut qu'on nous apprenne
ce qu'elles ont été, qu'on nous explique, d'après
les monuments les plus certains, leurs antiques

et vénérables croyances, et qu'on nous en fasse comprendre le véritable sens et la portée. Peut-être, en connaissant davantage ces nations, deviendrons-nous aussi plus bienveillants et plus justes envers elles, dans les rapports que nous les contraignons d'avoir avec nous.

On a pu dire jadis : *Ex Oriente lux;* et quand on se rappelle ce que la Judée et la Grèce ont donné au monde, cet éloge est certainement très-légitime. Mais aujourd'hui il est bien plus exact encore de dire le contraire : *Ex Occidente lux ;* et si l'Asie doit jamais reprendre une vie nouvelle, c'est des peuples occidentaux et chrétiens qu'elle la recevra. La Chine commence à s'ouvrir à toutes nos influences, soit par la guerre, soit par le commerce, soit par l'étude ; le Japon, qui était plus fermé qu'elle encore, sera bientôt ouvert complétement, presque aussi original et plus estimable, à bien des égards. L'Inde, avec ses deux cents millions d'habitants, est sous l'empire et à l'école des Anglais. La Cochinchine se met à la nôtre ; Java est, sous l'administration des Hollandais, la perle des colonies présentes et passées, le modèle des colonies futures dans cette partie du monde ; l'Australie, avec son avenir sans limites, est tout européenne, c'est-à-dire toute

chrétienne. Au nord du continent asiatique, la
Russie domine, et provoque, elle aussi, quelques
heureux progrès. Au sud, la mer Rouge est sillon-
née par des services réguliers de navires de commerce, qui seront cent fois plus nombreux encore
quand le canal de Suez sera praticable. En un
mot, l'Asie est pressée de toutes parts, là où elle
n'est pas dans un contact immédiat, par les forces
de notre civilisation ; elle fait tous les jours des
pas immenses, après s'être laissée tant arriérer.
On peut prédire, sans hésitation, que le monde
asiatique tout entier subira, sous notre conduite, les transformations les plus graves.

Tous les amis de l'humanité doivent désirer
que ces transformations, si utiles à la fois pour
nous et pour ceux à qui nous les imposons, soient
achetées le moins cher possible. L'orgueil d'individu à individu est bien souvent intraitable ; il
l'est bien davantage encore de nations à nations;
et en voulant faire sincèrement le commerce avec
le monde asiatique, nous sommes poussés trop
fréquemment à le déchirer par la guerre. C'est
là l'histoire de nos luttes contemporaines, aussi
bien que des luttes antérieures. Ce n'est pas cependant le rapport équitable qu'une civilisation
supérieure devrait avoir avec des peuples qui

valent moins que nous. Notre devoir, à la fois comme chrétiens et comme nations civilisées, ce serait de les élever jusqu'à notre niveau. Il s'agit non de les exploiter et de les opprimer, mais de les perfectionner, dans notre propre intérêt aussi bien que dans le leur. C'est ce que la loi religieuse de l'Évangile, d'accord avec la philosophie, recommande aux gouvernements occidentaux. Mais de si sages conseils ne sont guère entendus ; et la façon dont nous avons traité la Chine, dans une récente occasion, montre assez que·nous ne sommes pas encore à ce point de bienveillance ni de justice.

La science peut pour sa part aider la politique, en lui apprenant que ces peuples ne sont pas aussi barbares qu'on l'a cru trop longtemps ; et que leur civilisation, pour être moins éclairée et moins parfaite, n'en est pas moins poussée fort loin. En respectant un peu plus le passé de ces contrées, attesté par des monuments intellectuels qui parfois égalent ceux dont nous sommes si fiers, nous deviendrons plus pacifiques pour les descendants de ceux qui les ont produits. Nous serons plus indulgents, et nous remplirons mieux la mission que Dieu nous a confiée. Je ne veux pas me faire illusion en attribuant à la science plus d'action qu'elle n'en a dans les affaires humaines; mais il suffit qu'elle puisse concourir au bien qui se fera dans ces extrémités de la terre, soumises à l'influence de la civilisation chrétienne. On allait, dit-on, chercher jadis la sagesse dans le lointain Orient; que la science aujourd'hui nous y fasse porter un peu plus de mansuétude, et qu'elle y adoucisse la puissance des forts. Ce ne sera pas un de ses moindres bienfaits. Celui-là, quoique indirect, n'a rien d'impossible ; et l'on est autorisé à croire, sans partialité, que l'administration européenne est plus douce, en même temps qu'elle est plus habile, entre les mains des William Jones, des Wilkins, des Colebrooke, des Wilson, des Prinsep, etc.

Quoique à distance, les œuvres des Abel Rémusat, des Eugène Burnouf, des Mohl, peuvent avoir des résultats assez analogues. Ces hommes éminents n'ont pas pu, comme d'autres, gouverner personnellement les intérêts et les destinées de quelque partie de l'Asie ; mais ils les servent puissamment, bien que de plus loin. Ampère s'est associé à ces nobles labeurs, en mettant tous leurs trésors à la portée d'un plus grand nombre de lecteurs. Sans doute, depuis ces articles si élégants et si instructifs, la science a marché ; les études sanskrites, zendes, bouddhiques et chinoises sont aujourd'hui plus avancées que quand il les résumait, voilà déjà plus de trente ans, avec tant de bonheur et d'utilité. Mais ces travaux de pure exposition ont eu leur moment; et à cette heure même, ils ne sont pas sans à-propos. C'est là ce qui justifie les amis d'Ampère d'avoir songé à les publier de nouveau; à mon sens, ils ont bien fait, et le public les en remerciera.

BARTHÉLEMY SAINT-HILAIRE.

LA
SCIENCE EN ORIENT

DE LA CHINE
ET DES TRAVAUX DE M. ABEL RÉMUSAT

LANGUE ET ÉCRITURE CHINOISES. — LANGUES TARTARES : JAPONAIS, CORÉEN.
HISTOIRE LITTÉRAIRE, BELLES-LETTRES.
SCIENCES NATURELLES ET ARTS MÉCANIQUES. — GÉOGRAPHIE, HISTOIRE.
PHILOSOPHIE ET RELIGION.

En écrivant cette notice, je me suis proposé un double but : contribuer à faire connaître d'une manière générale ce que l'érudition doit au savant qu'elle aura tant de peine à remplacer, et, à cette occasion, entretenir le public d'un sujet qui, grâce surtout à M. A. Rémusat, a souvent piqué sa curiosité, mais sur lequel il reste encore dans plusieurs esprits de grandes incertitudes et bon nombre de préjugés. On a beaucoup déraisonné sur la Chine, et les Chinois ne se font pas de l'Europe des idées plus ridicules que celles que nous nous sommes formées souvent de leur empire. A l'ignorance et à l'esprit de système s'est joint le dédain qui leur va si bien, et l'on s'est dit : A quoi bon savoir le chinois ? Des personnes instruites du reste sont portées, faute de notions précises, à ne voir dans cette étude que l'amusement d'une vaine curiosité, tout au plus l'inutile mérite de la difficulté vaincue, ou une sorte de manie bizarre comme le goût des magots. On n'oserait s'écrier : Peut-on être Persan ! car on a lu Montesquieu, mais on se surprend à penser : Peut-on être Chinois ! Quelle estime faire alors d'une vie vouée tout entière à l'étude d'une langue et d'une littérature auxquelles on attache si peu d'importance ? Cependant la mort de M. A. Rémusat est une des pertes les plus sérieuses que pouvait faire la science ; des progrès de l'ordre le plus élevé sont arrêtés par cette mort, qui l'a frappé dans la force de l'âge, et, pour ainsi dire, au cœur de ses travaux.

C'est que la Chine est tout un monde. On pourrait dire que c'est la planète la moins différente de la nôtre ; peut-être les habitants de Saturne seraient-ils plus curieux à connaître que l'*Empire du Milieu*, encore je n'en voudrais pas répondre. Une nation dont la population est aujourd'hui supérieure à celle de toute l'Europe, qui compte plus de quarante siècles d'antiquité bien avérée et de traditions historiques non interrompues, dont le langage et l'écriture sont fondés sur des procédés entièrement différents de ceux qu'emploient les autres peuples, dont l'organisation politique, les mœurs et jusqu'à la tournure des idées et du style ne diffèrent pas moins de tout ce que nous connaissons ; une nation qui possède une littérature immense, qui connaît tous les raffinements de la vie sociale la plus compliquée, en un mot qui présente un développement de civilisation complet, à la fois parallèle et opposé au nôtre ; une telle nation mérite bien qu'on l'étudie pour elle-même ; et si j'ajoute, ce dont au reste les preuves s'offriront dans ce travail, que l'on peut emprunter aux Chinois, comme on l'a déjà fait avec succès, des documents, que seuls ils possèdent, sur l'ancienne histoire du haut Orient, et par la éclairer, d'une lumière que rien ne saurait remplacer, toutes les grandes invasions qui ont poussé les peuples d'Orient en Occident, depuis Odin jusqu'à Gengis ; enfin que là se trouvent de précieux matériaux pour l'histoire du bouddhisme, histoire encore à faire, bien que cette religion ait joué depuis trois mille ans un rôle immense dans le monde et compte actuellement plus de sectateurs qu'aucune autre, on conviendra que l'étude du chinois n'est ni sans intérêt ni sans importance, et meritait qu'un des esprits les plus déliés et les plus fermes de notre temps y consacrât ses rares facultés.

Il n'est presque aucune portion du vaste ensemble de recherches que la Chine peut offrir, sur laquelle ne se soit portée l'attention de M. A. Rémusat. Parcourir ses principaux travaux, c'est faire, pour ainsi dire, le tour de ce vaste sujet. Sa sagacité choisissait en général, dans chaque matière, le point délicat et essentiel pour s'y appliquer. Dire ce qu'il a fait, c'est toucher aux plus curieux produits de la science qu'il cultivait ; indiquer ce qu'il voulait faire encore, c'est indiquer où en sont les problèmes les plus intéressants qui restent à résoudre.

D'après cela, ayant pour but de faire de cette notice comme un compte rendu du degré auquel M. A. Rémusat a porté et de l'état où il a laissé nos connaissances sur la Chine, je diviserai ses travaux d'après l'ordre des matières auxquelles ils se rapportent, ainsi qu'il suit :

1° Langue et écriture chinoises ;

2° Langues tartares : japonais, coréen ;

3° Histoire littéraire, belles-lettres ;

4° Sciences naturelles, arts mécaniques ;

5° Géographie, histoire ;

6° Philosophie et religion.

On voit que c'est presque le plan d'une encyclopédie ; mais que ce mot n'effraye pas mes lecteurs, je n'ai ni l'intention ni les moyens d'être profond. Mon désir est seulement de choisir sous ces différents chefs les résultats qui peuvent offrir l'intérêt le plus général

et souvent le plus piquant : heureux si je trouvais
pour les exposer un peu de cette clarté vive que leur
auteur savait si bien y répandre. Quoi qu'il en soit,
faire connaître les travaux de M. A. Rémusat est une
obligation pour quiconque a profité de son admirable
enseignement. D'autres sauraient beaucoup mieux
s'acquitter de cette tâche ; mais les plus faibles de ses
élèves doivent contribuer à la remplir.

LANGUE ET ÉCRITURE CHINOISES

Ce point a été un des plus controversés ; c'est celui
qui a donné naissance aux plus grandes confusions
et aux préjugés les moins fondés. Je crois utile de
dire ici quelques mots touchant la langue et l'écriture
chinoises ; l'une étant à peu près indépendante de
l'autre, il est bon de les envisager séparément. Com-
mençons par l'écriture.

On sait généralement que les Chinois n'ont pas
d'alphabet. Cette circonstance, qui n'est pas particulière à leur écriture, a fait naître dans certains esprits
les plus étranges imaginations. On a pensé qu'une
langue qui ne pouvait s'épeler devait être bien barbare ; de là le préjugé de l'incroyable difficulté de
l'écriture chinoise. On rencontre encore quelques
personnes qui vous disent, comme un fait reconnu,

que les Chinois passent leur vie à apprendre à lire et
ne savent écrire que sur leurs vieux jours, tout juste
à temps pour faire leur testament. Quelques méta-
physiciens, dont ils avaient négligé de consulter le
système en inventant celui de leur écriture, ont été
plus loin : ils ont nettement refusé à tout un peuple la
possibilité d'entendre les livres qu'il imprime. D'autres, à peu près aussi bien au fait de ce dont ils parlaient, ont porté dans l'admiration la même sagesse
que les premiers dans le blâme : ils ont vu dans les
caractères chinois de merveilleux hiéroglyphes, formés
d'après de profondes associations d'idées et une savante analyse de la pensée humaine. Au lieu de tout
cela tâchons de dire quelque chose d'exact, ce qui,
après les travaux de M. A. Rémusat, n'est pas un grand
mérite, et tâchons d'être clair, ce qui est toujours
difficile.

Dans l'écriture chinoise, chaque signe, au lieu de
rappeler un son comme dans nos systèmes alphabétiques, représente immédiatement l'idée ou l'objet :
c'est ce qu'on appelle une écriture idéographique, c'est-
à-dire peignant les idées. Le mot me semble un peu
ambitieux et un peu inexact; car, à un certain nombre
d'exceptions près, les caractères chinois, dans leur
état actuel, ne sont point des peintures ressemblantes
des objets et encore moins des idées, dont il n'est pas
facile de faire le portrait, mais des assemblages de
traits, en grande partie arbitraires, par lesquels on est

convenu de désigner les objets ou les idées. Quoi qu'il en soit, ces signes n'offrent point, comme nos mots écrits, la représentation d'un mot parlé dont ils contiendraient les éléments. Chacun d'eux a sa valeur propre pour l'œil, indépendamment de toute combinaison de son qu'on y peut rattacher; c'est exactement ce qui a lieu chez nous pour les signes des nombres : le chiffre 2, par exemple, nous donne immédiatement l'idée de dualité, sans que nous ayons besoin de penser au mot deux. Ce chiffre n'a aucun rapport avec le mot, cela est évident ; eh bien ! il en est ainsi pour tout à la Chine. Chaque objet de la pensée a son chiffre : c'est ce qu'on appelle un caractère. On pourrait donc, à la rigueur, ne pas savoir articuler une syllabe chinoise et comprendre un livre chinois, de même qu'un Allemand n'a pas besoin de savoir un mot de français pour lire un numéro dans une rue de Paris.

Le terme *clef* a aussi beaucoup servi à embrouiller les idées touchant l'écriture chinoise ; cependant rien de plus simple : les caractères chinois sont composés d'un nombre plus ou moins considérable de traits plus ou moins compliqués ; les ranger par clef, c'est grouper ensemble ceux qui contiennent une partie commune. Les clefs sont pour les mots-signes de la langue chinoise ce que sont les radicaux pour les mots parlés de nos langues. Ce sont de véritables radicaux dont le nombre, comme celui de toutes les racines, peut varier, selon que l'on pousse plus ou moins loin l'opération analytique par laquelle on recherche la partie radicale d'un mot. Ces clefs n'ont pas été inventées d'abord, comme le croyait Fourmont, puis combinées d'après des règles constantes et raisonnées pour former les caractères. L'esprit humain ne commence pas ainsi par une analyse savante ; il ne s'en avise qu'après coup, pour classer les produits d'une synthèse instinctive. C'est ce qui est arrivé à la Chine : on a d'abord inventé les caractères ; puis, pour les ordonner, on a cherché quels étaient ceux qui avaient une partie commune ; on a nommé cette partie commune clef ou radical, et on a placé dans les dictionnaires, les uns à côté des autres, les caractères qui avaient le même radical ou la même clef, comme on range quelquefois les mots de nos langues d'après les racines.

Voilà tout le mystère des clefs.

Je n'ai considéré jusqu'ici que la langue écrite. Si les Chinois étaient sourds et muets, cette langue leur suffirait complétement, et ils pourraient par elle se tout dire, sans avoir idée de ce que nous appelons un mot.

Mais comme ils ne sont pas sourds et muets, ils ont une langue parlée. Cette langue parlée désigne par des sons ce que la première désigne par des traits ; elle s'adresse uniquement aux oreilles, comme la première uniquement aux yeux. Ces deux langues, comme je l'ai dit, n'ont aucune relation essentielle. Cela est si vrai que des nations de l'Asie, qui parlent des idiomes très-différents, se servent également des caractères chinois, comme tous les peuples de l Europe, malgré la diversité de leurs langues, font usage des chiffres arabes.

La langue parlée offre une particularité remarquable ; elle est composée d'environ trois cents monosyllabes ; au moyen de divers accents qui en font varier l'intonation d'une manière très-sensible pour , des oreilles chinoises, on obtient environ douze cents mots : c'est le vocabulaire tout entier de la langue parlée.

Pour la langue écrite elle est d'une richesse illimitée. Les caractères ou mots-signes dont elle se compose ont été portés dans certains dictionnaires chinois jusqu'à cent mille : on voit que s'il fallait les connaître tous, la vie suffirait à peine en effet pour apprendre à lire, mais ce luxe de lexicologie est heureusement aussi superflu qu'il est effrayant. Au nombre de ces cent mille caractères, il est beaucoup de synonymes, d'archaïsmes, de termes inusités, ou réductibles à des termes usuels, et la connaissance de quelques milliers de signes suffit pleinement pour la lecture des ouvrages qui ne demandent pas une étude spéciale.

Des jeunes gens qui ont reçu même une éducation médiocre, lisent et écrivent très-correctement ces

caractères. C'est ce dont ont pu s'assurer ici ceux qui
ont conversé la plume à la main avec quelques jeunes
Chinois, qui n'étaient rien moins que des lettrés con-
sommés.

Après avoir brièvement indiqué la vraie nature de
la langue singulière à laquelle M. A. Rémusat s'était
voué, c'est lui maintenant que nous allons suivre,
et ses recherches ingénieuses nous fourniront le
moyen de compléter nos idées sur ce sujet.

Au commencement de ce siècle, l'étude du chinois
était complétement abandonnée en France, à tel point
qu'on fit venir, en 1809, un étranger (Hager), pour
publier un dictionnaire chinois à Paris, entreprise au
reste qu'il ne fut pas en état d'exécuter. Il fallut à
M. A. Rémusat un rare courage pour concevoir la pensée d'apprendre cette langue sans maître, sans grammaire et sans dictionnaire ; il eut besoin d'une persévérance plus rare encore pour atteindre son but, malgré l'insuffisance des secours dont il pouvait disposer,
et la malveillance de ceux qui, au lieu d'encourager
ses travaux, les entravaient. Occupé alors d'études mé-
dicales qui remplissaient ses jours, il donnait au chinois ses nuits. Cette notice n'étant pas une biographie,
je n'entrerai pas dans le détail des difficultés qu'il eut
à vaincre ; j'y ai regret : car c'est toujours un attachant
spectacle que celui d'une vocation énergique aux
prises avec les obstacles qu'on ne manque jamais de
lui opposer, et qui ne font que l'affermir en l'éprou-

vant. Je rappellerai seulement, comme un fait curieux dans l'histoire de l'érudition française, que, vers le temps où M. A. Rémusat devinait, pour ainsi dire, le chinois, un autre savant s'initiait aux secrets d'une langue non moins difficile, le sanskrit, pour laquelle il n'existait point encore de grammaire. Quand la première, celle de Wilkins, parut, il se trouva en France un homme en état de la juger et d'en relever les imperfections : c'était M. de Chézy, qui vient de suivre de si près Rémusat dans la tombe.

En 1811, M. A. Rémusat fit paraître le premier résultat de cinq années d'études. C'était une brochure portant pour titre : *Essai sur la langue et la littérature chinoises.* Ce petit ouvrage, devenu assez rare, et que les travaux postérieurs de son auteur ont laissé bien loin derrière eux, n'en est pas moins curieux aujourd'hui, considéré comme leur point de départ. On sent bien dans quelques parties l'inexpérience et l'incertitude d'un premier essai ; on y rencontre même quelques inexactitudes, par exemple, les quatre livres moraux sont donnés comme formant, par leur réunion, le cinquième king ; cependant presque toutes les notions renfermées dans ce petit livre sont justes et attestent déjà la pénétration et la sagesse de l'esprit qui les avait recueillies. Seulement elles sont exposées avec une certaine confusion, où l'on sent le désordre d'une acquisition récente, et un empressement bien naturel à publier des découvertes difficiles. Il est piquant de

surprendre les mouvements d'une admiration passionnée dans cet homme, dont plus tard nous n'avons
connu que l'intelligence ferme et froide, et l'esprit
tourné à l'ironie. Il cite avec complaisance quelques-
uns des caractères dont la composition est la plus ingénieuse, tels que *ming*, lumière, formé du soleil et
de la lune réunis ; *chou*, livre, exprimé par la clef du
pinceau et celle de la parole, comme qui dirait parole
peinte ; *nou*, colère, composé du caractère *cœur* et du
caractère *esclave*, passion qui asservit le cœur. Le
jeune auteur, dans son enthousiasme, se garde bien
de dire que les caractères dont on peut ainsi rendre
compte par des associations d'idées plus ou moins
heureuses, sont infiniment peu nombreux en chinois,
en comparaison de la foule des mots insignifiants,
et il ajoute, avec toute la ferveur admirative d'un
novice : « En lisant, dans le *Chou-King*, la description
du *Déluge d'Iao*, les gouttes de la clef de l'eau (caractère composé de 3 gouttes), accumulées et combinées
avec les caractères des ouvrages publics, des montagnes, des collines, semblent, si j'ose ainsi parler,
transporter sur le papier les inondations et les torrents
qui couvraient les montagnes, surpassaient les collines, et inondaient le ciel ! Tel est un des principaux
mérites de la langue chinoise, que lui ont reconnu
tous ceux qui ont fait quelque progrès dans son étude,
et qui n'a pas contribué peu à *l'enthousiasme dont cette
même étude est inséparable.* »

Vingt ans plus tard, il eût souri de cet enthousiasme qu'il exprimait alors avec un abandon dont la naïveté n'est pas sans grâce. Alors il n'eût plus vu, comme à son début, le déluge transporté sur une page du *Chou-King*, par un prodige de l'écriture chinoise. Ce n'est pas qu'il n'y ait en effet souvent une intention pittoresque dans le choix des caractères qu'elle emploie, et une sorte de poésie de style qui parle aux yeux. Cela tient à la nature même de la langue écrite ; mais il est difficile, à moins d'y mettre un peu de bonne volonté, que nous puissions jouir de ces beautés si étrangères à nos habitudes littéraires. Je croirais aussi bien qu'un Chinois peut se mettre en état, à Canton, de goûter l'harmonie d'une phrase de Châteaubriand ou d'un vers de Lamartine. N'importe, les illusions de ce genre sont le dédommagement des études difficiles, et ont quelque chose de respectable quand elles font entreprendre ce que sans elles on n'aurait pas tenté. Si M. A. Rémusat n'eût pas, à vingt ans, cru voir tant de belles choses dans les caractères chinois, peut-être il n'eût pas publié plus tard sa grammaire, ou commencé sur le bouddhisme ces beaux travaux que la mort l'a empêché d'achever.

Dans les *Mines d'Orient*, recueil publié à Vienne, par M. de Hammer, parut, de 1813 à 1814, un opuscule que M. A. Rémusat avait d'abord écrit en latin, et qu'il a depuis traduit en français. L'auteur n'en est déjà plus à l'enthousiasme du noviciat ; mais la jeunesse se trahit par une certaine tendance à l'exagération qui touche au paradoxe. C'en est un véritable de contester au chinois sa nature monosyllabique. D'abord, et c'est la plus mauvaise raison de M. A. Rémusat, il est, dit-il, certains mots qu'on ne peut prononcer sans les diviser en plusieurs syllabes, tels que *thsi-ao-phie-e-ou*, etc. C'est arguer très à tort de notre écriture contre la prononciation chinoise, qu'alors il n'avait eu aucune occasion de connaître ; il suffisait, pour ne pas tomber dans cette erreur, de remarquer que ces mots et leurs analogues ne comptent dans les vers chinois que pour des monosyllabes. Les autres allégations sont plus spécieuses, et contiennent même une vérité, savoir que les Chinois ont formé, par la réunion de plusieurs mots monosyllabiques, des expressions qu'on peut appeler, si l'on veut, polysyllabiques. Il n'en est pas moins vrai que chacune des syllabes dont elles sont composées est un mot à part, auquel correspond un caractère distinct; car qui distingue un mot d'un autre mot, si ce n'est l'écriture qui les sépare? Jusqu'à ce qu'on trouve en chinois un mot de deux syllabes, représenté par un seul caractère, il sera donc vrai de dire que le chinois est une langue monosyllabique. J'ai insisté sur ce point, parce que M. A. Rémusat n'a jamais assez complétement abandonné ce paradoxe sans importance, qui avait séduit sa jeunesse.

Du reste, dans ce mémoire, M. A. Rémusat montrait

beaucoup de justesse d'esprit en défendant la langue chinoise de l'imputation d'obscurité forcée dont on l'avait chargée sans la connaître. Il faisait voir par quels artifices les Chinois réparent les inconvénients d'une langue dont chaque mot est inflexible ; comment, au moyen de particules ajoutées aux substantifs et aux verbes, ils parviennent aux résultats qu'atteignent d'autres peuples par des désinences ou des préposi- tions. Il faisait voir que, quoi qu'on en eût dit, partout où les hommes parlent et écrivent, ils s'y prennent de manière à s'entendre. A cette époque, les idées de M. A. Rémusat, sur le parti à tirer de l'étude de la langue chinoise, n'avaient pas la précision qu'elles ont acquise depuis ; mais elles avaient peut-être, avec un peu plus de vague, encore plus de largeur et d'é- tendue. C'est ce qu'on observe en lisant son plan d'un dictionnaire chinois, qui parut en 1814. Ce plan gigantesque contient des parties qu'il serait peut-être impossible et certainement inutile d'exécuter jamais.

L'auteur de ce plan[1] ne se dissimulait pas quelle immense lecture il exigeait, et on voit qu'il ne s'ef- frayait pas de la pensée que lui-même pût être appelé à le remplir. Mais ce projet n'eut pas de suites, et on peut se féliciter que M. A. Rémusat n'ait pas usé ses forces dans une entreprise si démesurée. Depuis ce temps, deux dictionnaires chinois ont été imprimés,

____

[1] *Mélanges asiatiques*, t. II, pag. 96.

celui du père Basile de Glémona, en France, et celui du révérend Morrison, à Macao.

Le dictionnaire laissé manuscrit par le père Basile a été imprimé sous l'Empire par les soins de M. de Guignes fils, soins qui, à vrai dire, ne furent pas très-diligents, ni surtout dirigés par une connaissance bien profonde du chinois. Composé sur une échelle beaucoup plus modeste que celui de Morrisson, ce dictionnaire, malgré ses imperfections et celles dont l'a enrichi son éditeur, est fort utile pour l'étude, surtout si l'on y joint l'excellent supplément de M. Klaproth, qui en complète les lacunes et en rectifie les erreurs. En tête de ce supplément est un examen critique du dictionnaire en question, dont M. A. Rémusat s'est avoué l'auteur. C'est un modèle de savoir, de finesse et de malice. M. de Guignes fils ayant oublié de mettre sur le frontispice de l'ouvrage qu'il publiait, le nom du père Basile qui l'avait composé, M. A. Rémusat commença son *Examen critique* par une anecdote chinoise, dans laquelle figurent un lettré, pauvre et savant, auteur d'un dictionnaire, et un bibliothécaire ignorant qui, après avoir mis son nom à ce dictionnaire, est reconnu pour plagiaire, et solennellement flétri comme tel; suivait immédiatement le récit de ce qui s'était passé à l'occasion de la publication du manuscrit du père Basile, et le soin de faire le rapprochement et de tirer la conclusion était laissé au lecteur.

Quant au dictionnaire de M. Morrison, il semblait

être conçu d'après le plan que huit ans auparavant
M. A. Rémusat avait indiqué dans l'opuscule dont j'ai
parlé plus haut. Aussi, lorsque, en 1822, la première
livraison du dictionnaire de Morrison parut, M. A. Rémusat se hâta de rendre cet hommage à son auteur :
« Le lexicographe anglais pourrait adopter la brochure
du Français pour le prospectus de son travail, et, en
réalisant les vues qui y sont présentées, dire comme
l'architecte athénien : « Ce qu'il a proposé, je le ferai.»

Mais les difficultés d'une si vaste entreprise ne tar-
dèrent pas à se faire sentir, et il faut avouer que le
révérend missionnaire ne fit pas de grands efforts pour
les surmonter. L'écueil à éviter était l'abondance même
des matières qu'il avait à coordonner. M. Morrison
parut prendre plaisir à faire cette difficulté plus grande
qu'elle ne l'était naturellement ; car, dans la seconde
livraison, il se mit à insérer, au lieu d'articles, de
véritables traités, de sorte que son dictionnaire tour-
nait à l'encyclopédie. Ainsi, il ajouta à l'explication du
caractère *hio*, Étude, un article qui occupe quatre-
vingts colonnes in-quarto, où il fit entrer tout ce qu'il
avait pu recueillir de curieux sur la manière dont les
Chinois font leurs études, et sur le système d'examen,
établi au huitième siècle, d'après lequel on choisit les
lettrés pour occuper toutes les places de l'administration. M. A. Rémusat louait M. Morrison d'être entré dans
quelques détails à ce sujet. Quoi de plus frappant, en
effet, qu'un grand pays de l'Orient sans pouvoir sacer-

dotal, et presque sans aristocratie militaire, qui est gouverné par un corps toujours mobile de gens de lettres, où toutes les fonctions publiques se donnent d'après des examens de morale, et sont mises au concours de la science? Mais il faut avouer, comme M. A. Rémusat en convient aussi, que ces détails, tout intéressants qu'ils sont en eux-mêmes, étaient fort déplacés dans un dictionnaire. Il est vrai que M. Morrison ne mérita pas longtemps le reproche de trop développer les articles du sien; se fatiguant tout à coup de son immense travail, il passa brusquement de cet excès de richesse à un autre excès beaucoup plus fâcheux, et la maigreur extrême de la troisième partie de son dictionnaire par clefs égala l'ampleur outrée de la seconde. Ainsi le plan tracé par M. A. Rémusat n'a pas été rempli, peut-être ne pouvait-il pas l'être; espérons qu'il est réservé à celui qui lui a succédé dans l'enseignement de nous donner un dictionnaire complet, ce qui peut s'obtenir en renonçant à quelques-unes des richesses inutiles dont M. A. Rémusat avait encombré son programme, comme tout ce qui tient aux variations de l'écriture, aux altérations locales de la prononciation; et en donnant en revanche le plus possible d'exemples du style poétique et fleuri, partie difficile de la langue chinoise, où M. Stanislas Julien a déjà fait tant de progrès, et sur laquelle nous appelons la continuation de ses efforts et de ses succès.

Enfin deux chaires furent fondées pour les deux

hommes qui avaient créé une étude, une branche de savoir dans leur patrie. M. A. Rémusat vint au collége de
France fonder un enseignement qui ne s'éteindra plus
parmi nous. Dans son discours d'ouverture, il rendit
un hommage, que personne ne peut désavouer, à cette
illustre mission de la Chine, qui a produit tant d'hommes distingués, et d'où sont sortis tant de travaux
utiles; il apprécia avec impartialité le zèle et les efforts de Fourmont, admira sans restriction Des Hauterayes et de Guignes, et réclama en leur nom pour
la France la suprématie dans un district de l'érudition
où les étrangers n'étaient entrés que quand nous
l'avions quitté, et où ils n'avaient paru que pour re-
hausser notre gloire par leur infériorité. Il attaquait
avec chaleur les préjugés si répandus sur les difficultés
de la langue chinoise et son peu d'importance. Il
s'écriait : « Une littérature immense, fruit de quarante
siècles d'efforts et de travaux assidus, l'éloquence et
la poésie s'enrichissant des beautés d'une langue pittoresque, qui conserve à l'imagination toutes ses couleurs ; la métaphore, l'allégorie, l'allusion concourant
à former les tableaux les plus riants, les plus énergiques ou les plus imposants ; d'un autre côté, les
annales les plus authentiques que nous tenions de la
main des hommes, déroulant à nos yeux les actions
presque ignorées, non-seulement des Chinois, mais
des Japonais, des Coréens, des Tartares, des Tibétains,
ou des habitants de la presqu'île ultérieure de l'Inde, ou

développant les dogmes mystérieux du Bouddha, ou ceux des sectateurs de la Raison, ou consacrant enfin les principes éternels et la philosophie politique de Confucius : voilà les objets que les livres chinois offrent à l'homme studieux qui, sans sortir de l'Europe, voudra voyager en imagination dans ces contrées lointaines. Plus de cinq mille volumes ont été rassemblés à grands frais à la bibliothèque du Roi ; leurs titres ont été à peine lus par Fourmont ; quelques ouvrages historiques ont été entr'ouverts par de Guignes et Des Hauterayes ; tout le reste attend encore des lecteurs et des traducteurs. »

Tout cela était vrai.

Tandis que M. A. Rémusat se préparait à publier dans sa grammaire les fruits de son enseignement, il fut amené, par une étude toujours plus approfondie de l'écriture chinoise, à examiner les caractères figuratifs qui lui ont servi de base. Les résultats auxquels cette recherche le conduisit sont assez curieux pour nous y arrêter quelques moments.

Tous les caractères chinois sont formés par la combinaison d'un certain nombre de signes que la fantaisie des écrivains a groupés, brisés et entrelacés de mille manières, mais dont le nombre ne s'élevait pas originairement au delà de deux cents. Ce sont les éléments fondamentaux de la langue écrite ; ce sont les molécules primitives qui constituent cette énorme agglomération M. A. Rémusat eut l'idée simple et fé-

conde de prendre un à un ces signes élémentaires,
d'examiner successivement chacun d'eux sous sa forme
la plus ancienne, et de demander à cet examen des
lumières sur l'état primitif de la société chinoise,
que nul autre monument ne pouvait lui fournir. Il
est évident en effet que les images primordiales qui
depuis ont servi à former toutes les autres, devaient
contenir l'expression fidèle et comme le registre exact
des idées et des connaissances possédées par ceux qui
les avaient tracées. Cette vue était ingénieuse. M. A. Rémusat procéda à l'analyse des signes fondamentaux
de l'écriture chinoise avec l'excellente méthode qui le
caractérisait ; voici à quels résultats il fut amené.

D'abord, le nombre seul de ces signes est une chose
frappante, car il ne passe pas deux cents. C'est déjà
une induction pour un bien petit nombre d'idées et
de besoins, par conséquent pour un degré de civilisation peu avancé à l'époque où ils furent inventés.
Toute la suite du travail le confirma dans cette pré-
somption. Ainsi, il reconnut que le ciel n'avait fourni
aux inventeurs de l'écriture chinoise que sept caractères ; on voit qu'ils n'étaient pas grands astronomes ;
ils n'étaient pas non plus bien avancés en métaphysique et en théologie. Toute idée abstraite de Dieu est
absente de ce vocabulaire figuratif. Mais on y trouve
la représentation d'une victime offerte en sacrifice, et
la tête d'un démon ou mauvais génie. Ainsi, comme
l'observe l'auteur du mémoire, ils étaient supersti-

tieux avant d'être religieux ; il ajoute : « Cela n'a rien d'étonnant pour qui connaît la marche de l'esprit humain. » Je crois, au contraire, que plus on l'a étudiée, plus on a lieu d'être surpris d'un pareil résultat ; mais le fait, pour être embarrassant, n'en est pas moins certain. Ce n'est pas du reste le seul cas où la Chine semble une exception en dehors des lois générales de l'humanité.

On ne trouve parmi ces signes primitifs ni tours, ni jardins, ni ville, ni rempart, ni roi, ni lettré, ni général, ni militaire, mais la figure d'un homme qui se courbe en avant, laquelle a fourni, depuis, le caractère qui signifie sujet ou ministre, et celle d'un sorcier ; l'une emblème de souplesse servile, l'autre de superstition craintive ; elles annonçaient le peuple des lettrés et des bonzes. Il est curieux de trouver dès lors un homme faisant la révérence, je ne sais pas devant qui, car il n'y a pas encore de roi, mais il y a déjà un sujet qui s'incline en attendant ; peut-être est-ce devant le sorcier.

Les vêtements sont extrêmement simples. C'est la pagne et le bonnet ; le seul ornement qu'on trouve ici consiste en deux grains enfilés semblables au collier dont se parent les sauvages. Du reste, ni instrument de musique, ni monnaies, ni verre, et, ce qui est le plus significatif, point de métal.

Les armes ne manquent pas cependant ; il y a, pour cet article, neuf à dix signes, mais rien n'y indique l'emploi des métaux. Même à présent, le caractère de hache contient l'image de *pierre*, comme pour rappeler de quoi furent faites les premières haches : probablement elles étaient en silex comme celles des Germains et de tant d'autres peuples barbares.

Les animaux désignés par un signe simple sont, parmi les animaux domestiques, le chien, le cheval, le mouton, le cochon et le bœuf, les premiers serviteurs de l'homme ou ses premières victimes; parmi les animaux sauvages, le léopard, le cerf, le rat, l'élan, le rhinocéros, deux sortes de lièvres. Cette distinction entre deux espèces d'un même genre, dans un temps où l'on distingue si peu, me semble indiquer les habitudes et la sagacité exercée d'un peuple chasseur. Du reste, point encore de ces animaux fantastiques qui, depuis, ont joué un si grand rôle dans les traditions chinoises. Parmi les végétaux, on ne trouve ni le froment, ni l'orge, mais le riz, le millet, et un petit nombre de plantes potagères, ce qui semble indiquer de faibles commencements de culture.

Tel est le degré de civilisation peu avancé où en étaient les Chinois quand ils inventèrent l'écriture. M. A. Rémusat remarque avec raison que les deux cents images distribuées en dix ou douze groupes, suivant la nature des objets qu'elles expriment, et considérées isolément, ramènent toujours au même résultat et conduisent à des conclusions qui se confirment réciproquement, sans que rien vienne les infirmer ou les démentir. « On voit, dit-il, que ceux qui employaient ces signes étaient à peu près au même degré d'habileté en astronomie, en économie rurale, en histoire naturelle ; qu'ils n'étaient ni plus savants ni plus ingénieux, ni meilleurs, qu'il ne convient de supposer une réunion de familles sauvages sur un sol encore couvert de forêts dont nulle main n'a fouillé le sein ni fertilisé la surface. On croirait voir les tribus de la Nouvelle-Zélande ou des îles des Amis s'essayant, dans l'enfance de la société, aux arts qui marquent la naissance de la civilisation. »

Mais faisons une remarque importante. Ces tribus sauvages dont parle M. A. Rémusat, n'ont point inventé un système d'écriture qui subsiste depuis quatre ou cinq mille ans, qui, en se perfectionnant, s'est accommodé aux besoins d'un grand empire civilisé et d'une littérature immense. C'est un résultat prodigieusement curieux du travail de M. A. Rémusat de voir l'écriture naître, pour ainsi dire, avant la société. Il serait fort intéressant de suivre l'influence de cette précocité de l'écriture, et d'une écriture idéographique, sur la langue parlée. Il me semble probable que là est l'origine du monosyllabisme et de la pauvreté de cette langue. En général, l'écriture est inventée plus tard, quand les langues sont déjà plus riches ; d'ailleurs, un système alphabétique se plie à toutes les variations, à toutes les flexions, à toutes les combinai-

sons nouvelles de la parole ; il les suit et les reproduit par sa mobilité. Au contraire, un système idéographique n'ayant aucun égard au langage, ne se
prête point à ses transformations, et par là les arrête.
Un tel système fixe et stéréotype, pour ainsi dire,
chaque mot, qui demeure comme incrusté dans le
signe unique et immuable auquel il est attaché. Les
mots qui existaient quand l'écriture a été inventée,
dureront à jamais immuables comme leurs signes.
On n'ajoutera point de mots nouveaux au vocabulaire ;
car comment les peindrait-on ? Et même si de nouveaux caractères se forment, on leur appliquera, pour
les désigner, des mots déjà existants ; en effet, pour
en inventer de nouveaux, il faudrait combiner autrement les éléments de la parole, et ces éléments ne
sont pas analysés par l'écriture. En outre, comment
ces mots s'uniraient-ils, se fondraient-ils, pour passer
de la nature monosyllabique à la nature polysyllabi-
que, quand les signes qui leur correspondent sont
nécessairement distincts les uns des autres ? Comment
s'infléchiraient-ils selon les cas et les temps, quand
les signes se refusent, par leur nature, à exprimer la
moindre flexion ?

On voit donc, selon moi, que les principaux attributs de la langue chinoise parlée, savoir : le monosyllabisme, le petit nombre et l'inflexibilité des mots
dérivent de cet accident si curieux d'une écriture
idéographique inventée à une époque très-primitive

et toujours conservée depuis, fait que M. A. Rémusat a su lire dans cette écriture elle-même.

En 1821, M. A. Rémusat publia ses Éléments de grammaire chinoise, et l'étude du chinois fut complétement établie en France. C'est aussi de cette époque que date l'institution de la Société et du *Journal Asiatique* auquel il coopéra si ardemment. Dans une lettre adressée au rédacteur de ce journal, il s'applaudissait, avec un juste orgueil et une convenance parfaite, des progrès qu'avait faits en France la connaissance du chinois depuis huit années, des préjugés vaincus, des entreprises commencées, des élèves qui s'étaient déjà formés autour de lui. Heureux s'il n'avait jamais mis son ambition d'influence et son activité qu'au service de si nobles intérêts! Lui et la science y auraient gagné. Mais revenons à sa grammaire.

Les Chinois, qui ont un grand nombre de dictionnaires, dont un surtout, le *Dictionnaire impérial*, de Kanghi, fait sur un plan analogue à celui de Johnson et de la Crusca, n'est pas inférieur à des modèles de la lexicographie européenne, les Chinois n'ont pas de grammaire de leur propre langue. On le conçoit d'après la nature de cette langue; ils apprennent une partie de ses règles en apprenant à parler, et l'autre en apprenant à écrire. Dès 1812, M. A. Rémusat avait placé à la suite du *Plan d'un dictionnaire chinois*, dont j'ai parlé, un plan de grammaire chinoise plus vaste que celui qu'il a rempli, mais dans lequel, obéissant à une disposition d'esprit que j'ai déjà signalée en lui à cette époque, il donnait une trop grande place aux variations de la prononciation et de l'écriture. Ce plan était précédé d'un compte rendu succinct des travaux européens sur la grammaire chinoise ; il y jugeait ces travaux avec impartialité, ne négligeant pas les anecdotes qui pouvaient amuser la malice de son esprit. Dans cette notice, telle qu'elle a été insérée par son auteur dans les *Mélanges asiatiques*, on peut voir comment le grave Fourmont, qui, à l'en croire, avait tiré tout ce qu'il savait des livres chinois lus et pénétrés à force de travail et comme par divination, s'était toutefois aidé de la grammaire d'un père Varo qu'il eut l'audace de publier sous son nom, quoiqu'il n'eût eu d'autre peine que de la traduire d'espagnol en français et de français en latin. On est confondu de la candeur effrontée avec laquelle Fourmont raconte que lui et un père Horace de Costerano s'exprimèrent réciproquement leur étonnement de l'extrême ressemblance de leurs deux ouvrages. Il y avait à cela une explication bien simple qu'a mise en lumière M. A. Rémusat : c'est que le père Horace avait, comme Fourmont, pillé le père Varo, et mes bons savants admiraient la similitude de deux copies, faites sur le même original. Cependant ils devaient connaître cet axiome de mathématiques élémentaires : deux quantités semblables à une troisième sont semblables entre elles.

Le procédé de Fourmont, au sujet de la grammaire du père Prémare, n'est pas non plus très-édifiant. Voici le fait : le père Prémare, un des plus savants missionnaires, avait envoyé, de la Chine, à Fourmont une grammaire de sa composition qui pouvait lui être d'un grand secours et lui faire grand plaisir; mais elle lui perça le cœur. Son siége était fait, avec les troupes du père Varo, il est vrai ; n'importe, au lieu d'étudier l'ouvrage du père Prémare, il n'eut de repos que quand il eut persuadé à tous ceux qui ne savaient pas le chinois, et à lui-même qui ne le savait guère, que sa grammaire, ou du moins celle qu'il appelait ainsi, était beaucoup meilleure que cet ouvrage, qui arrivait si mal à propos de la Chine pour troubler son triomphe. Enfin, il s'avisa de ce que M. A. Rémusat appelle une délicatesse étrange : ce fut d'adresser au père Prémare une critique de la grammaire que celui-ci avait composée en partie pour lui faciliter l'étude du chinois. Cette singulière épître dédicatoire est de la comédie toute pure.

« Que pensez-vous vous-même, lui dit-il, de la division générale de votre livre, mon très-cher ami ? Elle n'est assurément pas très-philosophique..... Vous détruisez de la main gauche ce que vous avez voulu élever de la droite..... Je vous ai excusé tant que j'ai pu, mais j'ai perdu ma peine ; certains hommes doctes trouvent que votre ouvrage manque de méthode, qu'il est tronqué, non pour ne pas avoir été achevé, mais parce que les choses essentielles y sont passées sous silence..... Tout ce que vous dites de quelques verbes et particules leur semble superflu..... Ce qui abonde, leur dis-je, ne vicie pas..... Mais ils voudraient que vous eussiez été plus concis ; en cela je ne suis pas tout à fait de leur avis... »

Il est impossible de ne pas penser à certaine scène du *Misanthrope* :

> Hier, j'étais chez des gens de vertu singulière,
> Où sur vous du discours on tourna la matière.
>
> .   .   .   .
>
> Je fis ce que je pus pour vous pouvoir défendre !

Certainement, si Arsinoé eût su le chinois , elle eût écrit au père Prémare une lettre dans le goût de celle de Fourmont.

Du reste, ni la grammaire du père Varo, publiée sous le nom de Fourmont, ni celle du père Prémare, infiniment meilleure, mais manquant à ce qu'il paraît de méthode et de choix, ni la dissertation publiée en 1809, à Sérampour, par M. Marshman, ne remplissaient le cadre que M. A. Rémusat avait tracé. Lui-même n'a pas atteint complétement le but qu'il s'était d'abord proposé. Ses *Éléments* offrent des défauts qu'aurait pu corriger le progrès de son enseignement ; mais cet ouvrage n'en est pas moins une base excellente pour l'étude du chinois. L'exposition est pleine de clarté et de netteté ; l'ordre des règles et le choix

des exemples sont parfaits ; seulement on peut trouver quelques lacunes dans les premières, et reprocher
aux seconds trop de sobriété.

LANGUES TARTARES, JAPONAIS, CORÉEN.

L'utilité de la langue chinoise ne se borne pas à
nous faire connaître le peuple qui la parle ; elle peut
encore servir à nous mettre en relation avec d'autres
nations qui entourent le royaume du Milieu, et sont
comme les satellites de cette grande et lointaine planète. Nous en aurons la preuve quand nous parlerons
des travaux de M. A. Rémusat sur l'histoire du haut
Orient ; nous l'allons voir dès à présent à propos de
diverses langues auxquelles il a étendu ses recherches, en s'aidant, pour leur étude, de la connaissance
du chinois. Tels sont les idiomes tartares, le japonais
et le coréen. N'oublions jamais, en effet, que nous
sommes à la Chine, chez un peuple savant et lettré,
curieux de tout ce qu'il ne méprise pas trop, qui d'ailleurs, malgré son mépris pour ses conquérants, a été
forcé d'apprendre la langue des différentes nations
qui l'ont soumis. En dépit du rempart qu'élèvent
autour de lui ses préjugés nationaux, rempart plus
difficile à surmonter que la grande muraille, il n'est
pas resté sans contact avec les autres peuples. Il a né-

gocié avec des nations tartares et gothiques, il a peut-
être soumis le Japon, il a reçu dans son sein des populations mahométanes et bouddhistes ; enfin, il a traduit
des livres sanskrits, tibetains et arabes ; il possède
des grammaires mantchoues, des dictionnaires mongols, des dictionnaires polyglottes, et entre autres un
vocabulaire philosophique en cinq langues, sur lequel
nous reviendrons.

Dans son beau travail sur les langues tartares, dont
malheureusement il n'a publié que la première partie,
M. A. Rémusat a donné une idée juste et souvent nouvelle des principales d'entre ces langues. Un des premiers, il a montré les ressources que l'histoire devait
trouver dans un sage emploi de la philologie comparée. Sa préface renferme sur ce sujet des aperçus
aussi ingénieux que solides, alors assez neufs en France,
et que la critique historique a entièrement adoptés.

M. A. Rémusat avait à cœur de combattre les hypothèses vagues et sans fondement sur l'histoire de la
haute Asie qui avaient cours avant lui. Par un examen
approfondi des langues tartares, il a montré que ce
n'étaient point ces langues ni les peuples qui les
parlent, qui avaient pu être dépositaires d'une antique
civilisation, communiquée ensuite par eux à l'Inde et
à la Chine. L'hypothèse du peuple primitif, du moins
telle que l'avaient rêvée Bailly et quelques autres, s'est
évanouie devant l'évidence des faits. Le Tibet, qu'on
avait particulièrement désigné comme le point de

départ de ce peuple imaginaire, n'a plus conservé
aucun droit à cet honneur. Ce n'est pas au moins dans
les traditions nationales qu'il faut en chercher la trace.
Le tibétain, idiome assez barbare et vraie langue
de montagnards longtemps isolés sur leurs plateaux
neigeux, ne paraît posséder d'autres monuments littéraires que des monuments bouddhiques, venus de l'Inde
et traduits du sanskrit. Son alphabet n'est qu'une corruption de l'alphabet sanskrit accommodé à la peinture de quelques sons qui lui sont propres ; en un mot,
la langue et l'écriture, comme la civilisation et la religion du Tibet, ont reçu l'influence de l'Inde, et l'Inde
n'a rien reçu de lui. En attendant qu'on pénètre librement dans ce pays curieux et ignoré, voilà que des
comparaisons d'alphabets, des investigations faites à
Paris, dans des historiens chinois, renversent un des
systèmes auxquels avaient prêté le plus de vogue les
deux complices de tout système qui réussit, l'ignorance
et le talent.

L'histoire de l'alphabet des Mantchoux n'est pas
moins curieuse. Ceux-ci l'ont reçu des Mongols, leurs
devanciers dans la conquête de la Chine. Les Mongols
l'avaient reçu des Oigours, population turque voisine
des Mongols : car il n'y a pas des Turcs seulement à
Constantinople ; les Osmanlis ne sont qu'une fraction
célèbre d'une grande famille dont les tribus obscures
sont dispersées à travers presque toute l'Asie. Or, ces
Oigours, qui donnèrent aux Mongols l'écriture que

eux-ci ont passée aux Mantchoux, de qui l'avaient-ils
eçue ? L'étude de cette écriture a montré qu'elle
'était autre chose que l'étude de l'alphabet syriaque,
orté au fond de l'Asie, dans les premiers siècles de
otre ère, par des prêtres chrétiens. En effet, certaines
sectes dissidentes, les Manichéens, les Nestoriens,
'enfoncèrent de bonne heure dans l'Orient, fuyant le
siége de l'orthodoxie et de la persécution. Un des
résultats de ces émigrations religieuses fut de donner
aux nations tartares un alphabet qui, sous une de ses
formes, devait être celui de Gengis-khan. Or, cet alphabet
des langues tartares, qui s'est légèrement modifié pour
s'accommoder à chacune d'elles, cet alphabet, syriaque
d'origine, était lui-même une forme de l'alphabet des
peuples sémitiques, dont les caractères hébreux et les
caractères arabes sont des variations en apparence
bien diverses, mais au fond identiques, dont le type
le plus ancien fut cet alphabet phénicien qu'adopta
la Grèce, et qui a été le père de tous ceux qu'emploient
les peuples européens, tant ceux d'origine latine
que ceux d'origine germanique, celtique ou slave.
Ainsi voilà une transformation de plus ajoutée à la
série des métamorphoses qu'a subies l'alphabet de
Cadmus.

L'écriture mantchoue avait été l'objet d'une prétention singulière de la part d'un homme dont les prétentions dépassaient quelquefois le savoir. M. Langlès
avait cru découvrir la nature alphabétique des carac-

tères mantchoux, ignorée, selon lui, des Mantchoux eux-mêmes ; malheureusement quelques passages, traduits par M. A. Rémusat, d'une grammaire chinoise de la langue mantchoue, ne purent laisser à M. Langlès l'illusion d'avoir découvert que les conquérants de la Chine avaient un alphabet sans le savoir.

A côté des résultats importants auxquels peut conduire l'étude comparée des langues, il en est qui ne sont qu'un caprice piquant du hasard : telle est l'analogie probablement fortuite entre certains mots mongols et certains mots français. L'exemple le plus frappant, c'est le mot *amour*, qui est le même dans les deux langues. Il est bizarre que cette ressemblance de nom se rencontre là où on l'attendrait le moins ; car il est à croire que la chose est assez différente aux bords de la Seine et aux rives du lac Baïkal.

Des rapprochements moins frivoles se sont présentés à M. A. Rémusat : telle est l'histoire du mot *bey*. N'est-il pas curieux qu'il vienne du chinois *pe*, et que ce soit une expression empruntée à la Chine qui serve à désigner en Turquie une fonction politique. Les mots sont des voyageurs qui font le tour du monde et se naturalisent bien loin de leur berceau.

Un peuple remarquable à plus d'un égard, c'est le peuple japonais. On connaît la bizarrerie de son gouvernement, et comment le pouvoir temporel et le pouvoir ecclésiastique semblent y siéger à côté l'un de l'autre ; on connaît ce caractère sombre et violent qui

forme un si parfait contraste avec la douceur humble
et souple des Chinois ; on sait cet usage auprès duquel
notre duel n'est que de la demi-barbarie, ce point
d'honneur étrange qui commande à un Japonais of-
fensé de s'ouvrir le ventre de ses propres mains,
comme en Angleterre on boit d'abord soi-même en
proposant à un convive de boire ensemble un verre
de vin. Le langage de ce peuple extraordinaire offre
aussi des particularités dignes de remarque. Au fond
essentiellement différent du chinois et des idiomes
tartares, on voit cependant que le voisinage de ces
langues n'a pas été sans influence sur lui ; civilisés par les Chinois, les Japonais ont subi le joug de
leur grammaire ; ils ont conservé les mots indigènes,
mais ils ont appris à les construire à la chinoise et
à les décliner à la tartare. De plus, le bel usage a
introduit dans le japonais l'usage du mot chinois un
peu défiguré par la prononciation, à côté de celui
des mots nationaux, de sorte qu'il y a deux noms
pour toutes choses, le nom japonais et le nom chinois.
On emploie de préférence la dénomination chinoise
dans les sujets qui tiennent à la politique, à la législa-
lation, à la religion, aux belles-lettres, aux sciences, et
le·terme japonais pour tout ce qui se rapporte aux
métiers, aux occupations du peuple et aux habitudes
nationales. Il en résulte quelque chose d'assez singulier : « c'est que les ouvrages dont la matière n'est
pas bien déterminée, ou qui ne sont pas spécialement

destinés, soit aux gens de lettres, soit au vulgaire,
offrent un assemblage bizarre de mots chinois et japonais qui se combinent entre eux dans la même
page, dans la même ligne, et bien souvent dans la
même phrase. »

Ainsi ces deux langues se pénètrent, pour ainsi dire,
l'une l'autre, comme s'entrelacent les deux nationa-
lités qu'elles représentent. Mais cette confusion est
la moindre de celles que le japonais présente, et la
diversité des systèmes d'écriture appliqués à cette
langue produit une bien autre complication. Ces
systèmes d'écriture sont au nombre de trois.

D'abord les Japonais se servent souvent, pour leurs
ouvrages scientifiques, des caractères chinois ; comme
ces caractères sont de leur nature indifférents à tout
mode d'articulation, les livres ainsi écrits sont pour
nous de véritables livres chinois; car il nous importe
peu de quelle prononciation les Japonais peuvent se
servir en les lisant ; et s'ils écrivaient toujours de cette
sorte, l'étude du japonais serait à peu près inutile en
Europe ; mais ils ont deux autres systèmes d'écriture,
l'un très-simple, l'autre très-embrouillé.

Dans ce dernier, on semble avoir pris plaisir à multiplier les difficultés de la lecture, à tel point que la
simple exposition de ces difficultés en est elle-même
une assez grande. Qu'il suffise de dire ici que les
caractères chinois sont employés dans ce système à
représenter, non les idées dont ils sont le signe, mais

le son qui leur est arbitrairement attaché. De plus,
les caractères, pris ainsi comme signes phonétiques,
ne représentent pas toujours le son qui leur correspond en chinois, mais quelquefois le synonyme japonais, qui n'a aucun rapport avec le mot chinois ; c'est,
comme on voit, à la fois un rébus et un calembour
perpétuel. Ainsi, le caractère qui désigne en chinois
un arbre représente tantôt la syllabe *mo*, nom chinois,
tantôt la syllabe *ki*, nom japonais de l'arbre. On conçoit
dans quel embarras doit jeter ce double emploi dont
rien n'avertit. Ce n'est pas tout : il y a en chinois beaucoup de caractères entièrement différents et exprimant
des idées entièrement différentes, auxquels une même
syllabe correspond dans la prononciation. Eh bien !
chacun de ces caractères peut être employé à peindre
le son des divers mots japonais, synonymes des nombreux mots chinois auxquels correspond une syllabe
commune. Ainsi le même signe peut servir à écrire
des mots qui diffèrent entre eux à la fois par le son et
par le sens. Je n'ai pas l'espoir de rendre bien sensible cette obscurité, quoique j'omette à dessein diverses circonstances qui la redoublent encore ; j'espère
seulement que l'impuissance même de mes efforts pour
exprimer toute la difficulté que présente ce second
système d'écriture, la fera sentir jusqu'à un certain
point.

Quant au troisième, il est beaucoup plus aisé à comprendre. Pour le former il a suffi de prendre un cer-

tain nombre de caractères chinois, sous une forme abrégée, de faire complétement abstraction de leur sens, et de charger chacun d'eux de représenter d'une manière constante, dans la langue japonaise, le son de la syllabe à laquelle il correspond en chinois. Ceci est un véritable syllabaire. Ce qu'il offre d'intéressant, c'est de montrer comment s'opère le passage d'une écriture qui représente les idées et les objets à une écriture qui représente les sons. On surprend ici l'esprit humain s'élevant de l'hiéroglyphe à l'écriture syllabique. Une fois arrivé là, il ne s'arrêtera pas en chemin ; il n'aura qu'à choisir parmi les signes attribués aux syllabes un plus petit nombre de signes, et les appliquer aux lettres, pour que l'alphabet soit trouvé. Tel a été probablement partout la marche des choses. Il est vraisemblable que partout les lettres ont été, dans l'origine, des hiéroglyphes, d'abord idéographiques, puis phonétiques, d'abord signes d'idées, puis de syllabes ou d'articulations simples. Ce qui n'était qu'une hypothèse au temps de Court de Gébelin, s'est réalisé en fait par le passage de l'écriture chinoise au syllabaire japonais. On pourrait objecter qu'un syllabaire n'est pas un alphabet, et que le dernier terme de la progression n'a pas été atteint ; mais M. A. Rémusat a complété ce tableau du développement progressif de l'écriture, en trouvant chez les Coréens un véritable alphabet de vingt-quatre lettres, construit avec des caractères chi-

nois, par un procédé analogue à celui qui donne naissance au syllabaire japonais. On voit ce qui peut se
cacher d'important pour l'histoire des procédés de
l'esprit humain, dans les régions les plus lointaines,
les moins connues, dans le Japon et la Corée. C'est
là qu'on devait découvrir le secret de la formation
de l'alphabet. Ajoutons que sur un autre terrain
M. Champollion arrivait à des résultats parallèles, et
voyait en Égypte s'accomplir, suivant la même loi, la
transformation de l'écriture hiéroglyphique en écriture alphabétique.

HISTOIRE LITTÉRAIRE — BELLES-LETTRES

Un des grands avantages qu'offre l'étude de la
littérature chinoise, c'est qu'au lieu d'avoir affaire à
des manuscrits rares et d'une lecture difficile, on a
sous la main, et l'on peut facilement faire venir du
pays même des milliers de livres imprimés. Quelques
personnes parlent encore par habitude des *manuscrits
chinois;* elles ne réfléchissent pas que l'imprimerie
a été inventée à la Chine au moins cinq siècles avant
qu'elle fût connue en Europe. Dans ce pays immense
et si anciennement civilisé, où la littérature se confond avec le gouvernement et presque avec la société,

on doit s'attendre à rencontrer tous les secours dont la philologie aide et parfois accable l'érudition.

C'est ce qui a lieu en effet : renseignements bibliographiques et littéraires de toutes sortes, préfaces, notes, commentaires, véritables *éditions variorum*, voilà ce qu'on trouve à la Chine, voilà ce que, pour des sommes fort modiques, on peut faire venir en Europe et qu'on y possède déjà en fort grande abondance. On n'a véritablement que l'embarras de la richesse. Comment s'orienter au milieu de ces ouvrages, qui procèdent par centaines et par milliers de volumes? Témoin cette collection d'auteurs choisis qui n'en a pas moins de cent quatre-vingt mille. Il est vrai que nous n'en sommes pas encore là, et que la Bibliothèque du Roi ne possède guère que huit mille volumes chinois ; mais c'est encore un fonds assez considérable pour que notre curiosité et notre patience ne risquent pas de l'épuiser si tôt ; c'est une masse qu'il est assez difficile d'entamer. On sent combien y aiderait un bon catalogue de ces livres. M. A. Rémusat l'avait compris ; en 1816, il avait conçu le plan d'un catalogue qui eût été un véritable traité de bibliographie raisonnée et de littérature chinoise.

Il était d'autant plus urgent de s'en occuper que cent soixante-quinze articles, formant environ deux mille volumes, n'avaient pas été catalogués, et que le reste l'avait été par Fourmont, lequel, à la manière d'un autre savant, qui prenait le Pirée pour un homme, voyait toujours un nom d'auteur ou de personnage dans le titre d'un livre chinois, qu'il voulût dire énigme, guitare ou mariage, et donnait un recueil de mémoires scientifiques pour un ouvrage de cabale.

M. A. Rémusat s'occupait de ce catalogue depuis plusieurs années, quand il fut nommé conservateur des manuscrits orientaux de la Bibliothèque du Roi, et dès lors conduit par la nature même de son emploi à s'occuper plus spécialement de l'histoire littéraire de la Chine.

A cette époque, ses idées s'étaient encore étendues: son catalogue devait avoir pour base les soixante-seize livres de l'histoire littéraire de Ma-touan-lin, auteur d'une espèce d'encyclopédie critique, dont nous allons parler tout à l'heure. M. A. Rémusat se proposait de traduire les soixante-seize livres du savant chinois, d'en faire comme le texte auquel il voulait rapporter, sous forme d'annotations, toutes les observations bibliographiques qu'il pourrait se procurer, et d'y joindre tous les éclaircissements que lui auraient fournis d'autres ouvrages historiques. Ainsi on aurait eu non plus un simple catalogue déjà précieux, mais, comme disait M. A. Rémusat, un tableau vaste et complet de la littérature de tous les âges. Des index étendus contenant les noms des auteurs, les titres des livres et une histoire sommaire des monuments littéraires de la Chine, eussent été l'utile complément de ce grand travail ; il devait former deux volumes in-folio, et être terminé dans l'espace de deux années.

Cet ouvrage est un de ceux que M. A. Rémusat n'a pas terminés ; mais on a lieu d'espérer qu'on pourra profiter des matériaux que dans ce but il avait déjà recueillis.

On doit considérer, comme un dédommagement de cette histoire littéraire de la Chine qu'avait conçue M. A. Rémusat, et qu'il n'a pas eu le temps d'achever, les notices biographiques sur quelques auteurs chinois, qu'il a rédigées d'après les sources nationales. Telles sont celles qui ont pour objet la famille des Iséma, famille vouée au ministère d'historien, comme à un sacerdoce héréditaire, qui, au second siècle avant Jésus-Christ, renouvela et perfectionna l'histoire presque aussi ancienne que l'empire. Environ cent ans auparavant (215), avait eu lieu le fameux incendie des livres. Dans ce pays, si plein de respect pour la tradition, il s'était rencontré sur le trône un esprit despotique et novateur tout ensemble ; il avait compris que la secte des lettrés, à l'aide des idées morales et politiques de Confucius, s'acheminait vers le pouvoir qu'ont mis entre ses mains dix siècles de plus d'efforts et de patience; et ne se souciant pas de partager avec eux l'autorité qu'il exerçait, ou de l'exposer à leur contrôle, il fit un jour brûler tous les livres et tous les lettrés qu'on put trouver. Comme Hoang-ti était un homme positif et pratique, il avait excepté les ouvrages de médecine, de divination et d'agriculture. Mais une mesure aussi atroce heurtait trop violemment des habitudes déjà enracinées pour pouvoir produire un effet durable. Le tyran mort, une réaction puissante se manifesta en faveur de la science qu'il avait proscrite. On déterra les ouvrages qu'avait enfouis la piété courageuse de quelques lettrés. D'autres s'étaient conservés dans la mémoire des vieillards, d'où les bourreaux n'avaient pu les aller arracher. C'est ainsi qu'ont été sauvés les Kings, les livres moraux de l'école de Confucius, et enfin tous les ouvrages qu'on possède, et dont la date est antérieure au troisième siècle avant Jésus-Christ. Mais que de trésors avaient péri !

Il fallut alors rassembler les débris des anciennes chroniques, recueillir les vestiges des vieilles traditions pour recomposer l'histoire. C'est ce que fit Isé-ma-thsian, qu'on a appelé l'Hérodote de la Chine.

Les pertes causées par l'incendie des livres sont d'autant plus à déplorer pour l'histoire, que, de tout temps, chaque empereur, et même chaque prince indépendant, avait son historiographe. Pour garantir la véracité de ce fonctionnaire des séductions du pouvoir, on avait sagement établi que les documents recueillis chaque jour par l'historiographe, témoin de tout ce qui se passait, ne seraient publiés que sous la dynastie suivante. A partir de Isé-ma-thsian jusqu'à la dynastie actuelle, on a une suite non interrompue d'histoires, dont les matériaux ont été rassemblés par des contemporains, et dont la rédaction est postérieure, ce qui réunit toutes les conditions d'exactitude et d'impartialité qu'on peut désirer.

Au nombre des auteurs dont les travaux composent cette série historique, la plus longue et la plus authentique que puisse offrir aucune nation, se trouve Sé-ma-Kouang, qui vivait au onzième siècle de notre ère ; il appartenait probablement à cette famille dont les diverses générations semblaient toutes avoir la vocation et comme la mission de l'histoire. Celui-ci réunissait, à la charge d'historiographe, les fonctions de censeur, fonctions honorables à la Chine; car les devoirs qu'elles imposent s'étendent au souverain comme au peuple. Son biographe rapporte un trait qui fait honneur à l'indépendance de Sé-ma-Kouang. C'est une opinion reçue en Chine, que l'influence du gouvernement s'étend non-seulement à la société, mais à l'harmonie et à l'économie de l'univers ; on rend le pouvoir responsable de tous les désordres de la nature. Un tremblement de terre fait murmurer le peuple, une inondation fait détrôner l'empereur, une éclipse est un sujet grave de mécontentement. Du temps de Sé-ma-Kouang, la flatterie avait exploité ce préjugé à l'occasion d'une éclipse de soleil qui eut lieu en 1061. Cette éclipse, selon l'annonce des astronomes, devait être de six dixièmes du disque du soleil, elle ne fut que de quatre dixièmes : les courtisans vinrent en cérémonie en féliciter l'empereur, comme d'une dérogation formelle que le ciel avait permise aux lois de ses mouvements, et qui faisait le plus grand honneur à la sagesse du gouvernement. Sé-ma-Kouang eut le courage de les interrompre et de dire, en présence de l'empereur, qu'il n'y avait là nul sujet de lui adresser des félicitations, et que si l'éclipse était moindre qu'on ne l'avait annoncé, c'est que les astronomes s'étaient trompés. Grande hardiesse qui aurait pu perdre Sé-ma-Kouang, et pourtant lui réussit !

Tel était l'homme qui composa une vaste histoire, embrassant un espace de 1362 ans, où les faits disposés chronologiquement forment, suivant l'expression chinoise, comme un vaste tissu, dont la chaîne suit l'ordre des temps, et dont la trame s'étend à tout l'empire. C'est, dit M. A. Rémusat, expliquant cette métaphore, une chronique où tous les faits sont ramenés à un ordre unique, au lieu d'être classés, comme chez Isé-ma-thsian, en différentes parties, consacrées à la biographie, à l'histoire des arts et des institutions. Mais, des lettrés chinois auxquels M. A. Rémusat a consacré des biographies, nul n'en était plus digne que Ma-Touanlin, qui vivait au treizième siècle, au commencement de la dynastie des Mongols. Ce savant, après vingt ans de travaux assidus, publia un ouvrage en cent volumes, qui contiennent la valeur d'environ vingt ou vingt-cinq de nos in-quarto, et dans lequel toutes les parties de l'érudition chinoise sont traitées avec une

profondeur et un savoir sur lesquels il n'y a qu'une voix
en Chine et en Europe. Cet ouvrage, intitulé : *Recherches approfondies des anciens monuments*, dit M. A. Rémusat, vaut à lui seul toute une bibliothèque; et quand
la littérature chinoise n'en offrirait pas d'autres, il
vaudrait la peine qu'on apprît le chinois pour le lire[1].

On voit que l'attention de M. A. Rémusat était tournée
surtout vers la partie grave et positive de la littérature
chinoise, vers tout ce qui tenait à l'érudition et à l'histoire. Quant à la littérature proprement dite, aux
ouvrages d'imagination, il les estimait moins, pas assez
peut-être. Il est vrai que ce n'est pas la poésie qui est
le côté brillant de la Chine ; là, point de ces vastes
épopées qui, comme dans l'Inde et la Perse, contiennent d'antiques traditions nationales. L'écriture a été
trouvée trop tôt, on n'a pas eu le temps de chanter ;
l'histoire a suivi de près l'écriture, l'histoire a absorbé
le domaine de la poésie. Le peuple chinois a été comme
ces enfants précoces, raisonnables de bonne heure,
qui seront des savants peut-être, jamais des poëtes.
Malgré cela, ou plutôt à cause de cela, c'est le peuple
qui a fait le plus de vers ; faire des vers est à la Chine
l'occupation et l'amusement journalier de tout homme
cultivé ; on fait des vers pour passer le temps quand

---

[1] On ne trouvera pas cet éloge exagéré, si l'on parcourt les titres
des livres donnés par M. A. Rémusat (*Mél. as.*, t. II, p. 417), et surtout
le sommaire des sujets qu'ils contiennent, inséré par M. Klaproth
dans le *Journal asiatique* de 1832 (numéros de juillet et août).

on est ensemble, comme on joue, comme on fume, comme on boit. Mais à juger de cette poésie d'impromptus, d'acrostiches, de bouts-rimés, par ce que nous en connaissons, elle est ce qu'elle doit être chez une société raffinée et blasée par une société de tant de siècles. Ce qui lui agrée surtout, c'est l'emploi d'un langage contourné, auprès duquel celui des précieuses de l'hôtel de Rambouillet est une merveille de simplicité ; ce sont des allusions d'autant plus goûtées qu'elles sont plus détournées et plus obscures ; c'est une élégance molle et recherchée ; c'est le retour constant des mêmes images, empruntées de préférence à ce que la nature offre de plus pâle et de plus frêle, la fleur du pêcher, la feuille du saule, l'eau ridée par la brise, la neige éclairée par la lune ; le genre descriptif domine dans ces compositions, et la description y est à la fois minutieuse et vague. Cette poésie fleurie, précieuse, mignarde, a été portée à sa perfection par deux poëtes du huitième siècle, à l'un desquels (Tou-Fou) M. A. Rémusat a consacré une trop courte notice.

Je conçois sans peine que cette sentimentalité fade ne dut pas avoir un grand attrait pour un esprit judicieux et solide. Mais il est à regretter qu'il ait étendu son indifférence à des monuments poétiques d'une autre importance. Ainsi, il n'appréciait pas assez celle du *Livre des vers* (Chi-King) ; n'est-ce rien qu'un recueil de poésies fait par Confucius, qui étaient déjà très-

anciennes de son temps, et dont plusieurs étaient certainement populaires au moins douze cents ans avant
Jésus-Christ? Il faut dire cependant qu'il encouragea
la publication de la traduction latine du livre des vers
par le père Lacharme, que nous devons aux soins de
M. Mohl.

Il est deux genres d'ouvrages d'imagination qui ont
pour nous un intérêt particulier en ce qu'ils nous
offrent une peinture fidèle et vivante des mœurs chinoises, ce sont les drames et les romans. Tous deux
sont dédaignés à la Chine et mis en dehors de la
littérature savante. Cette exclusion même est un mérite pour des Européens; car elle nous garantit que
les auteurs n'ont eu pour guide que leur goût ou celui
de leurs lecteurs, et n'ont point été obligés de soumettre leurs idées et leur style à des données de convention ou à une symétrie pédantesque. Il y a chance
pour qu'il se glisse quelque vérité dans ces compositions vulgaires qu'on n'estime pas assez pour les
fausser entièrement. M. A. Rémusat n'a point traduit de
drame. Les drames chinois sont composés de prose
qu'on récite et de vers qu'on chante. Cette seconde
partie, comme tout ce qui est en vers à la Chine, est
fort difficile à entendre. M. A. Rémusat avait fait peu
d'efforts pour surmonter ce genre de difficulté, qu'il ne
tenait pas beaucoup à vaincre. D'autre part il sentait
qu'on ne pouvait, comme l'ont fait le père Amyot et
M. Davies qui nous ont donné chacun la version d'un

drame chinois, passer entièrement la portion versifiée et chantée, celle à laquelle les spectateurs et les auteurs chinois attachent le plus d'importance. M. Stanislas Julien est le premier qui ait traduit une pièce chinoise tout entière, vers et prose ; c'est un tour de force qu'il renouvellera, nous l'espérons, pour quelques portions du répertoire chinois dont il a cent volumes à sa disposition, et qui en contient des milliers.

Quant aux romans, tout le monde a lu *Les deux cousines* et la spirituelle préface de M. A. Rémusat [1], mais on a élevé des doutes sur la fidélité de la traduction. Mettant à part les vers placés à la tête des chapitres ou jetés dans le récit, et que M. A. Rémusat confessait ne pas entendre toujours, on peut affirmer qu'il traduit non-seulement avec exactitude, mais encore avec minutie et scrupule, calquant autant qu'il est possible la phrase française sur la phrase chinoise, et suivant pas à pas son original. Il est même supérieur, sous ce rapport, au traducteur anglais d'un autre roman chinois, *l'Union bien assortie*, qui de son côté entend mieux les vers.

La conscience du lecteur étant mise en repos sur ce point, il peut chercher avec toute sécurité dans *Les deux cousines* une peinture des mœurs d'un grand peuple au moins aussi fidèle que celle que lui pré-

[1] M. Stanislas Julien a donné une nouvelle traduction de ce roman. Paris, 1864 ; 2 vol. in-12. Librairie Didier

senterait *le roman le plus historique*. N'a-t-on pas dans celui dont je parle le spectacle de cette vie oisive, efféminée, corrompue, qu'une civilisation très-ancienne et depuis longtemps immobile a faite au plus vieux peuple de la terre? Voyez ces lettrés qui, dans une bibliothèque élégante, entourés de livres et de fleurs, riment et boivent tour à tour ou conversent indolemment, un imperturbable sourire sur les lèvres. Voyez-les toujours graves et posés, même dans l'abandon de l'intimité, s'adresser froidement des révérences et des compliments sans fin. Voyez, sous cet air de politesse et de réserve, les plus basses passions triomphant sans combat, les plus honteuses manœuvres employées sans hésitation et sans remords, ne déshonorant pas même quand'elles échouent. Ne découvrez-vous pas quelque chose de roide, de glacé, de compassé dans les mouvements et les discours de ces personnages? On dirait qu'ils ne sont pas faits d'os et de chair, mais de bois ou de faïence. Qui ne sera curieux de passer quelques moments au milieu de ce monde où il serait insupportable de vivre? L'impatience même qu'inspirent le flegme de ces êtres cauteleux et douceâtres et l'impassible sécurité de leur pédanterie, cette impatience donne un vif sentiment de leur manière d'exister. Enfin, si l'on s'ennuie de leurs courbettes, de leur bavardage littéraire, de leurs petites allusions et de leurs épigrammes émoussées, cet ennui même est instructif: il complète l'illusion, il révèle le vide que recouvre cette pâle élégance, la mort qui est sous cette ombre de vie.

Une chose me frappe en lisant ce roman, c'est combien ce qu'il nous montre nous ressemble et en même temps diffère de nous : c'est une civilisation complète comme la nôtre; c'est une hiérarchie administrative comme la nôtre; c'est une société oisive, corrompue et polie comme la nôtre; c'est de l'esprit subtil et de la conversation maniérée, de la poésie artificielle comme les nôtres ; ce sont des sentiments et des passions alambiqués comme les nôtres. Mais cette société, elle est immobile, et nous marchons ; mais cette hiérarchie, elle repose sur le principe tout oriental de l'omnipotence suprême de l'empereur fils du ciel, roi du monde ; mais ce qui limite cette puissance, ce n'est ni une aristocratie, ni un clergé, ni la propriété ; c'est un corps de lettrés dont le lien est une doctrine purement morale et politique, et qui se recrute par l'examen. Cette société, au lieu de parler politique, fait des vers et respire le parfum des marguerites; elle est pédante au lieu d'être galante, enferme les femmes et s'entoure de livres, attache plus de gloire à l'étude qu'à la guerre, à une thèse bravement passée qu'à un fait d'armes ; ses finesses et ses recherches de langage ont aussi un cachet tout particulier ; et quant au sentiment dont les conditions et la nature sont le mieux fixées en Occident, l'amour n'est-il pas là soumis à d'étranges lois? D'abord ce qui touche une beauté, ce sont de brillants examens et des bouts-rimés, comme ailleurs d'héroïques aventures ; ce qui perd un soupirant, c'est de ne pas bien posséder ses classiques et de prononcer par exemple, dans un vers du *Chi-King*, *Ko* pour *Kou*. Mais que dirons-nous de ce singulier partage du sentiment chez nous le plus exclusif, qui fait que dans ce roman, comme dans plusieurs autres, le héros épouse, à leur grand contentement, les deux héroïnes, et avec leur agrément trouve encore moyen de récompenser la soubrette qui a servi ses amours? On pense rêver en lisant tout cela, et tout cela est à côté de ces conversations qu'on croirait tenues à Paris en 1832, si tout à coup une formule bizarre de politesse, une comparaison étrange, dite comme la chose la plus simple, ne venait vous avertir que vous n'êtes pas chez vous et vous renvoyer au bout du monde. Tel est sur moi le double effet du roman chinois. Par moments, je m'étonne de me sentir si complétement dépaysé ; un instant après je m'étonne encore plus de l'être si peu, et il me semble que ces deux impressions contraires me révèlent, mieux que quoi que ce soit, cette civilisation qui est à la nôtre comme sont deux pôles similaires et opposés, deux lignes tirées parallèlement, à une distance infinie[1].

J'ai dit ce que sont l'écriture et la langue des Chi-

[1] Ici nous avons dû supprimer quelques phrases à l'aide desquelles M. Ampère rattachait la seconde partie de ses études à la première

nois ; j'ai indiqué les principales branches de leur littérature, et, en particulier, celles dont la science habile de M. A. Rémusat nous a fait connaître quelques échantillons. Maintenant il me reste à suivre mon docte guide dans les applications les plus importantes qu'il a faites de son savoir sinologique, d'abord à tout ce qui pouvait jeter quelque jour sur les connaissances des Chinois dans les sciences naturelles et les arts mécaniques ; secondement, aux recherches géographiques et historiques ; enfin, à l'histoire de la philosophie et des religions.

SCIENCES NATURELLES ET ARTS MÉCANIQUES

Avant de savoir le chinois, M. A. Rémusat avait étudié la médecine, et par là il avait pris quelque teinture de toutes les connaissances qui s'y rattachent. Il faut avouer qu'un érudit naturaliste est presque aussi rare qu'un naturaliste érudit ; M. Cuvier a donné presque seul un glorieux démenti à cette seconde assertion, et M. A. Rémusat à la première. Si quelqu'un avait le droit d'établir des relations entre l'érudition et les sciences

Un long intervalle dans la publication rendait ces explications nécessaires ; aujourd'hui elles sont devenues complétement inutiles
                                        (*Note de l'éditeur.*)

qui s'attribuent chez nous, un peu exclusivement, le nom de positives, et même le nom de sciences, c'était celui qui portait dans toutes ses recherches une méthode si sûre, une si rigoureuse exactitude. Peut-être, au reste, le devait-il en partie aux habitudes sévères qu'imposent à l'esprit les sciences d'observation.

Bien qu'il fût docteur en médecine, M. A. Rémusat a peu fait pour éclaircir la médecine chinoise ; sans doute elle l'avait rebuté par les pratiques bizarres et superstitieuses qu'elle mêle à ses recettes. Cette science du pouls, si vantée, au moyen de laquelle les Chinois croient discerner dans son mouvement des milliers de variations, et, par ce seul secours, reconnaître l'état des organes ; tout cet appareil de diagnostique subtile et probablement chimérique, quoiqu'il ait séduit Bordeu, n'avait pas trouvé grâce devant le scepticisme de M. A. Rémusat ; aussi disait-il spirituellement, à propos d'un exposé des bases physiologiques de la médecine chinoise, qu'on en devait conclure que les Chinois sont de biens mauvais médecins, s'ils se conduisent d'après leurs principes, ou de bien mauvais raisonneurs, si, en partant de pareils principes, ils parviennent à guérir leurs malades.

La vogue de l'acupuncture lui fournit l'occasion de donner quelques détails sur ce procédé usité à la Chine et au Japon, et peut-être trop vite abandonné parmi nous.

Dans ce siècle, les premiers qui vinrent dire à l'Académie que des pierres étaient tombées du ciel, c'est-à-dire de l'atmosphère, furent moqués pour leur crédulité; maintenant, nul savant ne doute du fait; mais il était curieux de le trouver constaté dans les annales du peuple qui offre la série d'annales la plus longue et la plus continue ! C'est ce qu'a fait M. A. Rémusat en recueillant un grand nombre de faits de ce genre, attestés par des auteurs contemporains, dont les plus anciens remontent à l'époque de la fondation de Rome.

M. A. Rémusat s'efforçait de pénétrer, au moyen de renseignements écrits, cet empire fermé aux explorateurs européens, et, grâce à lui, la science sédentaire en a plus d'une fois devancé et préparé les découvertes.

Ainsi, interrogé par M. Cordier sur le lieu où les Calmucks recueillent le sel ammoniac qu'ils portent dans toute l'Asie, il lui indiqua, d'après l'encyclopédie chinoise, deux volcans en ignition dans les régions centrales de l'Asie, à quatre cents lieues de la mer : fait géologique important, puisqu'on avait voulu expliquer les éruptions volcaniques par le voisinage de la mer, qu'en général leurs foyers semblent suivre. Il ajoutait qu'on ne pouvait mieux faire que de consulter les ouvrages composés à la Chine sur l'histoire naturelle des climats qu'elle renferme, en attendant que le génie des sciences y conduisît les Pallas et les Humboldt. Le génie qu'invoquait M. A. Rémusat l'a entendu. M. de Humboldt est allé non loin de ces volcans de la Tartarie chinoise ; les relations que des témoins oculaires lui ont fournies, ont confirmé les assertions de l'encyclopédie, et l'illustre voyageur a rattaché avec reconnaissance les indications puisées aux sources chinoises par M. A. Rémusat et M. Klaproth, à ses importantes considérations sur les systèmes de montagnes qu'on réunit sous le nom vague et, selon lui, très-impropre, de *plateau central de l'Asie*.

J'ai parlé tout à l'heure d'encyclopédie, et on a pu s'étonner d'en trouver une à la Chine ; il y en a plusieurs. La plus considérable est celle qui a été publiée au Japon, et dont M. A. Rémusat a donné une table analytique complète en traduisant les titres de tous les chapitres.

Il ne faut pas être trop surpris en trouvant une ressemblance de plus entre notre Europe et cette Chine, qui semble avoir pris à tâche d'en offrir en tous points une reproduction, ou plutôt une contrefaçon achevée. Les ouvrages encyclopédiques appartiennent à deux périodes de la vie des peuples, aux époques primitives et aux époques très-avancées. Quand on sait peu, on éprouve le besoin de tout embrasser ; quand on sait beaucoup, on sent la nécessité de tout résumer. Les premiers livres des peuples contiennent la masse entière de leurs connaissances, sous une enveloppe poétique ou religieuse, dans une vaste et confuse unité.

Toujours on commence par une vue de l'ensemble ;
puis on va de l'universel au particulier ; puis enfin,
après avoir étudié en détail chaque partie du tout,
on reconstruit ce tout qu'on avait décomposé ; et
ainsi, on finit comme on avait commencé, par des encyclopédies.

Là où la société est à la fois jeune et vieille, peu
avancée et très-arrêtée, ignorante de beaucoup de
choses, érudite en quelques-unes, il y a double motif
pour que les encyclopédies se produisent. C'est ce qui
a eu lieu au moyen âge. Le moyen âge est un enfant
né vieux ; la caducité de la société ancienne est empreinte sur la naïveté de la société nouvelle ; son
berceau est un sépulcre. Aussi le moyen âge est savant
dans les langes, et, encore au sein de sa nourrice
morte, il balbutie confusément les choses passées.
De cette science précoce, et incomplète, naquirent
ces vastes recueils véritablement encyclopédiques, au
moins dans l'intention de leurs auteurs, nommés trésors, images du monde, qui contenaient, sous une
forme tantôt allégorique, tantôt purement didactique,
la somme des connaissances de nos pères. Comme on
croyait, dans Aristote, la Bible et quelques anciens,
posséder tout savoir, on ne reculait pas devant un
ouvrage complet, *de omni scibili*, et comme, en fait,
le savoir était très-limité, il était assez facile de l'y
faire tenir tout entier. Il en est un peu de même à la
Chine. La science y est renfermée dans des bornes

étroites; mais elle a des prétentions à une généralité absolue, puisqu'il n'y a qu'un mot dans la langue pour désigner l'empire chinois et le monde. Cette science est dans l'enfance; mais c'est une enfance caduque comme celle de la nation elle-même qui, aux erreurs du premier âge, associe souvent la pédanterie du dernier. La Chine est donc aussi dans cette situation doublement favorable aux encyclopédies, quand on ose les entreprendre parce qu'on croit tout savoir, et qu'on parvient à les achever parce qu'on ne sait pas grand'chose.

Je parle ainsi de l'encyclopédie japonaise par comparaison avec les lumières de l'Europe. Ce n'en est pas moins un ouvrage fort curieux, et duquel il y aurait beaucoup à tirer. Dans ce vaste recueil, qui n'a pas moins de quatre-vingts volumes in-8°, les objets ne peuvent être classés alphabétiquement, puisqu'il n'y a point d'alphabet en chinois ; c'est donc une encyclopédie méthodique où les sujets de même nature se trouvent réunis. Chaque objet est figuré, et à côté de la figure est le nom en chinois et en japonais, et une synonymie offrant les mots étrangers. M. A. Rémusat, en faisant sur cet ouvrage le travail dont j'ai parlé plus haut, a eu soin d'indiquer la pagination d'après l'édition qui est à la bibliothèque royale, de sorte qu'on peut y trouver ce qu'on y voudrait chercher, aussi facilement que dans notre encyclopédie métho·dique.

Bien qu'à en juger par les titres des chapitres et par l'histoire du tapir asiatique que M. A. Rémusat en a extraite, les fables les plus ridicules tiennent une grande place dans cette volumineuse collection, on ne peut nier qu'elle ne doive fournir des documents utiles. Un livre où il est traité de tous les genres de connaissances, depuis l'astronomie jusqu'à l'art de dévider la soie; de toutes les conditions sociales, depuis l'empereur jusqu'aux vétérinaires, aux sages-femmes et aux femmes de chambre : un tel livre contient nécessairement bien des faits neufs et intéressants pour nous. Le texte peut être éclairci par les figures qui l'accompagnent, sauf à l'article des supplices; là, par exception, la place où les objets décrits devaient être représentés, a été laissée en blanc : délicatesse assez étrange de l'éditeur qui, en sa qualité de Japonais, ne devait pas avoir une horreur excessive du sang. Malheureusement la portion de l'encyclopédie relative à la géographie des peuples étrangers n'en mentionne pas un grand nombre. Il semblerait que la description du Japon devrait être la partie la plus complète de l'ouvrage, et c'est une des moins satisfaisantes; elle est envahie par une foule de légendes locales qui se rattachent à la religion d'origine indienne qui, sous le nom de culte de Fo, s'est introduite au Japon comme à la Chine; à ce bouddhisme dont l'histoire, encore presque ignorée, a joué un si grand rôle dans les destinées du monde et dans les travaux de M. A. Rémusat. Nous en dirons quelque chose à l'article des religions; revenons à l'histoire naturelle.

Je ne parlerai de la notice sur le tapir de la Chine, tirée de l'encyclopédie japonaise, que parce qu'elle a fourni au docteur Roulin l'occasion de curieux rapprochements entre le rôle merveilleux que joue dans les imaginations américaines le tapir des Cordillères qu'il a découvert, et les attributs fabuleux que la crédulité chinoise a prêtés au tapir asiatique. Dans le nouveau monde, cet animal, très-innocent et inoffensif de sa nature, a été transformé en un être monstrueux et terrible; il épouvante les Indiens des Andes, qui lui attribuent des dimensions gigantesques, et croient que sous cette forme l'âme d'un de leurs anciens héros apparaît, quand un malheur menace leur nation. Les Chinois ont donné des pieds de tigre à ce pachyderme, en cette qualité cousin germain du pourceau, et une queue de bœuf à un animal sans queue. On ne s'en serait pas tenu là, suivant M. Roulin, et le tapir aurait eu les honneurs du mythe classique; les griffons d'Hérodote, gardiens de trésors, et en guerre avec les Arimaspes, seraient des tapirs défigurés par l'ignorance des populations scythiques, et transformés par l'imagination des Grecs en un composé merveilleux. Le bec crochu du griffon figurerait, dans cette hypothèse, la courte trompe du tapir qui, lorsqu'elle est pendante, peut en effet ressembler à un bec recourbé.

Le pied de tigre ou de lion que les Chinois lui ont donné lui serait resté ; puis on aurait attaché les ailes d'un aigle à celui qui en avait déjà la tête ; enfin, pour dernier ornement, on lui aurait fait présent d'une belle queue, enroulée et épanouie en feuille d'acanthe. Cet ornement grec était du moins plus gracieux que la queue de bœuf des Chinois ; le goût des peuples se peint jusque dans leurs plus grotesques fantaisies.

C'est toute une poésie populaire que cette création monstrueuse et fantastique qui se forme dans l'esprit des hommes d'après la création véritable. Il se passe là quelque chose d'entièrement semblable à ce qui a lieu dans la formation spontanée des types héroïques ; la tradition les compose ainsi de toutes pièces, attachant sur un corps, quelquefois assez difforme, ailes d'aigles, griffes de lion. Dans cette opération, la fantaisie populaire est prompte, et fait faire rapidement bien du chemin à la donnée qu'elle travestit. Peu d'années lui suffisent pour rapetisser ce qui était grand, grandir ce qui était petit, transporter un personnage du monde réel dans le monde fabuleux. Quelque soixante ans après sa mort, Charlemagne est déjà, dans la chronique du moine de Saint-Gall, une espèce de géant et de matamore tout à fait invraisemblable ; il est, dans les romans de chevalerie, roi et père imbécile, tandis qu'un roitelet gallois y figure comme le plus puissant des monarques. Aujourd'hui, malgré l'invention de l'imprimerie et les révélations des mémoires, nous voyons se construire sous nos yeux la figure idéale, épique, pour ainsi dire, du héros de ce temps, et nous sommes tous plus ou moins dupes de cette construction à laquelle nous assistons. Déjà existe, dans l'imagination des peuples, un type convenu de Napoléon, qui commence à ne pas lui ressembler beaucoup et lui ressemblera moins de jour en jour ; dans soixante ans, ceux qui l'ont connu, s'ils vivaient alors, ne le reconnaîtraient plus. Ainsi va l'activité incessante de l'imagination humaine, défaisant, refaisant sans cesse, brodant le vieux, cousant le neuf. En vérité, à la voir procéder de la sorte, il n'est rien qu'on puisse refuser de croire, pas même qu'un tapir soit devenu griffon.

En faisant des éléments de l'écriture chinoise la belle analyse dont j'ai rappelé les piquants résultats, M. A. Rémusat avait été frappé de voir la nomenclature employée par les Chinois pour désigner les objets naturels, se rapprocher, en plusieurs points, de la nomenclature si philosophique qu'a inventée Linnée, et qu'ont adoptée tous les naturalistes. On sait qu'elle consiste à désigner les individus d'un genre par un substantif commun, et à différencier les espèces par un nom, soit substantif, soit adjectif, joint au premier : *canis leo, canis vulpes, rosa canina, viola tricolor*... Eh bien ! les Chinois, guidés par cet instinct de classification systématique qui leur est naturel, ont rencontré, en inventant leur

écriture, ces procédés de la terminologie linnéenne;
ils ont formé les caractères destinés à désigner les
espèces, comme Linnée formait ses appellations bi-
naires, de deux parties, l'une commune à toutes les
espèces du genre, l'autre variable avec le nom de
chacune d'elles. Seulement, comme leur langue écrite
ne s'adresse qu'aux yeux, ils ont dessiné par des
figures ce que Linnée exprimait par des mots. Pour
désigner le loup et le renard, par exemple, ils ont
tracé deux caractères ayant chacun une partie variable, qui désigne l'espèce, et une partie commune,
qui est le nom écrit du chien, type du genre. On voit,
je le répète, que c'est une traduction, une transcription en signes figuratifs de l'appellation binaire de
Linnée.

Ce qui fait le plus d'honneur à l'esprit d'observation
et d'analogie des Chinois, c'est d'avoir reproduit souvent, dans leur classification, des rapports existant
réellement entre les êtres, et avoués des naturalistes
modernes. Ainsi, dit M. A. Rémusat, le loup, le renard,
la belette et les autres carnassiers furent rapportés au
chien ; les diverses espèces de chèvres et d'antilopes,
au mouton ; les daims, les chevreuils, l'animal qui
porte le musc, au cerf ; les autres ruminants au bœuf,
les rongeurs au rat, les pachydermes au cochon, les
solipèdes au cheval... Voilà des familles vraiment
naturelles. Ce n'est pas un petit honneur pour les
Chinois de reproduire, en quelque chose, la nomencla-

ture inventée par Linnée, et les divisions adoptées par Cuvier.

La désignation des insectes par un mot qui veut dire : *les animaux dont les os sont en dehors du corps*, est remarquable. Des idées récentes sur l'anatomie comparée, particulièrement des crustacés, que les Chinois confondent avec les insectes, aboutissent précisément à justifier cette singulière expression.

Ces heureuses rencontres des Chinois, dans quelques parties de l'histoire naturelle, contribuèrent sans doute à diriger de ce côté les travaux de M. A. Rémusat. Ce qu'il avait entrepris était immense ; il voulait faire un tableau complet des connaissances que les Chinois possèdent relativement aux animaux, aux végétaux et aux minéraux, donner pour chaque objet la synonymie en chinois, en japonais, en tonkinois, etc., dans les principales langues du haut Orient ; y joindre la synonymie européenne établie d'après les descriptions et les figures, et des notices médicinales, usuelles, économiques, tirées des auteurs chinois. Tel est le vaste plan dont la mort a interrompu l'accomplissement, comme de tant d'autres du même auteur, encore plus regrettables. La partie botanique seule est très-avancée ; pour le reste, il n'existe que le cadre d'un travail, que M. A. Rémusat avait préparé sans doute, mais dont il ne paraît pas avoir commencé l'exécution.

L'utilité d'un pareil ouvrage serait d'établir des rapports certains entre les objets de la science orientale et ceux de la science européenne, et par là de mettre à notre portée les recettes et les procédés de la première. Peut-être ce résultat ne vaut-il pas toute la peine qu'il coûterait ; on peut juger de la difficulté et des avantages qu'il peut y avoir à déterminer quel nom européen correspond au nom chinois d'une substance, par le travail de M. A. Rémusat sur la pierre Ju. Consacrer deux cents pages à préciser l'espèce minérale à laquelle ce nom doit se rapporter, et intéresser à une discussion si longue sur un sujet si restreint ; rattacher naturellement cette question minéralogique à l'histoire du commerce antique de la haute Asie, à l'origine des noms de Cachemir et du Caucase ; résoudre en passant la question des vases murrhins ; à propos des pierres précieuses qui formaient le pectoral du grand prêtre, et les matériaux mystiques de la Jérusalem céleste, rencontrer en son chemin l'Exode et l'Apocalypse ; c'est un tour de force, mais c'est aussi, ce me semble, une prodigalité d'érudition, de temps et d'esprit. En général, c'est faire un emploi assez vain de l'érudition que de lui donner pour matière de ses recherches les connaissances dont la nature est l'objet et doit être la source. Les naturalistes ne tiennent pas grand compte de ces travaux ; ils estiment plus la découverte du moindre fait, que le labeur curieux par lequel on arrive à savoir à peu près quels faits ont été connus ou ignorés à telle ou telle époque, en tel ou tel pays. L'histoire des sciences naturelles ne se rattache que bien rarement à celle de l'homme ; or, c'est l'homme qu'il faut chercher dans l'histoire, et la nature dans l'observation.

Quant aux arts mécaniques, on sait la supériorité des Chinois dans quelques-uns. Surpassés maintenant dans la fabrication de la soie, ils l'emportent encore sur nous pour la porcelaine et pour la composition de leur encre ; seuls ils savent cultiver et préparer le thé, dont l'usage presque universel a fait de leur commerce un besoin pour le monde. La priorité de leur industrie dans certaines inventions d'une utilité capitale est incontestable ; nul doute que de temps immémorial on n'ait connu la boussole à la Chine ; que l'imprimerie n'y date de l'an 952, et le papier-monnaie de 1154 ; qu'il n'y ait eu de l'artillerie au dixième siècle, et au commencement du douzième des cartes à jouer, deux cents ans avant qu'on fasse mention en Europe de la gravure sur bois.

La question est de savoir si l'Occident a reçu de l'Orient ces diverses inventions, ou si, comme on le croit généralement, il y est arrivé par lui-même de son côté. — Cette question est importante ; on ne peut dire qu'il soit indifférent pour l'histoire de la civilisation de connaître d'où sont venues des découvertes qui ont influé à tel point sur elle ; et notre dédain pour les Chinois, qui nous semblent plutôt des magots que des hommes, serait un peu humilié, s'il se trouvait

que nous leur devons ces trois choses : l'imprimerie,
la boussole et la poudre à canon.

Cette grave question a occupé M. A. Rémusat, et s'il
n'a pas cru pouvoir la trancher par une solution précise, on voit assez de quel côté il inclinait.

L'antériorité démontrée de ces inventions à la Chine
et l'incertitude où l'on est en Europe touchant leur
berceau et les auteurs qu'on leur a prêtés, forment, il
faut l'avouer, un préjugé favorable pour l'opinion qui
les fait venir de l'Orient.

La boussole a été apportée par les Arabes dont les
embarcations commerciales allaient, comme on sait,
rencontrer les jonques marchandes des Chinois dans
les ports de l'Inde. La poudre à canon et l'imprimerie
seraient venues par la voie de terre. Remarquez que
ces deux découvertes sont réclamées par plusieurs
pays, et que leur date n'est pas bien certaine. En
outre, d'après toutes les vraisemblances, c'est en Allemagne qu'on les voit d'abord se produire; or, c'est en
grande partie par l'Allemagne que s'établirent, au
moyen âge, avec l'orient de l'Europe, et par suite avec
toute l'Asie, ces communications prodigieusement
multipliées, qu'une des gloires de M. A. Rémusat a été
de mettre en lumière. Il n'y aurait rien d'impossible
à ce que le moine allemand inconnu qu'on fait inventeur de la poudre à canon, à ce que ce mystérieux
Fust, dont on a mêlé l'histoire à la légende fabuleuse
du magicien Faust, à ce que ces hommes, ou d'autres,

eussent reçu ces secrets de quelques-uns des nombreux voyageurs que l'esprit d'aventure, de prosélytisme ou de commerce poussait dans l'ombre aux extrémités de l'Asie.

Seulement il semble que ces connaissances auraient dû pénétrer plus tôt en Occident, au temps des invasions mongoles, qui paraît avoir été celui des rapports les plus fréquents entre l'Orient et l'Europe. Il est singulier aussi que Marc-Pol, qui passa plusieurs années au service d'un empereur de la Chine, qui fut envoyé par lui dans diverses parties de ses vastes États, pour y observer ce qui était digne de l'être, et qui, de ces observations faites pour le monarque tartare, a composé la relation si intéressante qu'il nous a laissée ; il est singulier qu'un homme qui avait tout vu et savait si bien voir, n'ait pas rapporté un secret qu'il devait connaître, puisqu'à l'époque où il se trouvait en Chine, la typographie y était employée depuis trois siècles. Quoi qu'il en soit, une gloire restera à l'Europe, bien supérieure à celle de l'invention première qui peut être due au hasard, la gloire du perfectionnement et de l'application, où le hasard n'entre point. La poudre à canon ne servait pas aux Chinois, comme on l'a dit, seulement pour les feux d'artifice, puisqu'au dixième siècle ils avaient des *chars à foudre*, de véritables canons désignés par l'onomatopée assez expressive de *pao*. Plus tard, ils sont mentionnés dans une expédition du général mongol Souboutai, et le petit-fils de celui-ci avait un corps d'artilleurs chinois dans son armée, en 1255, un siècle avant la bataille de Crécy, la première en Europe où cette arme ait figuré; mais depuis cette époque, l'artillerie chinoise n'a pas fait un progrès. Quelle distance au contraire d'un artilleur de Crécy à un artilleur de Waterloo !

L'imprimerie a débuté en Europe par le procédé où elle s'est arrêtée à la Chine, l'emploi des planches de bois mobiles, et cette analogie est une raison de plus de croire à une influence de la seconde sur la première. Mais l'imprimerie européenne, encore entre les mains de ses inventeurs ou de ceux qui passent pour l'avoir été, entre les mains de Fust et de Guttenberg, s'est élevée à un degré supérieur de perfection, et dès lors les caractères mobiles ont été trouvés. Telle est en toute chose l'opposition constante de l'Orient et de l'Occident : l'Orient invente et conserve, l'Occident applique et perfectionne. Langues, religions, systèmes, sciences, arts, jeux, il n'est presque rien qui ne nous soit venu de l'Orient; mais il n'est rien que nous n'ayons amélioré et développé : le progrès, le perfectionnement, tel est le génie de l'Occident. L'Orient est une mer immense et immobile; l'Occident est un fleuve qui en découle et s'en nourrit, mais qui marche toujours de plus en plus large, clair et profond, et à travers mille détours, mille erreurs, de rive en rive, de cataracte en cataracte, au-

jourd'hui lent, demain rapide, s'achemine majestueu-
sement vers des régions inconnues.

GÉOGRAPHIE — HISTOIRE

M. A. Rémusat s'est peu occupé de la géographie de
la Chine proprement dite, et dans les livres chinois qui
traitent de cette science, il a cherché de préférence ce
qui concernait les peuples voisins, plus mal connus et
plus difficiles à connaître que les Chinois eux-mêmes.
Cependant, sans parler de quelques découvertes que
nous indiquerons, il faut citer un excellent résumé
inséré dans les *Nouveaux Mélanges asiatiques*, sous ce
titre : *la Chine et ses habitants*, qui, en soixante-neuf
pages, contient les notions les plus exactes sur la géographie physique, la division administrative, l'organisation sociale, religieuse et littéraire de la Chine.

Voici un extrait de ce sommaire qui pourra préciser
les idées souvent si vagues qu'on se fait de l'empire
chinois :

« Cet empire, en y comprenant les pays qu'y ont
reunis les empereurs de la dynastie régnante, n'a pas
moins de cinq cent vingt-cinq lieues du nord au sud,
et de six cents lieues de l'est à l'ouest, en partant des
points les plus éloignés, ou trois mille lieues carrées de

superficie; deux fleuves immenses, le Kiange et le fleuve
Jaune, traversent une partie de cette vaste étendue ;
le premier a sept lieues de large à son embouchure.
Le climat offre, comme on doit l'attendre de sa situation géographique, toutes les températures, depuis
les froids de la Sibérie jusqu'aux chaleurs de l'Hindoustan, et par suite les diverses espèces d'animaux
qui leur appartiennent, depuis la zibeline et le renne
jusqu'à l'éléphant et au chameau. Presque tous les
végétaux utiles connus dans le reste du monde se
trouvent à la Chine. De là un grand commerce intérieur qui se fait principalement au moyen des fleuves
et des innombrables canaux dont elle est percée en
tous sens. La Chine est comme un monde, et pourrait
presque se suffire à elle-même ; cependant les Chinois
font le commerce avec la Russie par Kiacta, avec l'Europe et l'Amérique par Canton. Autrefois leurs vais-
seaux se sont avancés à l'occident jusqu'en Arabie et
en Égypte. Le trafic de la soie les avait fait connaître
aux Romains sous un nom qui était le nom chinois de
ce produit[1]. M. A. Rémusat ne tranche pas la question
de la population portée par les calculs les plus exa-
gérés à trois cent trente-trois millions, et dont le mi-
nimum ne peut être au-dessous de cent quarante. Il
n'y a point de caste à la Chine, ni rien qui y res-

---

[1] *Sé*, prononcé *ser* dans les provinces du nord, d'où *seres*, *serica
tellus*.

semble; le corps des lettrés, en possession de tous les emplois civils et militaires, se recrute uniquement par des concours littéraires ouverts à tous; le despotisme de l'empereur, illimité en principe, trouve en fait des bornes dans les préceptes souvent assez hardis de la morale de Confucius, qui est la morale de l'État, et forme comme une sorte de catéchisme politique, base de toute instruction, et par là de toute autorité. Outre cette doctrine fondée sur un déisme assez vague, unique religion des lettrés, et auquel se rattache le culte purement civil, rendu par l'empereur ou les magistrats aux astres, aux montagnes, aux âmes des parents et des sages, il en est deux autres moins arides et moins épurés qui se partagent la masse de la nation. L'une est celle des Tao-Ssé ou sectateurs du verbe; le fond est la doctrine de Lao-Tseu, qui vivait en même temps que Confucius, vers l'époque de Socrate. Elle est mêlée de beaucoup de fables et de superstitions, d'enchantements, de miracles prétendus, d'impostures assez semblables aux rêveries du néo-platonisme corrompu. Enfin, la troisième religion de la Chine, celle qui dans le pays compte le plus grand nombre de croyants, est une religion étrangère, la religion de Bouddha, née dans l'Inde, dont on savait à peine le nom en Europe il y a un demi-siècle, qui compte près de trois mille ans d'antiquité, près de trois cents millions de sectateurs, et ne le cède peut-être qu'au christianisme pour la pureté de sa morale et l'étendue de son action bienfaisante sur la civilisation du genre humain. »

Le système administratif est fort compliqué. Cette complication seule suffirait pour indiquer une civilisation très-avancée, au moins très-raffinée. Comme de semblables détails ne s'analysent point, laissons parler M. A. Rémusat :

« Le système de la subdivision des fonctions a prévalu depuis longtemps. L'administration des provinces est partagée entre plusieurs officiers qui n'ont pas de contrôle les uns sur les autres, et qui doivent porter à la cour les affaires sur lesquelles ils ne peuvent pas s'accorder ; le gouverneur général, que les Européens nomment vice-roi, a ordinairement deux provinces sous son administration. Il y a en outre un intendant de la province, un surintendant des lettres, un directeur des finances, un juge criminel et deux intendants : l'un pour les salines, l'autre pour les greniers publics. Chaque département, chaque arrondissement et chaque district ont en outre des magistrats particuliers qui exercent concurremment des fonctions administratives et judiciaires. Le nombre des officiers subalternes est très-considérable ; leurs titres et leurs noms sont rapportés dans l'almanach impérial. Tous les trois mois tous les officiers de l'empire sont distribués en neuf classes, partagées en deux divisions, et auxquelles sont assignées des prérogatives et des marques distinctives particulières. Le souverain nomme à tous les emplois d'après une présentation triple du Conseil du personnel. »

Pour comprendre ce que c'est que ce Conseil du personnel, il faut savoir qu'à la Chine il n'y a point de ministres ; mais chaque département est administré par un conseil, et ce sont ces conseils qui répondent à nos ministères ; le département des finances est administré par le conseil des revenus ; le département des cultes par le conseil des rits ; le département de la justice par le conseil des peines et supplices. Supplice et justice sont naturellement synonymes chez un peuple où le caractère qui exprime l'idée de gouvernement a pour signe radical l'image d'un bâton. Au ministère des travaux publics correspond le consei qui porte le même nom : il en est de même du ministère de la guerre ; enfin il y a un sixième conseil des emplois, chargé du personnel de toutes les autres administrations. C'est ce conseil dont je parlais plus haut. En outre, il y a une académie qui est en même temps une sorte de conseil d'État. La dignité d'académicien est en Chine la plus éminente de toutes, car l'autorité politique y marche toujours de pair avec l'élévation littéraire.

On a peut-être été surpris d'y trouver un almanach impérial ; on le sera plus encore d'apprendre qu'il y existe un *Moniteur*. On peut donner ce titre à la *Gazette impériale*, journal officiel et unique. En ce qui est opinion purement spéculative, la liberté de la presse est complète, toutes les doctrines philosophiques peuvent se produire et se sont produites librement, depuis le mysticisme le plus extravagant jusqu'au plus grossier matérialisme. Mais si l'on effleure la personne ou la famille de l'empereur, si l'on a le malheur de tracer le caractère qui a l'honneur de servir à écrire son nom, sans le placer hors de ligne en haut de la page, et mettre au-devant l'épithète honorifique de rigueur, on s'expose soi et les siens à être coupé en morceaux.

Comme je l'ai dit, à l'exception de la Notice sur la Chine et ses habitants, dont je viens de présenter les principaux traits, M. A. Rémusat a plutôt cherché, dans les auteurs chinois, des lumières sur la géographie des pays environnants que sur celle de la Chine elle-même.

C'est ainsi qu'il a traduit une description du royaume de Camboge, dans la presqu'île orientale de l'Inde, rédigée par un officier chinois qui, à la fin du treizième siècle, remplit une mission dans ces contrées encore aujourd'hui peu connues des Européens. L'année de ce voyage, 1295, est précisément celle où Marc-Pol revint en Europe; lui aussi avait reçu des missions semblables dans les mêmes régions. M. A. Rémusat ne jugeait pas impossible que les voyageurs se fussent rencontrés : singulier rapport entre deux destinées rapprochées de si loin! Puis ils se seraient quittés, l'un pour aller en Chine imprimer son voyage,

traduit de nos jours, l'autre pour venir, dans la pri-
son de Gênes, dicter cette relation dont la véracité a
été longtemps contestée par l'ignorance, et n'a été re-
connue que quand les récits de Messer Milione ont pu
être vérifiés par le témoignage que les monuments
chinois lui ont rendu.

Le voyageur chinois parle avec admiration de plusieurs monuments d'or, c'est-à-dire dorés. On reconnaît là le goût de ces peuples pour couvrir d'or ou
d'argent leurs édifices et leurs statues, goût qui ne
leur a point passé : au contraire, il paraît que depuis
la découverte de l'Amérique une assez grande partie
des métaux précieux du nouveau monde s'écoule dans
l'Inde orientale, où ils sont employés avec profusion
à dorer ou argenter des ponts, des tours, des statues
colossales de Bouddha : singulier emploi de ces richesses qui, tirées d'Amérique après avoir circulé
dans toute l'Europe, et presque achevé le tour du
monde, vont s'engloutir au delà du Gange, dans des
contrées presque inconnues, pour y faire resplendir
des idoles et des pagodes.

Du reste, les observations que renferme ce voyage,
quelquefois étranges au point de n'avoir pu être traduites qu'en latin, d'autres fois provoquant un sourire par leur naïveté, sont détaillées et offrent le caractère de la plus stricte véracité. Cet échantillon
montre ce qu'on peut puiser de connaissances géographiques dans les écrivains chinois, sur des pays qu'il

est plus facile pour eux que pour nous de visiter.

Outre ce que j'ai dit des volcans de l'Asie centrale, ce que M. A. Rémusat a fait de plus remarquable en ce genre, c'est d'avoir déterminé de son cabinet l'existence douteuse pour les navigateurs d'un groupe d'îles dans la mer du Japon.

M. A. Rémusat traita l'histoire comme la géographie; il s'occupa beaucoup moins de l'histoire chinoise que de celle des peuples voisins, encore plus ignorée. C'est surtout celle des nations tartares qu'il s'est efforcé de retrouver, s'aidant tantôt de la comparaison de leurs langues, tantôt de textes chinois. Ces peuples n'ont presque point de monuments un peu anciens; leurs destinées nomades n'ont pas laissé plus de traces dans l'histoire que n'en laissent leurs tentes voyageuses aux lieux où elles passent. La Chine, au contraire, en possession depuis tant de siècles d'une organisation régulière, la Chine, centre fixe de ce monde errant, a sauvé de leurs annales ce qu'elle en a gardé dans les siennes. La Chine est un flambeau lointain levé sur les ténèbres de la haute Asie, et il ne faut pas croire que ce monde tartare soit entièrement étranger au nôtre. — On a longtemps trop séparé l'Orient de l'Occident. — Sur la foi de quelques mauvais chroniqueurs très-mauvais géographes, on faisait venir du Nord presque tous les barbares, comme s'il contenait des espaces assez vastes et assez féconds pour enfanter tant de peuples. On est assuré maintenant que leur mouvement n'a point eu lieu dans cette direction, mais s'est fait d'orient en occident comme le tour du soleil, que semble suivre autour du globe la rotation du genre humain. On commence à entrevoir au centre de l'Asie quelques-unes des secousses qui ont jeté sur l'Europe ce flot de populations conquérantes. Déjà de Guignes avait prouvé qu'on pouvait tirer parti des sources chinoises pour compléter certaines portions de l'histoire des invasions barbares. Il avait fait voir les Huns menaçant la Chine et roulant le long de la grande muraille avant de déborder sur l'empire romain. Enfin les auteurs chinois ont montré à M. A. Rémusat et à M. Klaproth, comme échelonnés sur divers points de l'Asie centrale et septentrionale, des Gètes, des Alains, des Ases, débris des nations gothiques, restés çà et là sur les plateaux de l'Asie comme ces flaques d'eau qui demeurent sur les sommets après qu'une inondation s'est retirée. Ainsi, une lumière partie de l'Orient a éclairé l'événement capital de l'histoire moderne. Sans elle, nous le verrions mal parce que nous ne le verrions que d'un côté, nous ne verrions que la tête de la grande colonne des peuples, non son point de départ. Sans les précieux avertissements de l'histoire orientale, nous aurions pu, dans notre Europe, remuer longtemps les cendres de l'incendie et ne pas connaître quel vent l'avait allumé et poussé sur nous.

La plupart de ces faits sont consignés dans un beau

Mémoire de M. A. Rémusat sur l'extension de l'empire chinois du côté de l'occident. Dans le même Mémoire, il a suivi avec une sagacité merveilleuse, depuis le premier siècle avant Jésus-Christ jusqu'à nos jours, les variations de limites qu'a subies cet empire. Rien de plus flexible que les frontières de cette Chine, qu'on croit immobile : tantôt pressée, entamée au nord par les Ki-Tans, confinée au sud du fleuve Hoëi; tantôt s'étendant à l'ouest jusqu'à la Sogdiane et la Trans-oxane, et poussant des émigrations jusqu'en Ar-ménie.

Ce fut sous la dynastie des Han, quatre-vingt-sept ans avant Jésus-Christ, qu'on commença, disent les historiens chinois cités par M. A. Rémusat, à entretenir des rapports avec les pays situés vers l'Oxus. La politique chinoise allait y chercher des adversaires aux Hioung-Nou (les Huns, suivant de Guignes), dont le redoutable voisinage la faisait trembler. On possède une relation fort curieuse d'une mission donnée à cette époque à un général chinois qui a écrit son voyage. On l'avait envoyé dans la Transoxane engager une nation qui avait fui à l'ouest devant les Hioung-Nou, et par sa fuite avait dégarni les frontières de la Chine, qu'elle matelassait, pour ainsi dire, contre l'ennemi commun, à reprendre son poste, pour dé-fendre l'empire chinois. En route, l'envoyé fut pris par les Hioung-Nou, qui le gardèrent captif dix ans; enfin il s'évada et arriva chez les You-Tchi : c'était le

nom de la nation qu'il fallait décider à revenir dans
les déserts de la Tartarie rendre au peuple chinois un
rempart dont il avait grand besoin. Les You-Tchi ne
l'écoutèrent point, comme on peut croire. — Pour retourner en Chine, il voulut prendre un autre chemin,
afin d'éviter les Hioung-Nou ; mais l'invasion avait
marché pendant qu'il était en pourparlers avec les
You-Tchi, et il fut pris une seconde fois. On conçoit
que de semblables ambassades devaient instruire les
Chinois sur les pays occidentaux : la guerre et la conquête leur ouvrirent de ce côté d'autres communications. Environ cent ans après notre ère, une armée
chinoise arriva jusqu'auprès de la mer Caspienne et
manqua envahir l'empire romain, sans bien savoir ce
qu'elle faisait. Ce fut vers le même temps qu'un souverain de cet empire, appelé par les Chinois *An-Thun*,
probablement un des Antonins, envoya, disent-ils, au
fils du ciel des ambassadeurs qui se rendirent près
de lui par le Ton-King. Ainsi quelques rapports ont
existé entre la Chine et Rome. Si chacun de ces puissants États joue un si petit rôle dans les annales de
l'autre, c'est que, ne sachant que vaguement leur
existence, ils ignoraient leur mutuelle grandeur.
C'était un événement assez peu important à Rome que
quelques députés passassent chez les barbares trans-
gangétiques ; peut-être quelques marchands, car tous
les marchands étrangers sont transformés à la Chine
en ambassadeurs qui apportent les tributs de leur

souverain au maître du monde. C'était peu de chose pour le maître du monde de joindre à son immense empire un État de plus du côté de l'Occident. Ainsi les deux monarchies qui se partageaient le plus grand nombre des peuples de la terre, se touchaient et ont pensé se heurter à leur insu, comme deux géants qui passeraient à côté l'un de l'autre, s'effleurant dans la nuit.

Mais ce fut surtout au septième et au huitième siècle, sous la glorieuse dynastie des Thang, que l'empire de la Chine acquit une grande extension à l'ouest; ce fut alors que les rois de Bokhara, de Karisme, de Samarcande, que les peuples des bords de l'Oxus jusque vers la mer Caspienne furent compris dans l'enceinte démesurément élargie des frontières de la Chine. Sans doute, tout le pays intermédiaire ne formait pas un état régulier et constamment soumis : il y avait bien des insurrections locales, bien des chefs qui reconnaissaient l'empire de la Chine plutôt de nom que de fait; mais enfin il en résultait des relations, au moins passagères, entre elle et ces peuples sédentaires ou nomades, qui la considéraient comme un centre de civilisation d'où ils recevaient quelques lumières, et auxquels elle étendait sa souveraineté et son nom (Thsin). On voit les princes dépossédés se réfugier près du grand empereur; le fils du dernier des rois Sassanides y fut chercher un asile, fuyant, disent les auteurs chinois, un vassal révolté; c'est ainsi que dans

5.

leur récit l'insurrection conquérante de l'islamisme s'est transformée en un simple soulèvement contre le souverain légitime.

Ensuite la Chine commença d'être envahie par les populations du Nord, et démembrée de ce côté en plu-sieurs royaumes dont les plus célèbres furent les Ki-Tans, d'où lui vint par extension le nom de Cathai, et les Tangutains. Les pays occidentaux qui avaient reconnu sa suzeraineté y échappèrent, et cet état de morcellement fut couronné par les conquêtes des Mongols.

Maîtres de la Chine, les Mongols portèrent à leur tour le renom et l'influence de leur pouvoir bien loin vers l'occident; de proche en proche, ils vinrent de la Corée en Silésie. Un petit-fils de Gengis s'appela le vainqueur des Francs, tandis que le roi de Perse était le vassal du grand Khan de Tartarie, empereur de la Chine.

C'est le moment de la plus grande poussée vers l'ouest; c'est une dernière irruption des peuples du centre de l'Asie dans le nord de l'Europe qui montra comment s'étaient faites les premières. Ce fut le dernier acte de la grande tragédie des invasions barbares.

Bientôt l'empire fut divisé entre les descendants de Gengis-Khan, et la Chine fut par là ramenée à des limites comparativement très-restreintes, sous la dynastie suivante, celle des Ming. Par un hasard singulier, c'est précisément sous cette dynastie que la Chine a commencé d'être connue et fréquentée des voyageurs européens ; de là les idées fausses qu'on s'est formées sur son étendue à l'ouest dans les époques antérieures. Du reste, ces anciennes limites si habilement retrouvées par M. A. Rémusat ont été atteintes de nouveau par la dynastie actuelle, celle des Mantchoux. Aujourd'hui elles enclavent des sources qui vont se verser dans la mer Caspienne. Une ligne de postes militaires et de fortifications traverse toute l'étendue de l'empire, depuis l'extrémité orientale de l'Asie jusqu'au delà de Kashgar, situé à moitié route environ entre Pékin et Vienne.

A l'histoire des variations qu'a subies de siècle en siècle l'étendue de l'empire chinois, se rattache celle des communications religieuses et commerciales de la Chine avec les contrées plus occidentales de l'Asie, entre autres avec la ville de Kothan, dans la petite Bucharie. Cette ville n'était guère connue que par les allusions des ·poëtes arabes, à propos du musc qu'on tire de son territoire, et qui joue un si grand rôle dans les lieux communs érotiques de ces poëtes. M. A. Rémusat a détaché l'histoire de la ville de Kothan d'une vaste collection où l'on a réuni tous les faits relatifs aux nations étrangères et aux rapports qu'ont eus les Chinois avec elles sous les différentes dynasties. Il se proposait d'en faire autant pour plusieurs autres parties de la même collection. Quant à Kothan, dont l'im-

portance est principalement d'avoir été la métropole
du bouddhisme dans la Tartarie, nous y reviendrons
lorsque nous esquisserons l'histoire de cette religion.

A l'occasion des langues tartares, j'ai parlé des efforts qu'a faits M. A. Rémusat pour débrouiller ce chaos
mobile de peuples dispersés sur une immense étendue
de pays où ils se croisent en tous sens, se mêlent et se
remplacent perpétuellement. Si, malgré ses travaux
et ceux de M. Klaproth, il reste encore bien des obscu-
rités dans l'histoire des nations tartares, du moins
quelques points essentiels ont été éclaircis. On a dé-
mêlé la différence des races sous la confusion de
cette dénomination de Tartares, dont la vogue en
Occident paraît avoir été causée en grande partie
par la ressemblance du nom de quelques hordes avec
le nom latin des enfers : les Tartares, vrais enfants du
Tartare, *Tartari, gens Tartarea* ; ce jeu de mots qui se
rencontre fréquemment chez les écrivains du moyen
âge exprime assez vivement l'épouvante qu'inspiraient
à l'Europe ces démons déchaînés. Quoi qu'il en soit,
M. A. Rémusat voulait qu'on se gardât de substituer
par une pédanterie malavisée à ce mot de *Tartare*
celui de *Tatar* qui ne s'applique qu'à une petite
partie de ces populations, et ne peut sans confusion
s'étendre à une masse si considérable de tribus dis-
tinctes, tandis que le nom de Tartare établi par l'usage,
n'étant celui d'aucune d'elles en particulier, peut
sans inconvénient servir à les désigner collectivement.

Ce nom pris dans cette acception générale comprend quatre familles de peuples, les Tongous, les Mongols, les Mantchoux et les Thibétains.

Les Tongous, situés le plus à l'orient, qui habitent sans les occuper cent mille lieues carrées, ont à plusieurs reprises fourni des maîtres à la Chine; dès le dixième siècle, ils en ont occupé la partie septentrionale, donné à leur khan le nom d'empereur, et réclamé à ce titre la soumission des autres nations tartares. Ce fut un empereur tongou de la dynastie des Kin qui envoya demander le tribut à celui qui, en 1210, était khan des Mongols, et lui prescrire d'écouter à genoux les ordres de son souverain. Mais le khan se tourna du côté du midi, cracha en l'air, et dit : « Celui qui t'envoie passe pour le fils du ciel et n'est même pas un homme. » Ce khan était Gengis, qui allait détruire la puissance des Tongous et fonder celle des Mongols.

Cependant les destinées conquérantes de la race tongouse ne devaient pas s'arrêter là, car cette race a produit les Mantchoux, qui possèdent aujourd'hui la Chine, soumise par eux après qu'elle eut secoué le joug des Mongols.

Pour les Mongols, leurs conquêtes surpassent en étendue et en rapidité tout ce que l'Occident a connu de plus merveilleux. Partie des bords du lac Baïkal, cette nation, jusque là ignorée du monde, roulant, suivant l'expression des écrivains tartares, comme une boule de neige et se grossissant de toutes les populations que l'avalanche entraînait, soumit la Chine, puis à travers la Cochinchine et le Japon atteignit l'île de Java, tandis que d'un autre côté elle traversait la Perse, les pays caucasiens, établissait en Russie le vasselage des grands ducs, qui a duré jusqu'au seizième siècle, et venait en Pologne gagner la bataille de Lignitz, où les Tartares remplirent neuf grands sacs d'oreilles coupées.

Gengis-Khan, à lui seul, a conquis presque autant de pays qu'Alexandre, et le mouvement conquérant s'est continué après lui. C'est un Alexandre dont les fils et les généraux furent aussi des Alexandre. Je ne parle que de la diffusion de la conquête et non de son caractère. Si elle était prompte comme celle d'Alexandre, elle était destructive comme celle d'Attila. Alexandre alla planter un germe de la civilisation grecque au cœur de l'Asie ; les Gengiskhanides se ruaient sur la civilisation de la Perse et de la Chine et menaçaient la civilisation de l'Europe. Le Macédonien fondait Alexandrie, le Tartare incendiait Samarcande et Bokhara.

On connaît beaucoup mieux les ravages de la race mongole que ses origines. Les historiens chinois que nous avons en Europe, n'ont pas fourni sur ce point des documents bien positifs à leur habile investigateur ; une histoire originale des Mongols, publiée par M. Schmidt, depuis les *Recherches sur les langues tartares*, et sur laquelle M. A. Rémusat a donné dans le

Journal Asiatique plusieurs articles d'une critique, comme toujours, fine et substantielle, n'a pas contribué, autant qu'on l'eût pu croire, à remplir cette lacune. L'auteur de l'histoire est un prince mongol, de la race de Gengis-Khan, zélé bouddhiste, et qui, en cette qualité, s'est plu à combler toute l'époque antérieure au moment où les Mongols paraissent sur la scène du monde, par des légendes empruntées au bouddhisme que ces peuples n'avaient pas alors adopté. La dévotion et l'amour-propre combinés ont conduit l'auteur à rattacher la ligne de Gengis à cette suite fabuleuse de rois indiens, au moyen desquels on remonte facilement à l'origine du monde ; c'est comme nos vieilles chroniques qui font descendre les Francs d'Hector et les Bretons de Brutus, greffant ainsi sur un passé célèbre et mensonger l'origine des nations modernes. Introduire des légendes bouddhiques dans l'histoire primitive du Mongol, c'est faire une confusion pareille à celle de cette Italienne qui croyait que Romulus était le nom du premier pape.

Dans cette obscurité où le laissaient sur l'ancienne extension de la race mongole et les sources nationales, et les sources chinoises, M. A. Rémusat, à force de sagacité, est parvenu à constater que cette race habitait de toute antiquité à peu près le pays qu'elle occupe maintenant. Ainsi, après s'être répandue sur le monde, elle s'est renfermée dans son lit naturel ; d'où M. A. Rémusat tire cette conclusion très-importante pour l'histoire étudiée en grand, c'est que : « les races ne sont pas sujettes au changement, qu'on doit en général chercher la patrie primitive des nations dans la contrée où on les retrouve de nos jours, et qu'à l'exception d'un petit nombre de déplacements et de mélanges évidemment causés par la violence, et survenus bien plus rarement qu'on ne l'imagine, les peuples qui sortent de races différentes, les langues qui les tiennent séparés, les localités auxquelles ils sont attachés, résistent aux plus grandes révolutions, et subsistent de nos jours à peu près dans les mêmes rapports que l'antiquité nous fait connaître. »

Les deux autres familles tartares sont les Turcs et les Thibétains.

La race turque a joué un grand rôle dans les conquêtes tartares. Le nom mongol a tout couvert de son éclat plus grand. Il n'en est pas moins vrai qu'il se trouvait beaucoup de populations turques dans ces multitudes diverses par la langue et par le sang que les khans mongols appelaient leur armée. En outre, les populations turques ont ravagé pour leur propre compte, et conquis en leur propre nom. La plus brillante de ces conquêtes est celle qui s'est terminée par la prise de Constantinople ; celle-là a été un grand événement pour l'Europe. Il en est résulté que les autres portions de la race sont restées dans l'ombre, et qu'on n'a vu des Turcs que dans les Osmanlis. Mais ce serait se faire une idée bien fausse

de l'étendue de cette famille de peuples que de la res-
treindre à ce seul rameau, elle qui est disséminée dans
presque toute l'Asie, elle placée, comme dit M. A. Rémusat, entre le golfe Adriatique et le lac Baikal, entre
les Samoyèdes et les Indous. Je ne puis le suivre dans
ses recherches ingénieuses de désert en désert, de
tribu en tribu, poursuivant partout les analogies certaines du langage, rejetant sans hésiter les analogies
trompeuses, démêlant les confusions qu'introduit la
ressemblance ou l'altération des noms ; car les jeux
de mots, et, si j'osais le dire, les calembours involon-
taires, tiennent une grande place dans la partie
erronée des systèmes historiques. Il faudrait entrer
dans des détails que ne comporte pas cette notice ;
et peut-être serait-il indifférent au lecteur d'apprendre
à la fin que les Hioung-Nou sont la tige des nations
turques. Cependant cela est de quelque importance ;
car si les Hioung-Nou sont les Huns, comme il est
probable, n'est-il pas curieux de savoir s'ils sont Finnois ou Turcs ; en d'autres termes, si Attila était de
la famille des Lapons et des Hongrois, ou cousin de
Bajazet et de Mahmoud.

Pour les Thibétains, ils forment une population à
part. Renfermés dans leurs montagnes, ils ne furent
jamais conquérants, excepté une fois, au neuvième
siècle, quand ils s'avancèrent jusqu'au golfe du Bengale, qui porta le nom de mer du Thibet. Leur histoire, peu en rapport avec celle du reste du monde, est

en conséquence peu connue. Son principal intérêt se rattache aux destinées du bouddhisme qui y a été apporté d'ailleurs, et y a pris la forme particulière du lamisme, espèce de papauté dont nous aurons occasion de parler.

Mais s'il faut quelque effort pour s'intéresser aux découvertes même les plus essentielles, quand elles portent sur des pays éloignés, sur des événements obscurs et isolés, il est naturel au contraire d'être vivement frappé de résultats qui intéressent notre histoire. Il est piquant de trouver la Tartarie et la France en relation diplomatique, et ce fut une bonne fortune pour M. A. Rémusat de rencontrer, dans les archives du royaume, des pièces de la chancellerie mongole ; de lire pour la première fois ces lettres du petit-fils de Gengis-Khan à Philippe le Bel, six cents ans après qu'elles avaient été écrites. Les deux beaux mémoires qu'il a consacrés à ce sujet entièrement neuf, contiennent les plus curieux détails sur ces négociations que la légèreté sceptique de quelques historiens avait niées. Entamées par les papes et les rois de France, elles eurent d'abord un succès médiocre auprès des chefs tartares ; puis quand ils comprirent que les intérêts de leur conquête étaient d'accord avec les plans de croisade que l'Europe chrétienne commençait à abandonner, ce furent eux, chose étrange, qui tentèrent par leurs messages de ranimer cet enthousiasme. Alors ils prirent l'initiative des ambassades, écrivant en termes courtois, et ne menaçant plus, comme auparavant, les missionnaires d'envoyer au pape leur peau empaillée, mais offrant au roi de France le secours de leur cavalerie pour conquérir le Saint-Sépulcre. M. A. Rémusat a rattaché à l'histoire de ces singulières ambassades des vues ingénieuses sur les relations, beaucoup plus nombreuses qu'on ne le suppose souvent, qui liaient et rapprochaient au moyen âge l'Orient et l'Occident. Dans le morceau suivant il a groupé un grand nombre de faits, dont le simple exposé frappe vivement l'imagination. Les vues qui suivent sont pleines d'élévation et de nouveauté. Je ne puis résister à l'envie de transcrire le morceau tout entier; je ne crains point qu'il paraisse trop long à mes lecteurs, et nul autre ne me semble plus propre à leur donner idée du talent d'écrire de M. A. Rémusat, qu'une notice consacrée à sa mémoire doit faire aussi connaître.

« Beaucoup de religieux italiens, français, flamands furent chargés de missions diplomatiques auprès du grand Khan. Des Mongols de distinction vinrent à Rome, à Barcelone, à Valence, à Lyon, à Paris, à Londres, à Northampton, et un Français du royaume de Naples fut archevêque de Pékin. Son successeur fut un professeur de la faculté de théologie de Paris. Mais combien d'autres personnages moins connus furent entraînés à la suite de ceux-là, ou comme esclaves, ou attirés par l'appât du gain, ou guidés par la curiosité

dans des contrées jusque-là inconnues! Le hasard a
conservé le nom de quelques-uns; le premier envoyé
qui vint trouver le roi de Hongrie de la part des Tai-
tares, était un Anglais banni de son pays pour certains
crimes, et qui, après avoir erré dans toute l'Asie,
avait fini par prendre du service chez les Mongols. Un
cordonnier flamand rencontra dans le fond de la Tartarie une femme nommée *Paquette*, qui avait été enlevée en Hongrie; un orfévre parisien dont le frère
était établi sur le grand pont, et un jeune homme des
environs de Rouen qui s'était trouvé à la prise de Bel-
grade. Il y vit aussi des Russes, des Hongrois et des
Flamands. Un chantre nommé Robert, après avoir
parcouru l'Asie orientale, revint mourir dans la ca-
thédrale de Chartres. Un Tartare était fournisseur de
casques dans l'armée de Philippe le Bel. Jean de Plan-
Carpin trouva près de Gayouc un gentilhomme nommé
Temer, qui servait d'interprète; plusieurs marchands
de Breslaw, de Pologne, d'Autriche l'accompagnèrent
dans son voyage en Tartarie; d'autres revinrent avec
lui par la Russie : c'étaient des Génois, des Pisans, des
Vénitiens... On peut bien croire que les voyages dont la
mémoire s'est conservée, ne sont que la moindre partie
de ceux qui furent entrepris, et qu'il y eut dans le
temps plus de gens en état d'exécuter des courses
lointaines que d'en écrire la relation. Beaucoup de ces
aventuriers durent se fixer et mourir dans la contrée
qu'ils étaient allés visiter ; d'autres revinrent dans

leur patrie, aussi obscurs qu'auparavant, mais l'imagination remplie de ce qu'ils avaient vu, le racontant à leur famille, l'exagérant sans doute, mais laissant autour d'eux, au milieu de fables ridicules, des souvenirs utiles et des traditions capables de fructifier. Ainsi furent déposées en Allemagne, en Italie, en France, dans les monastères, chez les seigneurs, et jusque dans les derniers rangs de la société, des semences précieuses destinées à germer un peu plus tard. Tous ces voyageurs ignorés, portant les arts de leur patrie dans des contrées lointaines, en rapportaient d'autres connaissances non moins précieuses, et faisaient, sans s'en apercevoir, des échanges plus avantageux que tous ceux du commerce. Par là, non-seulement le trafic des soieries, des porcelaines, des denrées de l'Indoustan s'étendait et devenait plus praticable; de nouvelles routes s'ouvraient à l'industrie et à l'activité commerciale; mais ce qui valait mieux encore, des mœurs étrangères, des nations inconnues, des productions extraordinaires venaient s'offrir en foule à l'esprit des Européens, resserré, depuis la chute de l'empire romain, dans un cercle trop étroit. On commença à compter pour quelque chose la plus belle, la plus peuplée et la plus anciennement civilisée des quatre parties du monde. On songea à étudier les arts, les croyances, les idiomes des peuples qui l'habitaient; et il fut aussi question d'établir une chaire de langue tartare dans l'Université de Paris.

Des relations romanesques bientôt discutées et approfondies répandirent de toutes parts des notions plus
justes et plus variées. Le monde sembla s'ouvrir du
côté de l'Orient ; la géographie fit un pas immense ;
l'ardeur pour les découvertes devint la forme nouvelle
que revêtit l'esprit aventureux des Européens ; l'idée
d'un autre hémisphère cessa, quand le nôtre fut
mieux connu, de se présenter à l'esprit comme un paradoxe dépourvu de toute vraisemblance ; et ce fut en
allant à la recherche du Zipangri de Marc-Pol, que
Christophe Colomb découvrit le nouveau monde. »

PHILOSOPHIE ET RELIGION

J'ai eu déjà occasion de le dire, entre les grands
systèmes de philosophie que l'Orient et l'Occident ont
enfantés, il n'en est pas un qui n'ait eu cours à la
Chine. Ce que nous connaissons de ses métaphysi-
ciens suffit à nous en convaincre, et cependant nous
sommes loin de les connaître tous. La collection des
quarante *tseu* ou philosophes que possède la Bibliothèque du roi attend encore des lecteurs et des interprètes. Les missionnaires jésuites, qui ont tant fait
pour la science, ne lui ont pas rendu, en ce point,
tous les services qu'elle pouvait espérer. À leurs pré-

jugés religieux ils ont joint souvent les préjugés philosophiques des lettrés. Les lettrés sont en possession de la doctrine de Confucius ; cette doctrine contient la morale canonique et la politique officielle qui mène à tout. On conçoit qu'ils dédaignent parfaitement les systèmes par lesquels on n'arrive à rien. Donner les places est en tout pays un grand avantage pour une opinion, et qui lui concilie beaucoup de bons esprits, surtout parmi ceux qui les obtiennent ; les lettrés, qui les ont toutes, ne forment aucun doute sur la sagesse de Confucius, à qui ils les doivent ; et leur mépris pour les penseurs dissidents et sans pouvoir est à la fois celui de l'orthodoxe pour l'hérésiarque et du fonctionnaire pour l'administré. Or, les jésuites, d'ailleurs hommes de beaucoup de sens, de courage et de talent, par leur principe de l'autorité en matière de politique et de religion, étaient naturellement attirés vers les doctrines dominantes, et, comme on dit aujourd'hui, gouvernementales. Aussi, bien que les lettrés fussent leurs adversaires les plus acharnés et les plus dangereux, en voyant comme ils avaient réussi à s'emparer de tout le pouvoir, et comme ils étaient habiles à le conserver, les jésuites se prirent d'une grande admiration pour une théorie qui produisait dans la pratique de si beaux effets. Ils se sentirent, au contraire, fort peu d'estime pour les quarante ou cinquante systèmes qui n'étaient bons, comme le jansénisme ou le calvinisme, qu'à troubler l'obéissance et la soumission des esprits ; c'est ce qui les a portés à négliger ce qu'on pourrait appeler la philosophie hétérodoxe de la Chine, avec d'autant plus de raison que l'orthodoxie y est philosophique plutôt que religieuse. En outre, ils ont accueilli trop facilement les calomnies que toute opinion régnante épargne rarement aux opinions indépendantes. Ils ont répété avec assez de complaisance les imputations d'athéisme et de matérialisme, parfois fondées, mais parfois aussi un peu légèrement alléguées par le théisme dévot et hypocrite des mandarins. Cependant, pour être juste, il faut dire que les missionnaires sont encore ceux qui nous ont le plus appris sur les divers systèmes de la philosophie chinoise, et que les matériaux qu'ils nous ont transmis, quelque imparfaits qu'ils soient, ont suffi pour intéresser et exciter vivement l'active pensée de Leibnitz.

Des deux grandes divisions de cette philosophie envisageons d'abord celle qui a le plus d'importance en Chine et de renommée en Europe, l'école du docteur Koung (Koung-Fou-Tseu), que par égard pour l'usage et pour les oreilles de mes compatriotes j'appellerai de son nom latinisé, nom assez étrange pour un personnage chinois, Confucius.

M. A. Rémusat, sauf la publication d'un des livres classiques du second ordre, s'est peu occupé de l'école de Confucius, pour laquelle il ne partageait pas l'enthousiasme de certains jésuites. Je suis cependant obligé

de m'y arrêter un peu. La portion de cette notice consacrée à la philosophie chinoise serait trop incomplète si Confucius n'y figurait point.

Entre Confucius et Socrate, il y a plusieurs analogies qu'on a remarquées. Nés vers le même temps [1], ils ont eu même tendance pratique, même éloignement pour la spéculation. Cicéron a dit que Socrate fit descendre la philosophie du ciel, et la tradition rapporte que Confucius n'aimait pas à parler du ciel et de la nature. La célèbre inscription du temple de Delphes : *Connais-toi toi-même*, fut le point de départ de la morale socratique. Le perfectionnement du *moi* est le fondement de toute la doctrine de Confucius. Confucius posa en termes très-précis la nécessité absolue de la morale, indépendamment de tout intérêt personnel. « La loi, disait-il, si elle variait de l'épaisseur d'un cheveu, ne serait plus la loi. — Pourquoi parler de l'intérêt ? ajoutait un de ses disciples ; il y a la justice et l'humanité, et rien de plus. » Le stoïcisme est là tout entier.

Tantôt ce sont de vagues éloges de la vertu, tantôt des préceptes froidement compassés. Le caractère abstrait de la langue, les formes presque mathématiques du style ancien, sont singulièrement favorables, chez Confucius et ses disciples, à l'expression nue et tranchée de l'obligation morale proclamée dans sa rigueur impérative, ou apodictique, pour parler le

---

[1] Confucius, l'an 551, et Socrate, l'an 470 avant notre ère

langage de Kant. Des sentences brèves et roides prescrivent une vertu inflexible par quelques signes, in-
flexibles aussi, qui peignent à l'esprit des idées générales de devoir juxtaposées, sans liaison grammaticale, comme des chiffres, et se balançant comme des
nombres.

Sans doute cette morale est ferme et pure, mais
elle manque entièrement d'enthousiasme et d'onction,
et par là elle est inférieure à la morale antique et
plus encore à la morale chrétienne. Elle commande
sèchement les devoirs de la famille et de la cité,
comme s'il s'agissait d'agencer des pierres et non
d'harmoniser des hommes. Elle subordonne le jeune
au vieux, le fils au père, le frère cadet au frère aîné,
le sujet au magistrat, le magistrat au prince; et quand
elle a bien assis la base de sa pyramide sociale, elle ne
s'inquiète pas si cette pyramide est composée d'êtres
vivants ou bâtie d'ossements arides, si au centre est
un temple ou, comme dans les pyramides d'Égypte,
un sépulcre et une momie. En tête de toutes les vertus, elle place la justice et l'humanité; mais cette
justice est toute négative et cette humanité n'a pas
d'entrailles. Le nom de celle-ci est admirable; on
l'écrit en unissant au signe qui veut dire *homme*, le
signe qui veut dire *deux* : c'est le lien de l'homme avec
l'homme, la charité; et on trouve dans la morale
chinoise ce divin précepte : « Ne fais pas à autrui ce
que tu ne veux pas qui te soit fait. » Mais voyez ici

combien la lettre est stérile, quand l'esprit fait défaut. L'idée de la charité est un accident dans le système, et ne s'y fait sentir que çà et là, comme par hasard. Dans le christianisme, au contràire, la charité n'est pas une idée morte énoncée en passant, un devoir froidement prescrit par le législateur, comme une convenance sociale que l'étiquette impose, comme un régime bon à suivre, qu'un médecin recommande négligemment. Dans le christianisme, la charité est l'âme et la vie; c'est un sentiment immense et pénétrant qui remplit tout le cœur de l'homme et contient toute la loi de Dieu.

La sécheresse de la morale de Confucius, l'absence de toute vitalité dans le sein de cette doctrine, ont porté leurs fruits. Certes, on ne peut nier qu'elle n'offre un appareil très-imposant d'excellents préceptes, liés entre eux par un enchaînement dont la rigueur n'a jamais été surpassée, et disposés suivant les règles de la plus parfaite symétrie. Depuis bien des siècles, la principale étude des lettrés a été de les approfondir et de les retourner en tous sens. Chacun d'eux doit en être imbu dès l'enfance, et il n'y a peut-être pas un autre exemple d'une morale qui soit à la fois l'objet constant de la science et la base officielle de la politique. Avec tout cela, nous ne voyons pas qu'un grand perfectionnement en soit résulté pour la classe des lettrés; les romans que nous connaissons font foi au contraire, dans les rapports où ils nous les montrent, d'une immoralité assez naïve et assez nue, et on ne trouve pas beaucoup à s'édifier sur leur compte dans les relations les plus récentes. Le commandant du vaisseau le *Amherst* abordant et débarquant sur leurs côtes, malgré eux, où bon lui semblait, nous les fait voir aussi pusillanimes, aussi menteurs, aussi méprisables que possible. Eh bien ! ces mandarins qui affectaient le dédain le plus stupide pour les *barbares* jusqu'au moment où ils commençaient à les craindre, qui employaient d'ignobles artifices pour déterminer le vaisseau anglais à s'éloigner volontairement, puis le faisaient poursuivre de loin à coups de canon, et proclamaient qu'il avait fui devant la flotte impériale, quand la veille quatre matelots, allant couper un câble, s'étaient trouvés, sans le vouloir, maîtres du vaisseau amiral ; ces mandarins qui revenaient sans pudeur sur leur décision sitôt qu'on faisait mine de leur vouloir résister, qui, dans une ville de quatre cent mille âmes, présidaient, par peur d'un équipage marchand, à son trafic avec les habitants, après l'avoir solennellement interdit ; ces mandarins avaient tous gagné leurs postes en argumentant sur la morale de Confucius. Je crains que tout ceci ne prévienne médiocrement en faveur de ce philosophe, ou ne semble bien sévère à son égard. Je ne voudrais pas aller au delà de ma pensée et sembler injuste envers Confucius. Confucius fut un sage ; s'il lui manqua un élan et une flamme refusés peut-être à sa race, sa tentative fut élevée et son but honorable. Tombé dans des temps d'anarchie et de désordre, où l'unité de l'empire avait péri brisée en une foule de petits États qui se faisaient la guerre, Confucius conçut la double pensée de retremper l'énergie personnelle des individus et de refaire l'unité de l'empire. Pour cela, il imagina ou plutôt renouvela, en le régularisant, l'échafaudage moral et politique auquel il a attaché son nom, et qui étage, pour ainsi dire, la famille sur l'individu et l'état sur la famille. Il équilibra si habilement toutes les parties de son édifice, et avec d'anciens matériaux le construisit si bien dans le goût du pays, qu'il a duré jusqu'à nos jours, quoique assez creux, solide et debout, malgré deux invasions. Son rêve de l'unité de la monarchie chinoise s'est réalisé. Si le succès de sa morale n'a pas égalé le triomphe de sa politique, c'est qu'il est plus difficile, comme il est plus beau, d'améliorer les hommes que de les gouverner. Mais sur ce point encore il ne faut pas être injuste, et l'on doit reconnaître que celui qui a mis la paix à la place de la guerre, et l'emploi de l'intelligence, sous une forme quelconque, à la tête de la société, a bien mérité de la civilisation. Ce n'est pas entièrement sa faute, si son système a dégénéré en un pur formalisme. Il ne serait pas plus raisonnable de l'en rendre responsable que d'imputer aux catégories d'Aristote tous les vices de la scolastique.

Comme je l'insinuais tout à l'heure, Confucius fut

plutôt un arrangeur qu'un inventeur ; il ne commença point, il continua et rétablit. C'est une grande différence, sans parler des autres, entre Socrate et Confucius. Socrate est nouveau comme la Grèce, il invente, il donne une impulsion inconnue. Confucius est comme l'Orient, il se rattache au passé et s'y appuie. Né en Chine, pays de traditions et d'habitudes, comment serait-il novateur ? Il s'en garde ; et, faisant profession en toutes choses de restaurer l'ordre antique, il invoque sans cesse les anciens usages, les anciennes mœurs, l'ancienne sagesse, à l'ombre de laquelle il produit la sienne en la cachant. Telle est constamment la marche de Confucius. Son école fait pour lui ce qu'il avait prétendu faire pour les vieux sages, elle le répète, elle transmet la tradition qu'elle a reçue. Ceux mêmes qui en altéreront le plus l'esprit en conserveront fidèlement la lettre. Tout s'engendre là sans interruption ; c'est un déroulement et, pour ainsi dire, un désemboîtement continu. Confucius y figure à son point, entre ce qui le précède et ce qui le suit, tenant à tous deux. Aussi des cinq Kings, ou livres classiques du premier ordre, un seul est composé, les autres seulement compilés ou commentés par lui, et les quatre *Chou*, ou livres moraux du second ordre, ne sont point son ouvrage, mais renferment sa doctrine recueillie par ses disciples.

Un mot sur ces livres qui contiennent à peu près toutes les idées et presque toutes les expressions qu'on peut. rencontrer chez les écrivains orthodoxes de la Chine.

Le plus respectable par son ancienneté et son obscurité est le *Y-King*. Ce livre a pour base deux signes symboliques fort simples, une ligne continue et une ligne brisée, qui combinées trois à trois de diverses manières forment soixante-quatre figures. Selon les traditions des Chinois, ces trigrammes furent inventés par leur premier législateur, Fo-Hi, trente siècles avant Jésus-Christ. Il n'est pas facile d'en pénétrer le sens primitif, et il serait long d'énumérer toutes les significations qu'on leur a données. Ceci est un exemple frappant de la disposition qu'ont les Chinois à rattacher toutes leurs idées à une donnée traditionnelle. Vingt systèmes différents, et souvent opposés, se sont présentés depuis quatre mille ans, comme offrant la véritable interprétation des mystérieux emblèmes de Fo-Hi. Il paraît que, d'abord tombés aux mains du vulgaire, ils étaient pris pour des figures cabalistiques et servaient à tirer les sorts, quand, au douzième siècle avant notre ère, les princes qni fondèrent la troisième dynastie sur les ruines de la seconde, imaginèrent d'en tirer parti pour colorer leur usurpation. Ouen-Ouang, le nouvel empereur, et son fils Tcheou-Kong, ajoutèrent à chacun de ces soixante-quatre signes quelques caractères formant un sens vague et presque aussi énigmatique que les signes eux-mêmes, mais qui semblent avoir contenu des allusions à leur poli-

tique, faisant ainsi parler en leur faveur ces symboles
que le peuple était accoutumé à respecter. L'obscurité
du commentaire fut loin de lui nuire, et peut-être à
cause de cette obscurité même il fut révéré à l'égal
des figures qu'il accompagnait. Six cents ans après,
quand vint Confucius qui avait aussi ses vues politiques, il ne trouva rien de mieux, au lieu de les énoncer comme le fruit de ses réflexions, ce qui les aurait
immanquablement discréditées, que de les donner pour
une explication des figures de Fo-Hi, et des courtes
phrases de Ouen-Ouang ou de Tcheou-Kong, avec lesquelles elles n'avaient probablement pas grand rapport. Les mots sans liaison dont ces phrases étaient
formées, bizarrement enchâssés dans les axiomes de
sa morale et de sa politique, leur prêtèrent une autorité
qu'ils n'auraient pu avoir par eux-mêmes. Ainsi fut
formé le Y-King,

Il en fut de ce livre comme d'un arbre sur lequel on
grefferait successivement diverses espèces de fruits,
comme d'un vieil habit de famille, que se passeraient,
le taillant à leur mode, plusieurs générations. Mais
les choses n'en sont pas restées là ; des hérétiques de la
secte de Lao-Tseu ont trouvé leur doctrine écrite dans
les phrases où Confucius avait reconnu la sienne. Le
peuple a continué à y chercher des horoscopes, et un
célèbre matérialiste du treizième siècle a montré clairement que la ligne continue est évidemment le principe actif de la nature, la ligne brisée le principe pas-

sif; et sans ménagement pour Confucius, partout où celui-ci avait vu de la morale et de la politique, il a vu de la physique et de la physiologie.

Ainsi se groupent ces divers systèmes autour de l'antique énigme que chacun d'eux a la prétention d'expliquer; ainsi s'enroulent, pour ainsi dire, comme le fil sur le fuseau, tous ces commentaires ingénieux d'un texte inintelligible.

Quoique l'origine du second des livres classiques, nommé *Chou-King*, ne soit pas aussi curieuse, ce livre, qui contient l'histoire de la Chine pendant les premiers siècles, a eu aussi ses aventures : brûlé par Hoang-Ti avec un soin tout particulier, parce qu'il contenait, très-développés, les enseignements moraux et politiques qué le tyran voulait abolir, une portion seulement a survécu à ce désastre. D'abord, on n'avait sauvé que ce qu'avait pu retenir la mémoire d'un vieillard; puis on joignit à ces débris vingt-cinq chapitres de plus, au moyen d'un exemplaire qu'on trouva, tout altéré par l'humidité et les ans, dans une muraille de la maison de Confucius.

Confucius n'était point l'auteur du *Chou-King;* il en tira la substance de livres plus anciens, d'où son but ne fut pas tant d'extraire des documents pour l'histoire que des enseignements pour la morale et des exemples pour la politique. Aussi, les harangues des princes, les remontrances des ministres, y tiennent-elles une grande place. On désirerait parfois

quelques faits de plus et quelques sentences de moins,
surtout quand on songe que c'est peut-être le monument historique le plus ancien qui existe. Le P. Régis, homme de sens, qui, dans ses *Lettres à Fréret,*
se moquait fort judicieusement de ceux qui voyaient
les patriarches dans les anciens souverains de la
Chine, et dans le roi Ouen-Ouang une figure du
Messie; le P. Régis reconnaît dans le *Chou-King* des
parties *beaucoup plus anciennes que les ouvrages de
Moise*[1]. M. A. Rémusat, qui n'est point suspect de té-
mérité en ce genre, pensait que le premier chapitre du
Chou-King date à peu près de l'époque qu'il raconte,
de deux mille trois cents ans environ avant Jésus-
Christ. Dans ce chapitre, des étoiles sont indiquées
dans une position qu'en raison de la précession des
équinoxes elles n'ont pu occuper depuis. En outre,
tout y porte le cachet d'une civilisation primitive, et
rien n'y sort de la vraisemblance. Là, point d'incidents
ou de personnages merveilleux : ce qu'on trouve au
début de cette histoire, ce sont des hommes occupés à
dessécher et assainir les terrains qu'ils habitent, et
que des inondations ont submergés. C'est ainsi qu'on
a dû commencer, en effet, après ces déluges locaux
dont on trouve partout des traces. Le style est d'une
grande simplicité, et contient des caractères qu'on ne
rencontre pas dans les monuments plus récents. Rien

---

[1] Voyez la dissertation latine placée à la tête de la traduction de
l'*Y-King.* par le P. Régis, qu'a donnée M. Mohl, page 125.

donc ne s'oppose à ce que certains endroits du *Chou-King* aient véritablement l'antiquité qu'on leur attribue. S'il en est ainsi, en voyant les lieux communs de la morale chinoise déjà débités par le roi Yao et le roi Chun, plus anciens que Moïse, on ne pourra s'empêcher d'admirer combien la pédanterie a été précoce dans le royaume du Milieu. Il n'y aurait pas sujet de s'en trop étonner chez un peuple qui a connu l'écriture et l'histoire, à l'époque où les autres en sont encore à la poésie et au chant; mais peut-être doit-on à Confucius une partie de cette morale du *Chou-King*, peut-être a-t-il placé ses maximes dans la bouche de Yao, comme il a mis ses opinions dans les trigrammes de Fo-Hi.

Le livre des vers (*Chi-King*) est encore une compilation de Confucius. Cherchant partout dans le passé des appuis à ses principes, il fit un choix parmi les anciennes chansons qu'on était, longtemps avant lui, dans l'usage de recueillir. Bien que toutes ne soient pas très-édifiantes, Confucius n'hésita pas à y trouver ses maximes de morale et de gouvernement. Et sur la parole du maître, toute l'école a commenté en ce sens de mille manières les trois cent onze petites pièces lyriques dont se compose le livre des vers.

Indépendamment de ces interprétations forcées, ce livre est curieux en lui-même : il contient une poésie populaire, une poésie de cour et de circonstance, du douzième siècle avant Jésus-Christ, du troisième avant

Homère. Certains morceaux étaient déjà anciens à cette époque. Il ne se peut rien trouver qui peigne plus fidèlement l'état des mœurs antiques et des esprits neufs encore et déjà civilisés. Louanges d'un prince, épigrammes contre un ministre, lamentations sur les malheurs de l'empire, conseils pour l'en tirer, tels sont les sujets ordinaires de ces chansons inspirées, il y a trois mille ans ou plus, par l'événement du jour. Quelquefois aussi on y trouve l'expression touchante des sentiments domestiques dans leur primitive simplicité, parmi des traits d'une délicatesse étrange et d'une grâce bizarre.

Les deux derniers Kings n'ont pas été traduits : l'un est le livre des rites (*Li-Ki*), l'autre est un ouvrage historique, le seul des Kings dont Confucius soit l'auteur. Ce sont les annales d'un de ces royaumes indépendants dont les guerres déchiraient l'empire. Cette histoire n'a point pour but de raconter le passé comme un fait, mais de le présenter comme une leçon. Ce qu'il y a de remarquable, c'est que le récit paraît être fort sec et dénué de réflexions générales. M. A. Rémusat avouait que l'intention pratique de Confucius lui échappait complétement ; il soupçonnait que les allusions morales et pratiques que ce livre renferme tenaient uniquement à la valeur convenue et au choix significatif des expressions. Les artifices et les mystères du style chinois sont sans nombre ; ici le titre lui-même, *Printemps et Automne*, n'est probablement pas sans quelque secrète intention et quelque finesse cachée. A prendre la chose simplement, le nom des deux saisons principales désigne l'année ; c'est comme qui dirait les années ou les *annales;* mais il y a tout un cortége d'idées morales, et, par suite, d'idées politiques, attaché au printemps, et l'automne a aussi en ce genre un accompagnement sous-entendu, de sorte que ce titre en dit plus qu'il ne semble d'abord. S'il en est de chaque phrase comme de ces deux mots, on voit qu'il y a dans ce livre de la pâture pour les commentateurs : aussi ne s'y sont-ils pas épargnés.

Immédiatement après les cinq Kings viennent les quatre livres moraux : l'un, appelé la *Grande-Étude*[1], contient un chapitre attribué à Confucius et dix chapitres, commentaires du premier, dont l'auteur est un disciple nommé Thseng-Tseu; un second porte le nom d'un autre disciple, Meng-Tseu ou Mencius[2]; un troisième se compose de discours et d'apophthegmes recueillis de la bouche de Confucius lui-même; enfin le quatrième, rédigé par son petit-fils, a été publié et traduit par M. A. Rémusat; il a rendu par *invariable milieu* les deux caractères dont se compose le titre, et qui, d'après les règles de sa grammaire et le commentateur chinois Thcing-Tseu qu'il cite (p. 8), devraient

---

[1] Il a été traduit par M. Pauthier.

[2] Cet ouvrage, plus considérable à lui seul que les trois autres livres moraux, a été traduit en latin, avec un choix de commentaires, par M. Jullien.

plutôt, ce me semble, signifier la fixité dans le milieu.
Le milieu idéal, auquel tend la philosophie de Confucius, est un de ces termes abstraits et vagues dans le
fond qu'elle détermine avec une précision et combine
avec une vigueur apparentes. Ce serait ici le lieu de
chercher à indiquer les singulières corrélations d'idées
et de signes qui jouent un si considérable et si curieux
rôle dans la manière de raisonner, de raconter et
d'écrire, que les Chinois ont adoptée. Mais je ne sais
en vérité où trouver des expressions pour rendre ma
pensée, ou plutôt pour traduire celle qui se loge dans
l'étrange cerveau des Chinois. Je vais cependant m'ef-
forcer d'en venir à bout et de dévoiler quelques-uns
des secrets de leur esprit et de leur style. Personne
que je sache n'a essayé de dire en français ce que je
vais tâcher d'exprimer. C'est véritablement essayer
l'impossible, car pour saisir quelque chose de tellement chinois, il faudrait se faire Chinois soi-même,
penser et écrire en chinois. Or, c'est ce que le lecteur, pas plus que moi, n'est en état ni tenté de faire.

Le jeu des nombres tient une grande place dans les
combinaisons de la pensée chinoise; exacte et minutieuse, elle a tout compté : les éléments, les vertus,
les vices, les qualités physiques et morales. Chacune
de ces classes d'objets a son chiffre, son numéro pour
ainsi dire. Toutes les dualités, par exemple, forment
une catégorie. Tels sont les deux principes de la nature, le ciel et la terre, le vide et le plein, etc. De

même pour le nombre trois. Il y a des triades de divers genres : une triade est formée par les trois vertus principales, une autre par les trois vices qui leur répondent; une autre par les trois plus anciens rois; une autre par le ciel, la terre et l'homme, etc. Au nombre quatre appartiennent les quatre mers, les quatre montagnes, les quatre saisons, les quatre peuples barbares. Au nombre cinq se rapportent les cinq relations sociales, les cinq éléments, les cinq couleurs, les cinq planètes, les cinq rangs, les cinq espèces de grains, les cinq viscères. On place sous le nombre six les six ministères ou conseils et les six sortes de calamités; ainsi de suite, jusqu'au nombre cent qui est celui des familles chinoises, et au nombre dix mille qui désigne l'universalité des choses. D'abord on voit là une fixité immuable qui tient au caractère du peuple. Pour rien au monde il ne changerait le nombre attribué une fois à une classe d'objets. Présentez-lui un troisième principe, il n'y croira pas; une quatrième vertu, il ne l'admettra pas : le compte y est. Découvrez un sixième élément, un viscère, une couleur, une planète de plus; c'est en vain : il dira toujours les cinq viscères, les cinq couleurs, les cinq planètes. Il se gardera de changer sa hiérarchie et d'y introduire un rang de plus, car il en faut cinq; ou si le temps et le cours des choses le forcent à changer, ce changement opéré dans la réalité, le langage ne l'avouera pas. Les Chinois savent très-bien qu'il y a plus de quatre peuples barbares, et leur histoire en fait foi; ils ne continuent pas moins de se servir de cette expression, et ils désignent les trois ou quatre cents millions d'habitants dont se compose la Chine actuelle, par cette locution primitive : *les cent familles*, qui a pu lui convenir il y quatre mille ans. Ne voyez-vous pas dans cette persistance d'un langage de convention un exemple frappant de la ténacité chinoise? Mais cette classification arbitraire et opiniâtre produit dans leur littérature des effets auxquels rien ne ressemble ailleurs, et qu'il me reste à exposer.

Par une singulière disposition de leur esprit, il s'établit une correspondance et comme une équation entre les objets, notions, êtres ou attributs, qui sont compris sous la même catégorie numérale. Ainsi, comme il y a deux principes, l'un mâle et l'autre femelle, l'un actif et l'autre passif, dans toute dualité, quelle qu'elle soit, l'un des termes sera mâle et actif, l'autre passif et femelle; chacun des trois anciens rois représentera la pratique d'une des trois vertus et la répression d'un des trois vices, ce qui exposera l'histoire des premiers temps à être plutôt un symbolisme moral que le tableau de la réalité. On pressent déjà qu'il s'établira une harmonie qui pourra tourner en confusion entre les cinq éléments, les cinq couleurs, les cinq planètes, les cinq relations sociales. Chaque élément, je suppose, aura sa couleur, et voilà une physique *à priori*; chaque relation sociale dépendra de sa planète, et l'on aura un système d'astrologie, et cette physique et cette astrologie se tiendront. Tout se pénétrera, se mêlera. A chaque idée morale correspondront plusieurs autres idées de l'ordre politique, astronomique, physique, physiologique; toutes ces idées seront rangées dans des compartiments bizarres et réguliers. On pourrait presque dessiner comme une figure de géométrie une pensée qui se projette ainsi; et le style qui l'exprimera sera lui-même symétrique, géométrique. Toute période sera mesurable comme une ligne, calculable comme un angle.

En même temps la valeur de ces notions abstraites si rigoureusement alignées, balancées, équilibrées, cette valeur est très-peu précise : ç'est la symétrie dans le vague; à tel point que les opinions les plus diverses les adoptent, sauf à exploiter diversement les mêmes formules. Toujours en vertu de cette horreur de l'innovation dont j'ai déjà parlé, une école ou une secte nouvelle se garde bien d'employer un langage à elle, elle prend le fonds d'expressions communes à toutes, les catégories en circulation, et se contente de leur donner un autre sens : spiritualistes, matérialistes, panthéistes, sectateurs de Bouddha, de Lao-Tseu ou de Confucius, se servent des mêmes dénominations pour exprimer les idées les plus différentes, et chacun fait jouer ces dénominations et ces idées selon leurs analogies reçues, d'après son point de vue particulier. De là, au premier coup d'œil, quelque chose d'uniforme et d'indéterminé. Une des plus grandes difficultés qu'on ait à vaincre pour comprendre à fond les livres chinois, c'est de démêler le mouvement de la pensée sous ce réseau impalpable qui l'emmaillote, c'est d'atteindre la réalité et la vie à travers ce laborieux artifice de puérils rapprochements, d'énumérations incomplètes et de mensongères identités.

Il y aurait un travail à faire, difficile, mais d'une grande utilité; il faudrait dresser un tableau de toutes ces catégories, établir la correspondance des divers objets et des diverses notions qu'elles comprennent; on prendrait d'abord celles-ci dans le sens orthodoxe de Confucius, puis on passerait aux autres doctrines qui se servent des mêmes termes, classés de la même manière, et se bornent à les interpréter différemment. On posséderait ainsi la base de tout le système intellectuel des Chinois, on aurait la clef de leur logique et de leur style.

M. A. Rémusat qui partageait cette manière de voir et approuvait ce plan, n'a rien fait pour l'exécuter. Plus curieux des points plus entièrement ignorés, après avoir donné un des quatre livres moraux, moins pour aider à approfondir la philosophie de Confucius que pour faciliter l'étude de sa langue, il s'est tenu quitte envers cette école, qui avait exclusivement absorbé et usurpé, selon lui, l'intérêt des missionnaires, et il s'est occupé surtout des opinions indépendantes qu'on avait trop négligées.

Le premier il a fait connaître un peu de la vie et des opinions du philosophe Lao-Tseu. Tel est le nom du principal rival de Confucius, du chef de la secte des Tao-Tsé, secte assez nombreuse pour avoir mérité d'être appelée une des trois religions de l'empire. Ce que M. A. Rémusat a traduit du livre de ce philosophe ne suffit pas pour faire connaître à fond son système, où l'on entrevoit une grande subtilité; mais on en peut conclure qu'il a de nombreux rapports avec les idées platoniciennes ou pythagoriciennes, surtout comme les entendait l'école d'Alexandrie. Il parle du Verbe (*tao*) qui a tout produit par les nombres : un a produit deux, dit-il, deux a produit trois, et trois a produit tout le reste. En même temps il semble tenir par certains côtés aux doctrines indiennes, qui placent le principe des êtres dans la négation de toute substance, et la fin de l'homme dans l'anéantissement de toute action; doctrines sur lesquelles le Bouddhisme nous forcera bientôt de revenir. M. A. Rémusat a entièrement négligé ces derniers rapprochements qui, je pense, ne tarderont pas à être démontrés; quant au rapport des opinions de Lao-Tseu avec les opinions néo-platoniciennes, il l'a suffisamment établi, mais il l'a singulièrement expliqué. Partant d'une tradition assez vague et assez mêlée de fables, qui veut que Lao-Tseu ait voyagé du côté de l'Occident, il a supposé qu'il était venu chercher sa philosophie chez les Grecs. Un Chinois à Athènes ! certes la rencontre eût été piquante! Mais rien n'autorise à le supposer; l'on sait que le mouvement philosophique s'est toujours opéré d'Orient en Occident; les opinions néo-platoniciennes sont particulièrement empreintes des influences orientales. Ce qui fait leur caractère propre, c'est précisément le mélange des idées de la Grèce et des religions d'Orient. Rien donc ne s'explique mieux que la ressemblance de doctrines qui se trouvent dans l'Orient, avec des doctrines qui en sont sorties.

Mais il ne faut pas faire remonter le courant vers sa source, il ne faut pas faire rétrograder le soleil.

Un rapprochement, que tout annonce être fortuit, entre le nom de la triade de Lao-Tseu et le Jehovah des Hébreux, avait achevé, on peut le dire, d'égarer M. A. Rémusat; le Dieu de Moïse n'a rien à démêler avec ces systèmes qui, par leur essence, lui sont entièrement étrangers. — Et j'aimerais encore mieux faire voyager Lao-Tseu jusqu'en Italie, s'il le fallait, pour écouter Pythagore, que d'admettre aucune participation des Juifs, avant ou après la captivité, dans un système que le peu que nous en connaissons nous montre si différent de toutes leurs idées.

Jusqu'ici nous n'avons eu à citer aucun travail bien remarquable de M. A. Rémusat touchant l'histoire philosophique et religieuse de la Chine; c'est pourtant à un point de cette histoire que se rapportaient ses études les plus chères et ses travaux les plus intéressants. On voit que je veux parler de ses recherches sur le bouddhisme que dans le cours de ce travail j'ai eu souvent l'occasion d'annoncer, et auxquelles nous arrivons, après tout le reste, comme au terme le plus élevé de la carrière scientifique de M. A Rémusat, terme qu'il est sans doute loin d'avoir atteint, mais vers lequel il a fait quelques pas immortels, car il s'agit d'un des épisodes les plus importants et les plus ignorés de l'histoire de la civilisation. — Et s'il n'a pas eu le temps de l'embrasser dans son ensemble, il lui restera le mérite et l'honneur d'en avoir saisi quelques parties entièrement inconnues. Malheureux capitaine, il est tombé au pied du rempart qu'il commençait à gravir: mais il avait montré du doigt le point par où il fallait attaquer la forteresse, et quand de plus heureux soldats l'auront emportée, ils devront, pour être justes, y graver son nom avant le leur.

Qu'est-ce donc que cette religion de Bouddha? Quel a été son rôle dans l'histoire du monde? Je tirerai ma réponse sommaire à la première question des documents les plus récents que les savants de l'Inde britannique nous ont transmis, principalement des Mémoires de M. Hogdson, et de trois Mémoires de M. A. Rémusat, qui ont paru dans le *Journal des Savants* de l'année 1831. Je répondrai à la seconde, surtout en rapprochant les diverses indications éparses dans les ouvrages de ce dernier, de manière à en former un précis des vicissitudes que le bouddhisme a traversées depuis trois mille ans. Comme toute autre religion, le bouddhisme a sa métaphysique et sa mythologie; il a aussi une morale et une organisation qui lui sont propres. Étudions successivement ces divers points en commençant par la partie métaphysique de la doctrine.

Le panthéisme est l'idée fondamentale de la doctrine de Bouddha, mais c'est un panthéisme raffiné. Or, le panthéisme, quand on le raffine, mène loin; s'il n'y a qu'une substance absolue dont toutes les existences particulières sont des manifestations, on sera facilement conduit à nier que ces existences soient autre chose que de purs phénomènes, c'est-à-dire des apparences, et c'est ainsi qu'on arrive à la théorie de l'*illusion*, célèbre aux Indes sous le nom de *maya*. Dans ce point de vue, l'univers visible n'a nulle réalité, il n'est pas véritablement, il paraît être; mais d'autre part l'essence absolue, qui produit les apparences en se manifestant par elles, on ne peut dire qu'elle soit : car prise en elle-même, elle n'a ni forme ni attribut, rien de ce qui caractérise un être en particulier et fait qu'il est ceci plutôt que cela : ainsi sous cette analyse subtile l'être échappe et se dissout. La source même de l'être échappe aussi; ce qui reste n'est pas un pur néant, mais c'est quelque chose d'insaisissable à la pensée, d'ineffable à la langue, quelque chose de négatif, de vide, dont on peut dire qu'il est et n'est pas, ou plutôt dont on ne peut dire ni l'un ni l'autre. Toutes les fois qu'on partira du panthéisme, on arrivera, si l'on est logicien, à cet abîme. Alexandrie et l'Allemagne n'ont pu l'éviter, le bouddhisme y est tombé.

Mais la pensée orientale a bâti tout un système du monde sur cet abîme qu'elle a creusé.

Partant de l'idée d'émanation, selon laquelle la substance absolue produit, en se répandant hors d'elle-même, cette grande illusion qui est l'univers, le bouddhisme a établi une infinité de degrés dans l'échelle de l'existence, depuis l'être pur, sans forme, sans qualité, sans nom, jusqu'à ses dernières dégradations. L'être pur, c'est Bouddha, l'intelligence suprême et incompréhensible. Il produit tous les mondes par une irradiation éternelle. Cette lumière, qui sort de lui et de qui tout provient, va défaillant toujours de plus en plus, à mesure qu'elle s'éloigne de sa source et se disperse dans l'espace et la durée ; de là tout un édifice cosmogonique, le plus gigantesque sans doute que l'imagination humaine ait jamais élevé. Il semble que son énergie se déploie plus puissante dans ce système où le néant la presse de toute part. Rien n'atteste mieux sa fécondité sans bornes que la construction idéale de ce fantastique univers qui est pour les bouddhistes, comme l'homme chez Pindare, *le rêve d'une ombre.*

Notre terre est partagée en un certain nombre d'îles -ou montagnes : au centre est le mont Merou, autour duquel circulent les astres. Ses flancs sont de cristal, de saphir, d'or, d'argent; il est entouré de sept montagnes d'or et de sept mers, dont les eaux sont parfumées. A la moitié de sa hauteur sont les six cieux des désirs. Les êtres qui les habitent, supérieurs à l'homme, sont encore soumis cependant à se multiplier par la volupté; mais c'est la volupté d'un regard ou d'un sourire. On voit qu'à mesure qu'on s'élève, tout va se purifiant. Dès le quatrième ciel des désirs, les sens n'ont plus d'influence, et, au cinquième, les plaisirs sensibles sont convertis en joie intellectuelle; là pourtant subsiste l'attache du plaisir, si épuré qu'il soit. Au-dessus du monde des désirs est le monde des formes; les êtres qui l'habitent sont élevés au-dessus de tout plaisir, mais ils sont encore soumis aux conditions d'existence et de matière, la forme et la couleur. On distingue dans le monde des formes dix-huit étages superposés, et les êtres qui les habitent se distinguent par des degrés correspondants de perfection morale et intellectuelle auxquels on s'élève par les quatre degrés de la contemplation.

Toutes ces régions, accessibles à l'homme dans ses diverses existences, forment le monde de l'homme, qui s'appelle aussi le monde de la patience.

Mais le monde ainsi subdivisé n'est qu'un point dans l'infinie multitude de mondes qu'entasse l'imagination extravagante des bouddhistes. Pour se faire une idée de cette arithmétique vraiment monstrueuse, il faut écouter M. A. Rémusat nous dévoilant quelques-uns de leurs systèmes de numération, car ils en ont plusieurs qu'ils emploient selon le besoin. « Dans le système supérieur les nombres se multiplient par eux-mêmes ; c'est ce qu'on nomme la méthode des dix grands nombres, méthode que Bouddha seul avait pu entendre, et qu'il expliqua dans la vue de donner une idée de ce qui est de sa nature inépuisable et sans bornes, les mérites pleins de pureté des bouddhas, les périodes d'existence qui composent la destinée des Bouddhisatouas ou intelligences modifiées, et l'océan de vœux qu'ils forment pour le bonheur des êtres vivants, ainsi que l'enchaînement des lois qui constituent le développement infini des mondes. Le premier de ces dix grands nombres est l'asankya (l'innombrable, cent quadrillions). Multiplié par lui-même, ce nombre fait un asankya élevé à la seconde puissance (l'unité suivie de soixante-huit zéros). On répète cette double opération sur celui-ci, puis sur chacun des suivants jusqu'au dixième qu'on nomme indiciblement indicible, et qui ne pourrait être exprimé que par l'unité suivie de 4,456,448 zéros, ce qui, en typographie ordinaire, ferait une ligne de près de 44,000 pieds de longueur. »

Une fois en possession de ces procédés de numération, nous pourrons comprendre comment les bouddhistes opèrent des supputations de cieux et de mondes qui effrayent la pensée.

Nous avons vu combien d'étages, tous habités par

des êtres innombrables, formaient le monde de
l'homme. Eh bien! il y a, disent les bouddhistes, des
univers qui contiennent mille millions de ces mondes:
d'autres prennent cent quintillions de ces univers, ils
en forment un étage, et vingt de ces étages forment
une graine de mondes. L'étage inférieur repose sur
une fleur de lotus. Cette fleur n'est pas la seule. Le
nombre de ces lotus, chargé chacun d'un système
d'univers, est exprimé par des myriades de myriades.
« Les auteurs de ces légendes, dit M. A. Rémusat,
semblent ne pouvoir se lasser d'entasser les plus
folles exagérations, en faisant tour à tour reposer
ces graines de mondes sur une mer parfumée, et
celle-ci sur une terre qui fait partie d'un plus vaste
système. » En lisant tout cela, on est pris de vertige. C'est comme si les profondeurs de l'espace
s'ouvraient, et que l'on vît tous les mondes, immense
essaim de lueurs, tournoyer en bourdonnant dans
l'infini.

Sans doute la fixation de ces nombres est une chose
absurde en elle-même ; mais, comme le remarquait
très-bien M. A. Rémusat, ils servent à faire entrer l'idée
de l'immensité dans les esprits grossiers, à qui un
mot abstrait ne dirait rien, et où elle s'insinue à la
faveur de cette prodigalité de millions et de milliards
qui nous semble ridicule.

Il se passe dans le temps l'équivalent de ce que
nous avons trouvé dans l'espace. Le temps est divisé

par les bouddhistes en périodes qui se suivent, comme l'espace en mondes qui se touchent.

Ces périodes ou kalpas sont composées d'un grand nombre d'années dont, comme on peut croire, ils savent le compte. Un kalpa, ou la vie d'un monde, contient quatre époques. Dans la première, le monde se forme et s'établit. Les êtres sont alors dans la région des formes; mais à mesure que le temps s'écoule, la vertu de Bouddha, de l'essence suprême, qui, en se communiquant, donna l'être ou au moins cette apparence d'être qui est l'existence, la vertu de Bouddha s'affaiblit dans ses manifestations et tout commence à décliner, les êtres descendent du monde des formes dans le monde des désirs. D'abord parfaitement purs, la sensualité s'éveille en eux dès qu'ils ont goûté une eau qui jaillit, douce comme le miel et la crème; bien que cette sensualité soit encore délicate, leur splendeur commence à pâlir; ensuite ils mangent un aliment plus grossier, et avec les sexes se développent en eux toutes les dispositions violentes et passionnées; ils sont précipités dans la servitude et le trouble des sens.

Puis la chute est suspendue, l'univers est dans un état stationnaire qui dure un certain temps.

Mais bientôt il recommence à déchoir; sa destruction approche, elle est annoncée par des ouragans, des incendies, des cataclysmes qui atteignent, en montant, un étage du monde, et puis l'autre; enfin, le bien tarissant de jour en jour davantage, et le mal gagnant toujours, arrive le grand incendie, et en sept jours, toutes les *mauvaises conditions* sont détruites, c'est-à-dire les brutes, les hommes et les génies pervers; alors le monde est remplacé par le vide, il n'y a ni jour, ni nuit, ni soleil : les ténèbres règnent.

Tout cela forme un kalpa. Les êtres qui habitent les étages célestes supérieurs, où ne s'étendent pas ces catastrophes, ont une existence dont la durée dépasse de beaucoup une de ces révolutions : il en est dont la vie est égale à 80,000 kalpas.

On voit que les siècles ne coûtent pas plus aux bouddhistes que les mondes.

A divers points de cette série de siècles, à divers degrés de cette échelle de mondes, apparaissent çà et là des manifestations spéciales de la substance absolue d'où tout émane; ces incarnations du suprême Bouddha s'appellent comme lui. Les bouddhas viennent, quand un âge est accompli, présider à l'âge qui va suivre; ils paraissent dans notre univers pour redresser la voie et restaurer la doctrine. Le dernier qui ait paru est Sakya-Mouni, le fondateur, le messie du bouddhisme, né aussi d'une vierge. Bouddha avait deux corps, l'un sujet à la naissance, à la mort, aux transformations; l'autre *était la loi* elle-même, éternelle et immuable. La vie de ce Dieu fait homme a fourni un thème inépuisable aux fables et aux légendes, d'autant plus qu'on ajoute à l'histoire de son

existence terrestre le récit de ses incarnations antérieures dans toute l'étendue des siècles ; on fait de
même pour les autres saints personnages qui sont
aussi des bouddhas, dont on raconte les transformations, les renaissances, les prodiges de pénitence, de
charité ou de contemplation.

Ces légendes forment la partie populaire du bouddhisme : venons à sa partie morale.

C'est le beau côté du bouddhisme. A ceux qu'auraient repoussés les abstractions de sa métaphysique,
on pourrait dire : Cette religion que vous méprisez a
proclamé la première l'égalité des hommes devant
Dieu. Née dans l'Inde, pays de caste et d'exclusion,
elle a foulé aux pieds la distinction des castes, elle a
dit que tous les peuples étaient appelés ; persécuté par
les brahmes, le bouddhisme a eu la gloire du mar-
tyre ; il a scellé de son sang la foi à l'humanité. A
peine est-il une vertu chrétienne qu'il n'ait prêchée :
le détachement des sens, l'humilité, la mortification,
la charité. Sa morale a des accents tendres et péné-
trants, où l'on croit reconnaître la douceur de la parole évangélique. Cet amour qui déborde s'étend
même plus loin que l'humanité, et s'épanche jusque
sur les animaux et les plantes en une rosée suave de
tendre pitié [1].

---

[1] Voyez le livre *des Récompenses et des Peines*, traduit par M. Rémusat. Ce petit livre de morale populaire, écrit par un tao-ssé, est
accompagné d'un commentaire qui cite souvent Fo ou Bouddha ; les

Mais au fond de cette morale, qu'un sublime instinct a révélée au bouddhisme, sa métaphysique a
déposé un germe mortel. Le bouddhisme est panthéistique, et tout panthéisme conduit à l'indifférence. Si
le panthéisme est grossier, l'homme qui ne voit dans
l'univers d'autre mode d'existence que la vie matérielle, s'y abandonne et s'y endort. Si le panthéisme,
plus subtil, s'élève, comme chez les bouddhistes, à
l'idée de la substance absolue, sans attribut, sans
forme, dont l'univers est la manifestation apparente,
l'homme ne trouvant dans cet univers nulle réalité où
se prendre, ne s'y arrêtera pas ; il tendra même à
s'en dégager, et delà un déploiement d'énergie morale assez puissant. Mais par delà cette illusion qu'il
aura traversée, que trouvera-t-il? Une unité si haute
et tellement inaccessible, que la distinction du bien
et du mal n'y atteint point. C'est dans le monde des

deux sectes s'entendent parfaitement sur le soin à prendre des animaux.
Ce sentiment, touchant en lui-même, est là poussé jusqu'à la puérilité
« Laissez quelques aliments pour la nourriture des rats, y est-il dit ;
n'allumez pas la lampe, par pitié pour les papillons. » Ce dernier trait a
de la grâce. Malheureusement, comme le remarque M. A. Rémusat, les
sectaires, qui poussent si loin la sollicitude pour les animaux, n'ont
pas, dans tout le livre, parlé une seule fois d'aumône en faveur des
hommes. La faute en est au panthéisme qui, ne distinguant pas l'homme
de la nature, ne le place pas au-dessus d'elle C'est en partant de là
qu'on en vient à le placer au-dessous et a fonder, comme aux Indes,
des hôpitaux pour les bêtes, où une créature humaine est asservie à des
puces. L'autre extrême, c'est le spiritualiste Malebranche, si convaincu
que les animaux n'étaient que des machines, qu'il écrasait du pied,
malgré ses cris, une petite chienne qu'il aimait.

formes, des apparences, des changements, qu'il y a
du bien et du mal, selon qu'on participe plus ou
moins à l'essence des choses ; mais si on l'a une fois
atteinte, il n'y en a plus ; car l'essence des choses en
elle-même est insondable, inqualifiable, et flotte entre
le bien et le mal, comme entre l'être et le néant.

De là résulte cette opinion des bouddhistes, que le
degré suprême de la perfection morale est l'anéantissement de toutes les facultés absorbées dans la contemplation de Bouddha. Cesser d'agir, de sentir, de
penser, c'est sortir du monde des changements et des
apparences, c'est s'unir à la substance absolue, c'est
s'identifier avec le principe de l'être, en se faisant
aussi semblable au néant que lui.

Tel est l'état de la plus haute sainteté, le *nirvriti*,
opposé à l'état dans lequel on participe à la vie du
monde, et qui s'appelle *sansara* ; mais cette distinction même est encore une imperfection, parce
qu'elle s'oppose à l'unification complète de toutes les
pensées avec Bouddha. Aussi faut-il arriver à ce point
où l'on reconnaît que le *nirvriti* et le *sansara* ne font
qu'un.

La souveraine perfection consistant dans la souveraine unité, tout ce qui s'en éloigne, tout ce qui tend
à la multiplicité, à la pluralité, est une chute et une
souillure. Or, la multiplicité, la pluralité, c'est la vie.
La vie est donc entachée et viciée dans son fond. La
pensée, l'action, sont la source du mal ; et ce mal est

la cause immédiate des êtres. Cette opinion, inhérente au bouddhisme, a influé d'une manière bizarre
même sur sa cosmogonie. On y voit que l'ignorance
(*avydia*), avec les erreurs et les passions qu'elle entraîne, est ce qui donne au monde sensible son apparence et aux intelligences leur individualité ; existence apparente, existence individuelle : ce sont deux
dégradations de l'unité suprême, où tout est enve-
loppé et confondu.

Ces conséquences funestes à l'activité morale de
l'homme sont inévitables, quand on part du panthéisme. Il n'y a de moral que le théisme, qui conçoit
Dieu, non comme l'essence, mais comme la cause du
monde ; non comme une négation indéterminée, une
abstraction dont on ne peut dire qu'elle est bonne ou
mauvaise, qu'elle est ou n'est pas ; mais comme une
volonté vivante et aimante, une intelligence libre et
infinie qui est identique au bien et essentiellement
contraire au mal. L'union de l'homme avec un tel
Dieu ne se fait pas par l'anéantissement de ses facultés, mais par l'harmonie de ce qui est en tous
deux, l'harmonie de la volonté, de l'intelligence, de
l'amour de l'homme, avec la volonté, l'intelligence et
l'amour de Dieu. Dans ce Dieu, le bien moral a sa
sanction ; car il y a son principe devant lui, la pensée, l'action, la vie, sont saintes, ou peuvent être
sanctifiées ; il n'éteint point l'homme, il le développe ;
il ne l'écrase pas, il le relève.

Ce Dieu, qui est celui des chrétiens et de Platon, le bouddhisme ne l'a pas connu : de là cet abîme où, malgré de nobles préceptes, sa morale vient s'engloutir. Mais après avoir reconnu cette infériorité radicale et en avoir proclamé la cause, il faut, pour être juste, ajouter qu'avant d'approcher de ce terme funeste de l'activité morale que le bouddhisme s'efforce d'atteindre, il parcourt glorieusement un vaste champ de mérite et de vertu. Si le but est faux, la route est belle. Heureusement aussi elle est longue, et très-difficile à suivre. Heureusement encore tout le monde ne peut prétendre à cette perfection, qui est un anéantissement. C'est le partage de quelques saints, Dieu merci, assez rares. Mais ce qui est à la portée de tous, ce sont des devoirs, inférieurs selon le bouddhisme, très-supérieurs en réalité. Pour arriver au nirvâna, il faut commencer par être bienfaisant, charitable, humble, chaste, patient. Ce n'est, il est vrai, qu'une préparation ; mais elle doit prendre quelque temps, et ce temps au moins est employé à un perfectionnement véritable. C'est un immense service rendu au monde que d'avoir enseigné efficacement ces vertus, et des prétentions même fatales à des vertus supérieures ne le peuvent effacer. D'ailleurs, ce qui dans le bouddhisme est un vice en théorie, a été quelquefois utile. Prêché à des races violentes et grossières, les races tartares par exemple, l'excès de son exaltation contemplative était pour elles sans danger, et a

pu contribuer à les adoucir ; parmi des populations
dominées par les intérêts matériels comme les Chinois,
il était peut-être besoin, pour combattre cette tendance trop positive, d'une tendance exagérée à l'abstraction et au détachement des sens. Ce qui est certain,
c'est que partout où l'on a pu observer son effet, on l'a
trouvé très-salutaire ; et je ciois avoir fait en faveur
du christianisme des réserves assez décidées pour pouvoir conclure en disant que, sous le rapport de la
morale, le bouddhisme est le christianisme de l'Orient
christianisme imparfait, christianisme informe, si l'on
veut : c'est encore beaucoup. La chose est si vraie que
nulle part le christianisme n'a trouvé plus de facilité
à s'établir que dans les pays où le bouddhisme avait
été son précurseur. Le bouddhisme lui prépare le terrain et le féconde, tandis que le brahmanisme ou l'islamisme le sèche et le brûle.

Par cela même que le bouddhisme rejetait les castes, il devait tendre à avoir un chef et une hiérarchie. Aussi, dès l'origine, voyons-nous à sa tête un
patriarche qui est le représentant du Bouddha, et plus
que son représentant. Dans une doctrine qui admet
des existences successives, il était naturel d'en venir à
supposer que chacun des chefs de la religion est une
incarnation du même Bouddha. Ici ce n'est pas seulement la doctrine qui se transmet, c'est la suprématie.
On conçoit quelle autorité cette croyance peut donner au
prêtre-souverain, en qui elle voit une personnification

toujours renaissante de son fondateur. De là sans doute
est née en partie la possibilité de discipliner réguliè-
rement le clergé bouddhiste; et cette discipline n'a pas
été étrangère au succès de la doctrine. Les rangs de
ce clergé sont d'ailleurs ouverts à tous; le poste suprême est vacant à la mort de chaque titulaire, et tout
enfant peut prétendre à être nommé bouddha. Il y a là
un principe de vie qui n'est pas dans l'organisation immobile et fermée des castes; c'est un rapport de l'É-
glise bouddhiste avec l'Église chrétienne. Du reste
elles se ressemblent à plusieurs égards, car toutes
deux ont des moines, des religieuses et un pape.

Telle est cette religion, dont l'histoire, encore à
faire, serait l'histoire de la civilisation dans une
grande portion du monde. Je vais suivre, comme je
l'ai dit, les principales phases et migrations du culte
du Bouddha, à travers la nuit qui les couvre, et où
brillent çà et là quelques traces lumineuses; ce sont
en général les points par où M. A. Rémusat a passé.

On est maintenant unanime à penser que la religion
du Bouddha est née dans le centre de l'Inde, dans la
province appelée autrefois Magadha, maintenant Béhar.
Une hypothèse étrange avait prétendu faire du Bouddha un nègre, arguant d'une disposition bizarre de la
chevelure que présentent fréquemment les statues du
Bouddha, comme si la race nègre avait jamais donné
quelque chose à une race supérieure! Le détail de
coiffure, pour lequel on renversait aussi lestement, et

contre toute analogie, l'ordre des familles humaines,
a été expliqué par un usage singulier de certains sectaires bouddhistes. Cette explication d'un fait sans
autre importance par lui-même que celle que l'esprit
de système avait voulu lui donner, a été accompagnée
par M. A. Rémusat de curieux renseignements sur les ·
trente-deux qualités visibles et les quatre-vingts sortes
de beautés que les textes chinois et mongols prêtent au
législateur-dieu Bouddha. L'imagination minutieuse-
ment descriptive de ses sectaires a fait de lui un signa-
lement fantastique, il est vrai, mais où la tradition a
conservé les traits dominants de la race à laquelle appartenait le promulgateur du bouddhisme. Il y est dit
positivement que le Bouddha avait les cheveux bouclés,
et point crépus, les lèvres roses, le nez proéminent,
en un mot, s'il y a un Bouddha humain, il était beau
comme l'ont été tous les fondateurs de religion ; il
n'était pas plus un nègre que la vierge Marie n'était
une négresse, quoiqu'elle soit représentée noire comme
une Africaine dans les anciens tableaux, dont les auteurs la confondaient avec sainte Marie l'Égyptienne,
il appartenait à la race à laquelle appartiennent les
Brahmes, race que la conformité de sa langue et de
ses traits rapproche des populations grecques et germaniques, ainsi que des autres branches de cette
grande famille de peuples à laquelle nous tenons,
qu'on appelle Caucasique, et qu'on pourrait appeler
Himalayenne.

L'époque de la naissance du bouddhisme est plus difficile à fixer que le lieu de son origine, aussi les opinions ont-elles varié considérablement sur ce point. Pallas hésite entre deux dates séparées par une distance de mille ans. M. Langlès, par une distraction inexplicable, fait naître le Bouddha vers quatre cents ans avant Jésus-Christ, et mourir en 542, cent quarante deux ans avant sa naissance, âgé de quarante-neuf ans, confusion assez plaisante, que M. A. Rémusat n'a eu garde de laisser passer sans la remarquer.

Pour lui, il a donné à la chronologie du bouddhisme une base nouvelle, par la découverte qu'il a faite, dans l'encyclopédie japonaise, d'une liste des trente-trois premiers patriarches bouddhistes, avec la date de la naissance et de la mort du plus grand nombre d'entre eux rapportée à la chronologie chinoise. D'après ces documents, la mort du Bouddha aurait eu lieu en 950 avant Jésus-Christ, qu'il aurait ainsi précédé de près de dix siècles. Sâkya-Mouni (c'est le nom terrestre du Bouddha) meurt à soixante-dix-neuf ans. Le premier des patriarches, celui qui reçut immédiatement de lui sa doctrine, fut un brahmane : au brahmane succèdent, l'un après l'autre, trois patriarches pris dans chacune des autres castes, un kchattriya, un vaisya, un soudra ; signe évident, dès l'origine, de la communauté de priviléges religieux établie entre tous les hommes.

Le document dont nous parlons dit peu de chose

sur chacun des patriarches ; il les peint menant une vie austère et mortifiée qu'ils terminent d'ordinaire en se précipitant volontairement dans les flammes, comme les anciens le racontent de plusieurs bouddhistes que, sous le nom indien de samanéens et le nom grec de gymnosophistes, ils distinguent des brahmanes.

M. A. Rémusat attachait une confiance entière à cette liste de patriarches qu'il avait découverte. Les principales époques qu'elle assigne au développement du bouddhisme s'accordent assez bien avec le peu qu'on sait de l'histoire de cette religion, et avec les traditions des autres peuples de l'Orient qui l'ont embrassée, notamment des Singalais. Cependant, quoi qu'en dise M. A. Rémusat, il est difficile que chacun des patriarches ait eu une vie moyenne de soixante-dix-neuf ans. Ce qu'il me semble alléguer de plus décisif pour établir que la liste n'a pas été forgée après coup, c'est que, sur le nombre total des patriarches, il y en a deux dont l'époque n'est pas indiquée, et huit pour lesquels on se borne à un rapprochement indéfini avec les règnes des empereurs chinois. Un faussaire, dit M. A. Rémusat, n'eût pas manqué de donner toutes les dates avec une feinte exactitude : cela est vrai; mais sans recourir à un faussaire, sans admettre que toutes les dates soient inventées, on peut croire qu'il y a eu dans cette série des lacunes, et qu'elles ont été remplies arbitrairement; le monument n'en est pas moins très-important. Il suffit que la vraisemblance de l'ensemble soit constante; il n'est pas besoin que la certitude des détails soit démontrée.

Le cosmopolitisme, qui est l'essence de la religion du Bouddha, a dû susciter, dès l'origine, des missionnaires dans son sein, et faciliter par là les conquêtes de son prosélytisme. Aussi voit-on, cent soixante-sept ans avant Jésus-Christ, le vingt-deuxième patriarche voyager jusqu'à Fergana, dans la petite Boukharie, à quatre cents lieues de l'Inde, du pays arrosé par les fleuves sacrés, et hors duquel, selon les Brahmanes, il n'est point de salut.

Ceux-ci commencèrent par tolérer la secte nouvelle qui s'était détachée de leur religion, et se bornèrent, pendant douze siècles, à la condamner comme hérétique; sitôt qu'ils commencèrent à la redouter, ils la persécutèrent. Le bouddhisme alors chercha un refuge au midi, dans l'île de Ceylan. Cette île, déjà célèbre dans les traditions brahmaniques, théâtre des aventures qui remplissent une partie du Râmâyana, et d'où Rama enleva sa femme Sita, par le secours de son ami, le roi des Singes, Ceylan devint le sanctuaire de la religion rivale.

MM. E. Burnouf et Lassen, qui, dans leur *Essai sur le pâli*, ont su rattacher à leurs découvertes philologiques des éclaircissements importants pour l'histoire des religions, ont démontré que, du sixième siècle avant notre ère, datait la transplantation du bouddhisme à Ceylan ; ils ont fort bien établi qu'il a passé de là dans l'Inde ultérieure, chez les Birmans, dans le Pégu, à Siam, en même temps qu'il pénétrait aussi à Java.

Ainsi, la religion persécutée allait s'étendant au sud et à l'orient de son berceau ; elle ne tarda pas à se répandre dans un pays immense où elle est devenue la foi du plus grand nombre, et où son histoire rentre plus particulièrement dans le sujet de cette notice ; elle s'établit à la Chine.

Près de quatre siècles avant Jésus-Christ (390), quelques livres bouddhistes y avaient déjà pénétré, et avaient été traduits en chinois, mais ce ne fut qu'environ neuf cents ans après, à la fin du cinquième siècle de notre ère, que le vingt-huitième patriarche bouddhiste, nommé Bôdhi-Dharma, transporta de l'Inde avec lui le centre de la religion dont il était le chef, dans l'empire du Milieu.

Les Chinois lui donnent le nom de Ta-Mo, et à cause de ce nom il a été confondu, tantôt avec saint Thomas, tantôt avec un certain Thomas disciple de Manès ; mais la date de sa mort (491 ans après Jésus-Christ), avérée par le témoignage irrécusable de l'histoire chinoise contemporaine, met à néant ces suppositions erronées. Cette époque coïncide à peu près avec la grande persécution du bouddhisme dans l'Inde. Ce fut alors en effet que la haine sourde que les Brahmanes nourrissaient depuis longtemps contre les bouddhistes éclata, croit-on, par un massacre. Il paraît que les inimitiés philosophiques furent de moitié dans cette persécution avec l'intolérance sacerdotale, car c'était un philosophe de la secte, il est vrai, la plus théologique, appelée Mimansa, ce Khourila-Batta qui souleva contre les sectateurs du Bouddha les chefs et les populations de l'Inde, et qui fit retentir ce terrible anathème : « Depuis la mer du midi jusqu'au pied de l'Himalaya couvert de neige, que celui qui épargnera les femmes ou les enfants des bouddhistes soit livré à la mort. »

Cette sanglante extermination, qui semblait devoir anéantir le bouddhisme, fut ce qui lui livra presque toute la haute Asie. Repoussé de l'Inde, il se répandit sur tous les pays environnants, à l'est sur la Chine, au nord sur le Thibet, et même à l'ouest sur la Perse, enfin chez les diverses nations tartares. Suivons ses destinées dans ces différents pays.

D'abord, il faut dire que le fer et le feu, aux mains du fanatisme religieux et philosophique, n'avaient pas suffi à extirper radicalement le bouddhisme du sol de l'Inde. On y rencontre des vestiges de cette croyance, encore après le onzième siècle et jusqu'au seizième. Maintenant elle n'y existe plus sous son nom ; mais on la retrouve dans quelques sectes qui semblent sorties de son sein, entre autres la secte des Djainas. La même cause qui avait fait émigrer en Chine le chef de la religion bouddhiste, porta au septième siècle les mêmes doctrines dans les contrées montagneuses du Thibet, qui reçurent aussi à cette époque leur écriture de l'Inde, contrée à laquelle ils doivent ce qu'ils ont de civilisation, bien loin de lui avoir rien donné, comme on l'avait cru. Cette importation du bouddhisme indien au Thibet ne fut point la source du lamisme qui s'y constitua plus tard. Le lamisme se rattache au bouddhisme chinois, qui avait à sa tête le successeur des patriarches émigrés de l'Inde. On voit bien au neuvième siècle un religieux chinois qui vient tenter une réforme du bouddhisme plus grossier des Thibétains ; mais il est vaincu dans une discussion solennelle par un Indien défenseur de l'orthodoxie thibétaine, et retourne en Chine, laissant une de ses lettres pour tout souvenir et adieu à ses partisans, qui paraissent avoir été peu nombreux. Au Thibet on continua de se passer de la doctrine plus épurée que le réformateur chinois était venu apporter sous le nom de Grande Doctrine, et d'aller à Ceylan étudier les traditions bouddhistes de l'Inde, qui s'y étaient transportées dans leur intégrité avant de se modifier à la Chine.

Les prédications chinoises furent plus heureuses dans d'autres pays plus civilisés, et où les missionnaires indiens ne les avaient pas devancées. C'est ainsi qu'elles établirent le bouddhisme au Japon et en Corée, probablement vers le sixième siècle après Jésus-Christ.

D'autre part, il continuait à se répandre de l'Inde

au nord et à l'ouest parmi les nations tartares et ces nations gothiques qui étaient les barbares du monde chinois, comme leurs frères étaient les barbares du monde romain. Au quatrième siècle de notre ère, des pèlerins chinois trouvèrent dans la partie nord-est de la Perse des populations gothiques qui, descendues des plateaux de l'Asie centrale, avaient fondé sous l'influence du bouddhisme un État civilisé.

Sur les plateaux même, dans les steppes de la petite Boukharie, le bouddhisme en se propageant semait des monastères, et établissait des relations commerciales entre l'Inde et les villes tartares. L'un de ses foyers principaux, qui furent en même temps des foyers de commerce et de civilisation, était cette ville de Kothan, dont M. A. Rémusat a traduit l'histoire, et qu'il appelait la métropole du bouddhisme en Tartarie. Cette histoire, assez maigre dans sa première partie, et dont la seconde est remplie de merveilles extravagantes, n'en contient pas moins des indications précieuses pour l'histoire du bouddhisme. Ainsi l'on voit qu'il n'y était pas encore établi à la fin du premier siècle de notre ère; en l'an 73, le roi de Kothan, qui fait la guerre aux Chinois, ne connaît pas la doctrine ; il est entouré de devins, il adore Dieu sous le nom d'*Esprit*. Telle était la religion formée d'un théisme vague et d'incantations qui avait cours parmi les nations tartares avant le bouddhisme, comme on le peut voir dans l'histoire de Gengis-Khan; c'est ce qu'on a improprement

appelé le schamanisme [1]. Au premier siècle, Kothan
en est encore à ce culte grossier et primitif ; à la fin
du quatrième (397-401), le bouddhisme y a établi de
nombreux monastères dont l'un a été quatre-vingts
ans à s'élever. Ce qui place au troisième siècle, et peut-
être au second, l'introduction du culte du Bouddha.
Une légende, du reste assez plate, a du moins l'avantage de montrer l'origine que la tradition assignait au
bouddhisme en le faisant apporter de Cachemire. On
voit toujours depuis trente siècles le mouvement religieux et civilisateur partir du midi pour refluer vers
le nord, et remonter des plaines de l'Inde sur les plateaux du Thibet. Ce qui n'empêche pas que primitivement le brahmanisme ne soit entré dans l'Inde par
le nord ; mais ces premiers commencements se perdent
dans la nuit des temps, se cachent sous le silence ou
l'obscurité des traditions, tandis que les voyages plus
récents du bouddhisme, bien que leur début soit antérieur à l'histoire grecque et romaine, peuvent être
suivis, et nous éclairent sur l'influence des idées indiennes, en attendant que nous en puissions débrouiller les origines.

Revenons du bouddhisme indien au bouddhisme
chinois, qui doit faire aussi ses conquêtes, et d'où sor-
tira le lamisme.

---

[1] En altérant le mot sanskrit *samana*, nom que se donnent les bouddhistes, et qu'on a transporté, sans raison, aux prêtres du culte qu'ils
ont remplacé.

Nous avons vu les bouddhistes chinois repoussés du Thibet, où ils voulaient substituer la grande doctrine à la petite, c'est-à-dire la théologie philosophique à la mythologie légendaire. Malgré cet échec lointain, le successeur des anciens patriarches de l'Inde, établi à la cour des empereurs de la Chine, continua d'être le premier personnage du bouddhisme ; il profita du voisinage de la majesté impériale, comme l'évêque de Rome de la majesté des souvenirs attachés au Capitole. Placé au centre du grand empire, qui affectait un droit de souveraineté plus ou moins réel sur tous les peuples convertis au bouddhisme, le patriarche leur apparut comme le chef naturel de leur religion, comme une incarnation légitime de leur Dieu. Personne ne lui contesta la transmission authentique de la doctrine et de l'âme du Bouddha.

Telle fut l'origine de la suprématie du patriarche chinois. Le Thibet fut d'abord le pays qui la reconnut le plus difficilement. Tenant la doctrine d'une autre source, il ne faisait pas grand compte de ces prétentions. Mais, après la conquête de la Chine par les Mongols, quand les petits-fils de Gengis-Khan menacèrent à la fois le Japon et l'Égypte, Java et la Silésie, le bouddha qui était alors à la cour de l'empereur dont la puissance était si grande, et sur qui l'éclat en rejaillissait, fut élevé au rang des rois. Il se trouva qu'il était Thibétain. On lui assigna pour cette raison des provinces dans le Thibet : c'est la donation de

Pépin. Devenu prince temporel, le patriarche, qui prit le nom thibétain de lama (prêtre) , organisa plus fortement que jamais la hiérarchie, dont cette longue série de chefs avoués de la religion avait établi les bases. Les successeurs de Gengis-Khan, ces princes que la naïve relation de Rubruquis nous montre incertains et assez indifférents entre les croyances mahométane et bouddhiste , nestorienne et catholique, se plaisant aux pompes de tous les cultes, faisant discuter toutes les religions devant eux, sans se laisser convaincre par aucune; ces princes, devenus maîtres de la Chine, demeurèrent fidèles à leur système de tolérance et d'indifférence religieuse. Les premiers empereurs de cette dynastie, flottant entre la religion étrangère des bouddhistes et la doctrine nationale des sectateurs de Confucius, ne se montrèrent persécuteurs qu'à l'égard des tao-ssé dont ils firent brûler les livres; ils semblent cependant avoir incliné au bouddhisme; du moins, c'est ce que les lettrés leur ont assez amèrement reproché. Ils en vinrent même à une sorte d'éclectisme, et déclarèrent que les lettrés étaient supérieurs dans les sciences morales et politiques, et les bouddhistes plus éclairés touchant la métaphysique. Sous la dynastie des Mongols, le lamisme, cette nouvelle organisation de l'Église bouddhique, qui venait de se former à l'ombre de leur puissance, fit des progrès rapides. C'est alors que fut rédigée la gigantesque collection des livres sacrés thibétains, pour laquelle on employa trois mille onces d'or.

Après l'expulsion des Mongols, les lettrés qui avaient été l'âme de la réaction nationale contre la dynastie tartare, les lettrés ne paraissent pas avoir persécuté le bouddhisme, bien qu'il dût avoir à leurs yeux le double inconvénient d'être une doctrine rivale et d'avoir été protégé par une domination étrangère. Selon M. A. Rémusat, la dynastie des Ming, qui succéda aux empereurs Mongols, eut encore plus qu'eux de zèle et de vénération pour le bouddhisme, tant il était déjà enraciné à la Chine.

L'invasion des Mantchoux, qui replaça la Chine sous le joug tartare qu'elle porte encore, y affermit le bouddhisme, qui était la religion des nouveaux conquérants. Sous cette dynastie, fut composé le dictionnaire polyglotte, que M. Rémusat appelle la somme du bouddhisme. En effet, chacune des expressions philosophiques, ou des dénominations mythologiques qui se rapportent au Bouddha, est là en cinq langues : en sanskrit, en chinois, en mantchou, en mongol et en thibétain.

M. A. Rémusat avait commencé à traduire avec M. E. Burnouf ce précieux recueil; on peut dire que ce travail, exécuté par deux hommes si capables de s'en bien acquitter, nous eût donné la clef, ou plutôt les clefs du bouddhisme, car il a plusieurs portes, et on n'arrivera à le pénétrer que si chacun se charge d'en ouvrir une. En un mot il faudra pour résoudre cette grande question, l'attaquer par la Chine, par l'Inde, par la Tartarie et par le Thibet.

Je suis obligé de faire en petit, dans cette esquisse, ce qu'on ferait en grand dans une histoire du bouddhisme, de me déplacer avec lui, et de voyager sur ses pas d'un pays à l'autre, pour suivre ses mouvements. Nous avons vu ce qu'il avait été à la Chine, terminons en disant ce que, depuis l'action du lamisme, il fut chez les nations tartares et dans le Thibet même.

Si les Mongols de la Chine, quoique retenus par des considérations politiques, s'étaient montrés pourtant favorables au bouddhisme, les Mongols de la Tartarie, libres de tout lien religieux, l'embrassèrent avec une telle avidité, qu'il eût été impossible au bout de quelques années, dit M. A. Rémusat, de distinguer les catéchistes des néophytes. Aux farouches capitaines de Gengis-Khan succédèrent presque subitement de comtemplatifs lamas, et l'ambition des conquêtes fut remplacée par celle d'atteindre à la perfection par l'anéantissement extatique (nirvâna), et d'arriver au *rivage opposé*, c'est-à-dire de rentrer dans le sein de l'âme universelle. A cette nouvelle direction d'idées, les Mongols durent, outre l'adoucissement de leurs mœurs, une littérature. Des ouvrages religieux en sanskrit et en thibétain, langues sacrées et liturgiques du bouddhisme, se conservèrent et se traduisirent dans des monastères de la Mongolie, comme des livres latins au moyen âge dans des cloîtres de Saxe et de l'Angleterre. M. A. Rémusat déplorait avec un peu de ressentiment la destruction toute récente d'un de ces monastères, qui contenait une magnifique bibliothèque mongole, thibétaine et sanskrite. Cette bibliothèque qu'avaient épargnée des Tartares, devait périr par l'incurie des autorités russes et la poltronnerie de quelques savants, qui envoyèrent à leur place un escadron de Cosaques, pour faire l'inventaire des livres. Cette fois les Européens furent les barbares.

C'est principalement le Thibet qui, depuis l'établissement du lamisme, avait été le foyer d'où la doctrine du Bouddha se répandait chez les nations tartares.

Les Mongols l'adoptèrent, avons-nous dit, sous les premiers successeurs de Gengis-Khan (en 1247), et le lama qui l'établit définitivement parmi eux, Sâkya-Pandita, leur communiqua en même temps l'alphabet syriaque, qu'il avait emprunté aux Turcs Oigours, et que ceux-ci avaient reçu des nestoriens. Ainsi ce fut sous le manteau du grand lama, pour ainsi dire, et sous le couvert du bouddhisme, que cette écriture, qui appartenait à des prêtres chrétiens, passa chez les Mongols.

Le bouddhisme, dont la douceur tendait à pacifier les peuples turbulents, adopté d'abord par eux avec enthousiasme, eut de la peine à y prendre racine ; au milieu de l'anarchie qui ne pouvait manquer de suivre les conquêtes des Gengis-Khanides, il fut comme étouffé. Mais vers la fin du seizième siècle, un chef, nommé Altan, ayant apparemment compris le parti qu'en pouvait tirer son autorité, employa ses efforts à le faire refleurir. Quelques victoires dans le Thibet avaient mis entre ses mains des prêtres lamistes qui paraissent lui en avoir inspiré l'idée, à peu près comme il arrivait quelquefois dans les premiers siècles du christianisme à des prêtres romains pris par des chefs barbares, de convertir leurs maîtres. Enfin le prince mongol résolut d'inviter le suprême pontife, le grand lama, le Bouddha en personne, à se rendre dans ses États. Le divin personnage ayant appris qu'il y avait encore chez les Tartares des restes de leur ancienne foi, consentit au voyage. Je passe les miracles qui l'accompagnèrent ; du reste, ce qui parut un événement fort simple dans les idées de la métempsychose indienne, le prince et le lama se reconnurent pour s'être autrefois rencontrés dans une existence antérieure. Altan avait jadis porté le nom de Khoubilai, ce petit-fils de Gengis-Khan, sous lequel les Mongols embrassèrent le lamisme, et pour le dire en passant, le mortel qui probablement a régné sur le plus grand nombre d'hommes, quoique la gloire de son nom tartare ne soit pas très-populaire, et encore moins celle de son nom chinois, Chi-tsou ; de son côté, le lama se rappelait parfaitement avoir reçu de Khoubilai de grands honneurs, trois siècles auparavant, quand il était le lama Pagspa, neveu de celui qui avait enseigné l'art d'écrire aux Mongols; enfin l'interprète qui servait à leurs entretiens fut reconnu pour avoir parcouru avec eux le cercle des transmigrations. Ces trois personnes qui se connaissaient de longue main, devaient s'entendre parfaitement. Aussi l'empereur tartare et le pape thibétain se concertèrent pour abolir certaines coutumes qui sentaient la barbarie, et se séparèrent en bonne intelligence, après avoir échangé des épithètes honorifiques. L'un reçut le titre de l'immense et suprême porteur de sceptres; l'autre celui de prêtre-océan (*dalai-lama*), titre qui ne remonte pas plus haut et que le lama a transmis à ses successeurs, ou, pour mieux parler, que, durant ses diverses transmigrations, le Bouddha a continué de porter jusqu'à nos jours.

L'église lamaïque a eu depuis, comme toute Église, ses troubles et ses schismes. Les empereurs de la Chine sont intervenus dans ces débats en occupant le Thibet militairement. Aujourd'hui le grand lama est autorisé par le tribunal des rites à s'appeler dieu suprême, pourvu qu'il ajoute et sujet obéissant. S'il perd la faveur impériale, on l'invite à venir à la cour, on le reçoit avec de grands honneurs; le Fils du ciel pousse la bonté jusqu'à le faire soigner par ses médecins. Au bout de quelques jours, on lit dans la Gazette officielle que le Bouddha a changé de demeure, et se trouve ainsi tout porté pour renaître au Thibet. Il paraît qu'en ce moment il n'y a pas de grand lama reconnu, parce qu'un débat s'est élevé entre le sacré collége du Thibet et l'empereur de la Chine. Les Thibétains prétendent reconnaître le Bouddha dans un enfant né dans leur pays, et l'empereur mantchou croit avoir des raisons d'affirmer que le Bouddha a fait cet honneur à sa famille en renaissant dans un de ses membres.

Quand la mort a surpris M. A. Rémusat, il était occupé d'une publication faite pour jeter le plus grand jour sur l'histoire du bouddhisme, et par suite sur l'état fort peu connu de la civilisation dans l'Inde, le Thibet, et la Perse orientale, du quatrième au huitième siècle de notre ère. Il s'agit de plusieurs voyages entrepris par des religieux de la Chine, allant, comme en pèlerinage, visiter tous les lieux consacrés dans ces divers pays par des légendes bouddhiques, voyageant de temple en temple, de monastère en monastère, recueillant toutes les traditions qui concernent leur croyance, et en faisant la statistique, comme quelques siècles plus tard Benjamin de Tudèle fit celle du judaïsme. Malheureusement leur récit est aussi sec que le sien, et comme Benjamin ne voit partout que des juifs, eux ne cherchent en tout pays que des sectateurs de la doctrine de Fo. Cependant il est impossible qu'ils ne rencontrent pas par hasard et ne recueillent, comme à leur insu, des renseignements très-instructifs sur

les pays qu'ils traversent, et dont pour la plupart on
ne sait absolument rien à cette époque. Ce sont eux
qui ont appris, par exemple, l'existence du royaume
du Pot-d'Or, fondé dans le nord de la Perse par des
Goths bouddhistes. Un seul fait de cette nature com-
pense bien des lacunes. En ce qui concerne l'histoire
du bouddhisme, histoire dont on a pu entrevoir l'intérêt, c'est un document capital. La traduction du
premier de ces voyages est achevée et paraîtra bientôt.
M. Klaproth compte traduire les autres. Malheureusement le commentaire dont M. A. Rémusat accompagnait sa traduction, n'en dépasse pas la moitié,
commentaire plus précieux peut-être que le texte;
il avait été tiré tout entier des auteurs chinois,
où le savant traducteur avait pu découvrir quelques
éclaircissements sur les objets dont parlent les auteurs
de la relation. Ce qui manque à ce commentaire,
pour être achevé, doit inspirer les plus vifs regrets.
Là eussent trouvé leur place les résultats des lectures
et des réflexions de M. A. Rémusat, dirigées principalement, depuis plusieurs années, sur l'histoire du
bouddhisme. Il est cruel de penser qu'avec lui ont péri
tant de recherches et d'idées dont il ne reste rien.
Quand les mêmes lectures seront-elles faites par un
homme d'un esprit supérieur comme le sien? C'est ce
sentiment surtout qui a fait prendre la plume à l'auteur de cette notice. En voyant tout ce que la véritable érudition perdait en M. A. Rémusat, j'ai éprouvé le

besoin de dire ce qu'il avait fait pour elle, et ce qu'il aurait fait sans la mort qui l'a frappé à quarante-deux ans; en consacrant à exposer le résultat de ses principales découvertes quelques notions puisées dans son enseignement, j'ai cru remplir un devoir envers lui [1].

[1] [Le voyage dont parle ici Ampère est celui de Fa-Hien, pèlerin bouddhiste et chinois, qui parcourut l'Inde de l'an 399 à l an 414 de notre ère. Depuis le Foué-koué-Ki de M. A. Rémusat, complété par Klaproth et Landresse, M. Stanislas Julien a donné les *Mémoires de Hiouen-thsang*, bien autrement complets et curieux que le récit de Fa-Hien. La traduction forme deux volumes in-8° (1857-1858) Hiouen-thsang voyageait dans l'Inde de l'an 629 à l'an 645 av. J.-C. M. Stanislas Julien se propose de publier en outre les récits de tous les autres pelerins bouddhistes]

ANTIQUITÉS DE LA PERSE

TRAVAUX DE M. E. BURNOUF [1]

J'ai tâché de lever en partie le voile qui, pour un grand nombre d'esprits, couvre encore les procédés d'une langue peu connue, et de montrer, par les heureuses tentatives de M. A. Rémusat, le parti qu'on pouvait tirer d'une littérature immense et à peine effleurée ; je vais exposer d'autres progrès des lettres orientales. Je rendais compte alors des travaux d'un homme illustre qui venait de descendre dans la tombe. Il m'est doux de reprendre cette tâche en m'occupant des recherches d'un jeune contemporain qui a devant lui un long avenir. Pour ceux à qui d'autres occupations ne permettent pas de pousser ces belles

[1] [Cet article a paru en 1836 dans la *Revue des Deux Mondes*. Eugène Burnouf est mort le 27 mai 1852, à Paris.]

tudes aussi loin qu'ils le voudraient, mais qui se sentent attirés vers elles par un attrait invincible, et en suivent les progrès avec un intérêt toujours vif, bien qu'ancien déjà, c'est un plaisir et presque un devoir d'en signaler les résultats, de les arracher des hauteurs ténébreuses où s'élabore la science loin des regards profanes, et de les montrer à tous dégagés de l'appareil mystérieux qui les enveloppe. Comme il faut un drogman aux Orientaux pour se faire entendre des Européens, il en faut un aux orientalistes pour communiquer avec le public ; je m'efforcerai d'être ce drogman.

Le vaste et mystérieux Orient sollicite et attire à lui de plus en plus les intelligences. Il semble que de nos jours l'esprit européen se sente à l'étroit sur ce terrain de l'Occident, où sans doute il reste beaucoup d'aspects à découvrir, mais dont on a fait le tour, dont on a remué tout le sol et battu tous les sentiers. A mesure qu'on s'est élevé à considérer les destinées humaines dans leur ensemble, il est devenu impossible de se contenter de cette histoire universelle dont le théâtre n'est pas le tiers du monde, de cette histoire ancienne qui commence au moment où s'achèvent les destinées des empires d'Orient. On s'est senti pris du besoin de remonter le courant du grand fleuve humain ; on s'est mis en marche comme Alexandre, suivant les traditions musulmanes, pour aller voir le lieu où le soleil se lève.

En effet, tout conduit vers l'Orient, parce que tout en vient : l'homme et le soleil, les langues et les peuples, les religions et les philosophies, les contes populaires et les traditions sacrées, les objets précieux et les fléaux. Vous occupez-vous de l'antiquité classique, il se trouve que la langue grecque et la langue latine ont une sœur aînée sur les bords du Gange. Étudiez-vous la mythologie d'Homère et de Virgile, vous êtes conduits à examiner la question de l'origine orientale de ces mythologies. Vous enfoncez-vous dans les antiquités germaniques, là encore, dans la grammaire des Irlandais ou des Goths, dans la cosmogonie scandinave, dans l'épopée allemande, vous trouvez d'incontestables analogies avec la Perse ou avec l'Inde; vous êtes rejetés des bords du Danube et de la Baltique au centre de l'Asie. Vous livrez-vous à la recherche des antiquités chrétiennes, il faut remonter au delà, il faut connaître le judaïsme duquel le christianisme est sorti; il faut comparer le développement religieux qui a produit la civilisation de l'Europe, avec d'autres développements religieux plus anciens et aussi considérables, qui ont produit, à l'autre extrémité du monde, d'autres civilisations. Et il n'y aurait pas besoin d'évoquer de si grands objets, il suffirait de vouloir faire l'histoire de ce qui sert à notre nourriture, à notre habillement, à nos plaisirs. La pêche, la noix, le thé, le café, le coton, la soie, les perles, les parfums, les échecs, les cartes, le verre, nous viennent

9.

de la Perse, de l'Inde, de l'Arabie, de la Chine, de la Phénicie. Ainsi les détails de la vie commune, aussi bien que les plus hautes explorations de la pensée, nous ramènent à l'Orient.

En outre, les études orientales ont en ce moment un charme particulier. Il en est d'elles comme il en était au quinzième siècle de l'étude de l'antiquité. Chaque jour on fait un pas de plus dans une région inconnue qui découvre par degré ses perspectives attrayantes par leur immensité même. En fouillant le vieux sol de l'Orient, chaque jour on découvre un précieux débris du passé. De séculaires ténèbres embrassent encore toute la contrée. Seulement on voit s'avancer çà et là quelques hardis investigateurs, et les flambeaux qu'ils portent se mouvoir de loin dans la nuit. Quelques reflets de ces lueurs aventureuses et isolées éclairent un point, puis un autre, et ainsi le jour se fait peu à peu au sein de cette obscurité. Mais, surtout pour le haut Orient, ce n'est encore que l'aube d'un jour que nous ne verrons point, heureux si nous parvenons à découvrir et à indiquer de quel côté naîtra l'aurore.

Ce qui est à craindre, c'est qu'en posant le pied dans cette région encore presque inconnue, on n'éprouve une sorte de vertige et d'éblouissement, et qu'au lieu de prendre, pour y pénétrer, la grande route de l'étude, on ne s'y élance de plein saut par un bond de l'imagination. On a déjà fait en Allemagne plus d'un système sur l'Inde, la Chine, la Perse, et les monuments capitaux de la littérature de ces trois pays ne sont pas encore traduits complétement. Quelques-uns ne sont pas imprimés; quelques-uns même n'existent pas en Europe. Il est donc besoin de beaucoup de patience et de lenteur. Il faut prendre les choses où elles en sont, pour les faire avancer véritablement.

Les travaux de M. E. Burnouf, auxquels cet article est consacré, offrent une preuve éclatante des avantages de la méthode que je recommande ici. Si nous savons un jour quelque chose de précis sur Zoroastre, nous le devrons au soin scrupuleux qu'a apporté M. E. Burnouf à se rendre compte par une analyse approfondie de tous les éléments de la langue de Zoroastre; car, avant de connaître sa doctrine, il fallait connaître sa langue.

Le nom de Zoroastre est du petit nombre de noms orientaux qui ont été célèbres chez les anciens; mais cette célébrité ne peut rien nous apprendre de précis sur ce personnage et sur la réforme religieuse dont il fut l'auteur. Les anciens nous disent bien que la religion des Perses consistait dans le culte du feu et la croyance aux deux principes. Mais à peu de chose près, c'est tout ce qu'ils nous apprennent de cette religion; or, nous connaîtrions fort mal la religion juive, si nous ne la connaissions que d'après Tacite.

C'est dans les livres sacrés attribués à Zoroastre qu'il faut chercher sa doctrine. Je dis attribués ; car il me semble évident qu'une partie au moins de ces livres n'a pas pu être rédigée par lui. Il me paraît impossible de supposer que Zoroastre soit l'auteur de prières, d'invocations, qui lui sont adressées, telles que celle-ci :

« O toi qui es donné en ce monde, donné contre les devas, Zoroastre, pur, maître de pureté, si je t'ai blessé, soit en pensée, soit en parole, soit en action, que ce soit volontairement, que ce soit involontairement, j'adresse de nouveau cette louange en ton honneur, » etc.

C'est comme si l'on pensait que Marie eût composé les litanies de la Vierge. Mais s'ils ne sont pas entièrement de Zoroastre, ces livres contiennent certainement sa doctrine.

Quoi qu'il en soit, ces livres, ou plutôt les fragments de ces livres qui subsistent aujourd'hui, sont écrits dans une langue qui ne se parle plus. C'est la langue zende, ancien idiome de la Perse, analogue au sanskrit, et duquel le persan moderne est dérivé. Pour arriver à savoir quelque chose de la religion de Zoroastre, il fallait d'abord trouver les livres zends, puis apprendre le zend pour les lire. Deux Français se sont partagé l'honneur de cette double conquête : Anquetil-Duperron a rapporté dans le siècle dernier, après mille fatigues, les textes zends, et, de nos jours, un jeune savant, que l'Europe a placé au premier rang de la philologie orientale, M. E. Burnouf, a commencé à retrouver la langue zende, et, par cette langue, la pensée de

Zoroastre. Ce fait est trop important pour que le lecteur ne nous permette pas d'entrer à ce sujet dans
quelques détails.

Après la conquête de la Perse par les Musulmans,
la religion de Zoroastre ne fut pas complétement
anéantie. Un certain nombre de ses sectateurs demeura
dans le Kirman ; un autre se porta, cent ans après l'invasion musulmane, à Ormus sur le golfe Persique,
puis, après diverses tentatives d'établissements, finit
par se réfugier sur la côte occidentale de l'Inde, dans
le Guzarate. Là vit encore un débris de l'anciénne
religion de Zoroastre ; là, les Parsis ou Guèbres ont
conservé sa loi et son culte, à travers toutes les révolutions de l'Inde, durant mille ans, depuis le huitième
siècle jusqu'à nos jours.

Avec le temps, les Parsis de l'Inde avaient perdu
les livres de Zoroastre. Ces livres leur furent rendus
à la fin du quatorzième siècle par un destour ou prêtre
qui les leur apporta de la Perse, où ils s'étaient conservés.

Le texte original, écrit en langue zende dans l'ancien idiome de la Perse et de Zoroastre, était accompagné d'une traduction en langue pehlvie.Le pehlvi n'est
encore qu'imparfaitement connu ; on sait seulement
que, dans cette langue, les éléments sémitiques abondent, c'est-à-dire des éléments qui appartiennent à
une tout autre famille de langues que le zend et le
sanskrit, à la famille de l'hébreu et de l'arabe. Le

pehlvi paraît avoir succédé en Perse au zend, et pré
cédé le persan moderne.

Aujourd'hui les Parsis de l'Inde entendent beaucoup
mieux le pehlvi que le zend, et c'est dans la traduction
pehlvie qu'ils étudient en général les livres de Zoroastre, originairement écrits en zend. Ce qu'ils en ont
conservé ne constitue, selon eux, que la vingtième
partie de la totalité primitive; ce sont plusieurs fragments, principalement liturgiques; c'est un lambeau
de l'ancien rituel persan.

Si nous possédons cette partie des ouvrages attribués
à Zoroastre, nous le devons, comme je l'ai dit, au
courage et à la persévérance admirable d'un Français
qui eut l'héroïsme de la science. On ne peut, en parlant de Zoroastre, refuser quelques lignes à celui qui,
au péril de sa vie, a mis la France en possession de ce
monument et de cette langue, dont, avec une autre
sorte de courage non moins rare, M. E. Burnouf a
entrepris de pénétrer et d'éclaircir le mystère.

En 1754, un jeune homme de vingt-deux ans, sans
fortune, sans autre ambition que celle du savoir, conçut la pensée d'aller en Orient chercher les livres de
Zoroastre, dont plusieurs avaient déjà été apportés en
Angleterre, et les Védas de l'Inde, dont personne en
Europe ne connaissait autre chose que le nom [1]. Dénué de toute ressource, le jeune Anquetil imagina,

---

[1] Voyez Anquetil-Duperron, discours préliminaire du *Zend-Avesta*.

pour passer aux Indes, de s'enrôler comme soldat dans la troupe qu'on envoyait à Pondichéry, et qui était le rebut de l'armée française. Il partit de Paris pendant l'hiver, avec les recrues qui s'acheminaient vers le port de Lorient, emportant une Bible hébraïque, Montaigne, Charron, un étui de mathématiques, deux chemises, deux mouchoirs et une paire de bas. Arrivé à Lorient, on lui remit son engagement de la part du ministre. Touchés de son zèle, quelques savants, au nombre desquels était l'abbé Barthélemy, avaient obtenu pour lui une pension de 500 livres et son passage à Pondichéry.

Aux Indes, Anquetil eut à lutter contre tous les genres de difficultés et d'obstacles. Quand il présenta sa lettre de recommandation au gouverneur des établissements français, en lui expliquant le plan qu'il avait formé, celui-ci lui répondit sans le regarder : « Il faut voir... », et il mit la lettre dans sa poche. Le début n'était pas encourageant.

Anquetil n'avait alors qu'une idée bien confuse de l'objet de ses recherches. Il flottait entre les Védas et les livres de Zoroastre, qu'il voulait également recueillir et rapporter dans sa patrie. Sans guide, sans direction, sans argent, ne sachant pas plus le sanskrit que le zend, n'ayant pour trésor et pour appui qu'une volonté inébranlable et un enthousiasme passionné, il s'était jeté dans cette quête aventureuse comme ces chevaliers de roman qui allaient au bout du monde conquérir un empire inconnu, ou une princesse qu'ils n'avaient vue qu'en songe. Après avoir lutté contre des maladies qui le réduisirent plusieurs fois à la dernière extrémité, contre les séductions que son âge, sa figure, les mœurs et le climat de l'Inde multipliaient sous ses pas, Anquetil vit encore ses plans traversés par les désastres de la guerre ; enfin la calomnie et l'outrage vinrent assaillir celui qui, dévoué à son pays, au milieu des préoccupations de l'étude, avait risqué sa vie pour aller, de son propre mouvement, chercher auprès du nabab des secours pour Chandernagor attaqué. Blessé de soupçons insensés, il part seul, à pied, de Chandernagor pour Pondichéry, avec le paquet qu'il avait en quittant Paris, ses deux chemises, sa Bible et son Montaigne ; il part pour faire quatre cents lieues du nord au sud, à travers un pays par où jamais Européen n'avait passé, comptant faire ensuite à peu près autant de chemin du sud au nord, pour aller à Surate trouver les disciples et les livres de Zoroastre.

A Surate, de nouvelles difficultés l'attendaient auprès des destours ou prêtres parsis. Ils lui donnèrent d'abord des textes incomplets et mutilés pour le texte véritable de Zoroastre. Jamais il ne put tirer d'eux une connaissance un peu approfondie du zend, et M. E. Burnouf en a plus appris à lui tout seul sans sortir de Paris et sans autre secours que sa sagacité, et des inductions tirées de la comparaison des langues, qu'Anquetil à Surate, parmi les Parsis, malgré les leçons du fameux mobed Darab. Plusieurs fois malade ,et, pendant une convalescence, frappé en plein jour de trois coups d'épée et de deux coups de sabre, Anquetil poursuivit ses études et ses recherches avec une ardeur que rien ne put ralentir. Enfin, il partit pour l'Europe, emportant la portion des livres de Zoroastre que les Guèbres ont conservée, après en avoir fait, à l'aide de l'interprétation des prêtres et docteurs parsis de Surate, une traduction sur laquelle je reviendrai. Le vaisseau qui portait toutes ces richesses fut au moment de périr, et, après la traversée la plus pénible, Anquetil débarqua en Angleterre, prisonnier de guerre. Enfin, le 15 mars 1762, il déposa à la Bibliothèque royale le texte zend de Zoroastre, conquis au prix de tant de périls. C'est ce texte que M. Burnouf a publié dans son entier, et dont il a commencé à déchiffrer et à commenter une partie.

La traduction d'Anquetil, qui parut en 1771, était loin, comme on le verra dans la suite de cet article, d'être complétement satisfaisante. Mais telle qu'elle était, sa publication, et surtout l'acquisition des textes donnés par Anquetil à la Bibliothèque royale, était un immense service rendu aux *lettres orientales*. Celui à qui on en avait l'obligation, pour récompense de ses peines, de ses dangers, de son courage, fut persiflé dans une petite brochure, du reste assez spirituelle, écrite en français par un homme duquel on eût dû

attendre plus de gravité, par le célèbre W. Jones,
qui fut depuis fondateur de la Société asiatique de
Calcutta [1].

La lettre de W. Jones à Anquetil-Duperron est un
modèle de cette fatuité tranchante qui dédaigne ce
qu'elle ignore, et trouve toujours une épigramme à la
place d'une bonne raison. Malheureusement elle est,
en général, très-piquante, et plusieurs pages de cet
opuscule, dont un Anglais est l'auteur, semblent écrites
par Voltaire. Voltaire est cité plusieurs fois avec éloge
dans cette lettre, ce qui, au reste, d'après son usage,
serait une raison de plus de la lui attribuer. Du reste,
elle ne prouve pas plus contre Anquetil-Duperron et
Zoroastre, que les plaisanteries de Voltaire, parfaitement amusantes, mais portant parfaitement à faux,
ne prouvent contre Moïse ou Shakspeare.

Au lieu de railler agréablement la bizarrerie de
certaines formules liturgiques des livres de Zoroastre,
M. E. Burnouf a cherché à comprendre ces livres antiques : il a commencé loyalement par les publier ; il a
fait lithographier le texte zend pour qu'on pût le comparer avec la traduction d'Anquetil, appelant ainsi les
efforts des philologues sur ces textes précieux, les
premiers textes zends un peu considérables qu'on ait
publiés. Puis lui-même s'est mis à l'œuvre ; il a choisi
l'Yaçna, ou Livre du Sacrifice, et a commencé à le

----

[1] *W. Jone's Works*, t. X.

traduire. Cette traduction d'un livre écrit dans une langue dont on ne possédait ni grammaire ni dictionnaire, ne pouvait être qu'un laborieux déchiffrement ; aussi il en est déjà résulté, pour l'interprétation du premier chapitre seulement, deux volumes in-quarto ; mais les bases d'une étude nouvelle sont jetées, l'étude du zend est constituée scientifiquement, et l'on peut espérer de connaître un jour la doctrine de Zoroastre, dont jusqu'ici on a beaucoup parlé.

Voici avec quels secours M. E. Burnouf a abordé la traduction de l'Yaçna :

Le texte zend, publié par lui ;

La traduction d'Anquetil, faite d'après les interprétations que lui avaient données, en persan moderne, ses maîtres de Surate, qui se servaient eux-mêmes d'une version pehlvie.

Cette traduction est donc de la quatrième main.

Enfin une version sanskrite barbare, datant du quinzième siècle, et dont l'auteur est un certain Nerioseng, faite de même, non sur le texte zend, mais sur la version pehlvie.

Mais le plus utile auxiliaire de M. E. Burnouf, dans sa courageuse entreprise, a été incontestablement l'analogie, l'induction tirée de la comparaison des langues de la famille à laquelle le zend appartient, et en particulier du sanskrit. M. E. Burnouf est doué au plus haut degré de cette sagacité ingénieuse qui démêle les secrets de la formation intime des langues, et découvre les lois qui les régissent. Une science a été créée dans ce siècle, et a remplacé les spéculations arbitraires, conjecturales et souvent si ridicules de l'étymologie. A la fois anatomie et physiologie comparée des langues, cette science pénètre par l'analyse dans leur tissu, et détermine les conditions permanentes et les conditions variables de leur organisation. Pour elle, les langues sont des êtres vivants qui ont leurs formes propres, dont les variations accidentelles peuvent être ramenées à un type constant; entre ces êtres qui naissent, se développent, se reproduisent et périssent d'après des lois fixes, sont des relations de parenté, dont on peut mesurer le degré. Chacun a sa physionomie, ses instincts, ses habitudes, ses antipathies, on oserait presque dire son caractère et ses mœurs; de sorte qu'on peut pressentir ce que fera telle langue dans telle circonstance, quelle forme elle affectera, quel parti elle prendra, comme on le dirait d'un être vivant, d'une personne. L'étude des langues, ainsi envisagée, a tout l'intérêt de l'étude de l'organisation. Par sa méthode, sinon par son objet, elle se place parmi les sciences naturelles.

C'est le grand philologue allemand, Jacob Grimm, qui a créé cette science par son admirable analyse comparative des langues germaniques, à laquelle il a donné le titre modeste de *Grammaire Allemande*. Il a démontré rigoureusement l'unité fondamentale de tous ces idiomes, et a suivi à travers les temps, depuis le quatrième siècle jusqu'à nos jours, l'histoire de leurs divers développements.

Il a découvert les lois constantes de la permutation des lettres, suivant lesquelles tel idiome prend toujours telle lettre, là où un autre idiome la rejette et prend constamment la lettre correspondante.

De sorte qu'un radical germanique étant donné, on pourrait presque deviner et construire le mot haut-allemand, bas-allemand, saxon, islandais, le mot du douzième siècle ou du dix-huitième, et de même pour les formes grammaticales et la syntaxe. Admirable simplification! Par elle les idiomes d'une même famille sont comme les dialectes d'une même langue; on peut apprécier l'âge de chacun d'eux à certains signes, comme l'âge d'une plante et d'un animal. Enfin, on peut de son état actuel remonter avec certitude à son état ancien, ou présager son état futur. Ainsi, en voyant un astre dans le ciel, on sait par quel point il a passé et quelle courbe il accomplira.

Une fois le principe de la comparaison philosophique des langues découvert et appliqué en grand à une famille importante, la famille germanique, il devait prendre plus d'extension et embrasser un plus grand nombre d'idiomes. Les ressemblances générales de l'ancien dialecte de l'Inde, du sanskrit, avec le grec et le latin, du grec et du latin avec les langues germaniques et slaves, avaient déjà été mises hors de doute par le simple rapprochement des vocabulaires et des grammaires. Le fait de cette ressemblance, reconnu en partie par le P. Paulin de Saint-Barthélemy, fut établi d'abord par M. Frédéric de Schlegel[1], qui, le premier dans ce siècle, attira les yeux de l'Allemagne sur l'Inde ; Guillaume de Humboldt [2], qui partageait avec son frère le domaine des connaissances humaines ; Bopp, qui a entrepris de faire, pour toutes les langues indo-européennes, ce que Jacob Grimm a fait pour les langues germaniques [3]. Enfin, le Danois Rask, qui, semblable à Anquetil par son dessein et son courage, a été aussi chercher dans l'Inde les livres de Zoroastre, Rask a, l'un des premiers, jeté les bases d'une comparaison philosophique des langues gréco-latines, germaniques et slaves [4]. Tous ces travaux sont nés du même mouvement, de la même direction des esprits. Avant la fin de ce siècle, presque toutes les langues de l'Europe qui possèdent une littérature, les langues de l'antiquité et une portion des langues de l'Orient, pourront s'étudier comme une seule langue, dont on approfondira ensuite tel ou tel dialecte dans ses rapports avec les autres.

La grammaire comparée de M. Bopp embrasse huit langues, le sanskrit, le zend, le grec, le latin, le lithua-

---

[1] *Uber die Sprache und die Weisheit der Indier.*

[2] Plusieurs Mémoires importants publiés dans le recueil de l'Académie de Berlin.

[3] *Vergleichende Grammatick.*

[4] *Undersœgelse om det gamle nordiske eller islandske sprogs oprindelse,* 1818.

nien, l'ancien slave, le gothique et l'ancien allemand.
Après la grammaire, on aura le dictionnaire comparé ;
il reste à faire entrer dans l'une et dans l'autre les
dialectes celtiques, dont les travaux tout récents
de M. A. Pictet établissent d'une manière si évi-
dente le droit de bourgeoisie dans la cité indo-européenne [1]. C'est dans ce magnifique ensemble de travaux philologiques, établissant l'unité générale et les
lois particulières du langage, depuis les sources du
Gange jusqu'à l'Islande, que viennent se placer, au
premier rang, les recherches de M. E. Burnouf sur la
langue de Zoroastre.

En effet, le zend est un des anneaux les plus importants de cette chaîne immense qui réunit l'Himalaya à
l'Hécla. Le zend forme le chaînon intermédiaire entre
le sanskrit et les idiomes germaniques ; frère de l'antique langue des brahmanes, il éclaire ses origines, il
contient le secret de plusieurs formes sanskrites que
le sanskrit seul n'explique pas. Ainsi, on découvre
quelquefois entre les mains d'un rejeton d'une ancienne
famille des titres qu'on croyait perdus. En outre, le
zend est curieux sous le rapport du degré de développement qu'il avait atteint au temps de Zoroastre.
M. E. Burnouf est conduit par une patiente analyse de
l'alphabet zend à cette conclusion [2] : « Tout nous
annonce un idiome s'arrêtant à un moment où il est

____

[1] *Nouveau journal asiatique*, troisième série, t. I, p. 283 et 417.
[2] Page CLIII.

bien rare que l'on puisse saisir les langues, celui où tous
les éléments de leur organisation entrent en jeu, mais
où l'action, qui, après les avoir réunis, devait les modifier l'un par l'autre pour en composer un organisme
parfait, vient à s'arrêter tout à coup et laisse son
œuvre inachevée. »

Avant d'aller plus loin, je dois signaler la méthode
qu'a employée M. E. Burnouf dans son commentaire
sur l'Yaçna. Dans un pareil travail, la méthode importe
autant peut-être que le résultat; la méthode est elle-
même un résultat.

En présence du mot zend dont il faut déterminer
le sens, M. E. Burnouf dégage d'abord la racine de
toutes les modifications grammaticales qu'elle peut
avoir subies; il rapproche cette racine, ainsi réduite,
d'un radical sanskrit qui lui ressemble, et qui fournit
le sens probable du mot qu'il s'agit d'interpréter. Mais
il ne se contente pas de cette vague analogie de racines
qui ne prouverait rien; il faut qu'il retrouve, dans la
forme qu'a prise le radical, les caractères, les instincts
particuliers de la langue zende. M. E. Burnouf a fait
pour cette langue ce que Grimm a fait pour les idiomes germaniques; il a découvert les lois particulières
d'après lesquelles elle forme ses mots, et la vérifica-
tion de ces lois propres au zend est pour l'auteur la
preuve de ses opérations étymologiques. La version française d'Anquetil et la version sanskrite de Nérioseng,
faites toutes deux sur le pehlvi par des hommes qui ne

remontaient pas à l'original zend, et avaient en grande
partie perdu la tradition des idées de Zoroastre, ces
deux versions, dis-je, servent souvent à M. E. Burnouf
en le mettant sur la voie du sens général d'un passage, mais ne peuvent le conduire à son but, qui est
une détermination rigoureuse du sens de chaque mot
et de la valeur grammaticale de chaque lettre. Ce but
ne peut s'atteindre que par la méthode de tâtonnement,
que j'ai indiquée tout à l'heure, dont les résultats
acquièrent d'autant plus de valeur, qu'elle s'exerce
sur une plus grande masse de textes, de sorte que
l'explication d'un mot employé dans un passage se confirme par le sens que ce mot présente dans un autre.

M. E. Burnouf excelle dans ces investigations délicates; avec lui, on croit assister à une analyse chi-
mique exécutée par un manipulateur habile, à la solution d'un problème d'algèbre à laquelle on arrive par
une suite d'hypothèses qu'on élimine successivement.
On le suit avec un intérêt qui, pour un philologue,
ressemble à l'intérêt dramatique; il s'engage dans un
chemin, puis le quitte et retourne sur ses pas, en prend
un autre; par instant il s'enfonce et disparaît presque
entièrement dans mille détours souterrains qui s'entre-
croisent, puis revient à la lumière, et rapporte triomphant le sens d'un mot difficile, lambeau arraché, pour
ainsi dire, aux entrailles de ce vieux cadavre de langue.

Peut-être oserai-je reprocher à M. E. Burnouf la surabondance même de ses ressources, et la profusion de

ses expédients, au moins l'inutile déploiement d'artifices et d'appareils qu'il prodigue, même lorsqu'ils ne
doivent pas lui servir. Quelquefois, après qu'on a
marché avec lui de confiance, et qu'il vous a donné,
pour le choix d'une interprétation, des raisons qui
vous semblent fort bonnes, on est tout étonné d'apprendre qu'on a fait fausse route, et il vous prouve
clairement que les preuves qui vous ont satisfait
ne doivent pas vous satisfaire. Il abandonne brusquement un système d'explication qu'il vous avait fait
goûter, un peu comme ce prédicateur qui disait à ses
auditeurs convaincus : « Au reste, peut-être n'y a-t-il
pas un mot de vrai dans tout ce que vous venez d'entendre. » Si la solution n'était pas bonne et devait être
rejetée, pourquoi la donner? Ce procédé est consciencieux, je le sais; il peut y avoir quelque utilité à assister à toutes les marches et contremarches de cette
campagne philologique; une hypothèse abandonnée
par l'auteur peut être recueillie par le lecteur, ou
même, sans être adoptée, suggérer une idée meilleure.
Cependant j'engage M. E. Burnouf, dans la suite de son
beau travail, à ne pas donner l'histoire de toutes ses
tentatives d'explication, et à se borner aux solutions
pour lesquelles il se prononce. L'ouvrage est assez
vaste sans l'agrandir encore, le labyrinthe assez sinueux
pour ne pas le compliquer de nouveaux détours. Au
reste, cette critique, la seule qu'on puisse adresser à
M. E. Burnouf, atteste elle-même une richesse et une

exubérance de séve philologique dont il ne faut que modérer l'excès.

Un des résultats les plus décisifs du travail de M. E. Burnouf sur le zend, c'est d'avoir montré que les ressemblances de cette langue étaient surtout frappantes avec le sanskrit le plus ancien, avec le sanskrit des Védas. La langue zende est donc, non point une fille, mais une sœur de la langue sanskrite. Ce qui est vrai du zend l'est aussi de plusieurs autres langues de la grande famille indo-européenne ; de même que le latin ne dérive pas du grec, ni le latin ni le grec ne dérivent du sanskrit, mais toutes ces langues sont des rameaux d'une même souche. Il y a, en latin, telle forme plus ancienne que la forme sanskrite correspondante. Il en est des peuples comme des langues : les populations latines, ou gothiques, ou persanes, ne viennent pas de l'Inde ; mais, ainsi que les populations indiennes elles-mêmes, elles ont un berceau commun et inconnu.

Chemin faisant, M. E. Burnouf a rencontré de curieuses étymologies, des histoires de mots qui sont des histoires d'idées. Telle est celle d'un mot bien important, celui qui, dans la langue latine et ses dérivés, est devenu le nom de Dieu.

Ce mot, en sanskrit *devas*, en latin *divus*, a, dans les deux langues, le même sens, le sens de divin ou Dieu. Par un contraste singulier, il exprime, pour les Persans anciens et modernes, une idée tout opposée, il est le nom des mauvais génies, des *dives*. On est réduit à s'expliquer ce singulier changement de la signification primitive du mot en une signification contraire, par l'antipathie du peuple parlant le zend et professant la religion de Zoroastre contre le peuple parlant le sanskrit et professant la religion des brahmanes : les dieux de l'un seraient devenus les diables de l'autre. Ce fait, tout étrange qu'il semble, n'est pas sans analogue dans l'histoire des religions. Sans parler du nom de démon, cité par M. E. Burnouf, que les anciens donnaient aux bons génies, tel que le génie de Socrate, plusieurs des divinités de l'antique Olympe sont devenues des puissances infernales après l'établissement du christianisme ; mille passages des Pères pourraient l'attester. Saint Martin, qui avait souvent affaire au diable, le voyait paraître en Jupiter, en Mercure, en Vénus. Le diable Apollion, au moyen-âge, n'était autre qu'Apollon ; et la dame Vénus (*frau Venus*) de la légende allemande du fidèle Eckart ressemble beaucoup à une diablesse.

La même chose est arrivée aux dieux du paganisme germanique. *Va trouver Odin !* est dans le Nord un juron populaire qui correspond exactement à notre *que le diable t'emporte !* Et le traitement qu'on faisait éprouver aux dieux scandinaves, ils l'avaient fait jadis subir aux dieux leurs prédécesseurs, aux dieux des Finnois, qu'ils avaient relégués sans miséricorde parmi les géants et les mauvais génies.

Nulle part on ne peut mieux observer ce chemin, d'un mot et d'une idée, que dans le gnosticisme. On sait qu'à force de mettre le christianisme au-dessus du judaïsme et d'être frappés de la supériorité morale de Jésus sur Jéhovah, certains gnostiques en vinrent à faire de Jéhovah le mauvais principe, et conséquents jusqu'au bout, à adorer le serpent, parce qu'il était l'ennemi de Jéhovah [1].

Le rapprochement de ces faits bien divers, mais tenant à des causes psychologiques analogues, éclaire et justifie cette singulière altération que M. E. Burnouf signale dans le sens du radical *dev*; c'est ce qui leur donnait peut-être le droit de trouver place ici.

Souvent l'étude approfondie d'un mot zend ou sanskrit jette un jour inattendu sur l'origine et la valeur primitive d'un mot grec ou latin. Je m'étonne qu'en parlant du mot sanskrit *ritu* (saison), dont le dérivé zend s'applique aux proportions du temps considérées par rapport à leur emploi religieux, M. E. Burnouf n'ait pas signalé l'étymologie du latin *ritus*, rit. Ce que l'on fait *ritè*, c'est, en latin comme en zend et en sanskrit [2], ce que l'on fait à son heure, dans la portion de temps que la religion a consacrée à cet objet.

Le travail de M. E. Burnouf sur la langue zend, quand

---

[1] M. Bopp voit la même réciprocité dans l'analogie d'*Ahura*, mot qui entre dans la composition du nom d'Ormusd, et désigne une idée de bonté, avec *Asura*, qui est, en sanskrit, le nom des ennemis des dieux.

[2] *È*, dans les deux langues, est la terminaison du locatif.

il ne serait susceptible d'aucune application, n'en serait pas moins en lui-même un modèle de sagacité analytique, et un grand pas fait dans l'étude comparative et philosophique des langues. Mais nous allons voir qu'outre son mérite intrinsèque, ce travail, quoique bien loin encore d'être terminé, a conduit son auteur à d'heureuses découvertes. On peut prédire qu'elles se multiplieront à mesure que M. E. Burnouf, avançant dans son interprétation du texte. aura plus de matériaux à sa disposition.

Déjà, entre ses mains, la connaissance approfondie de la langue zende jette un jour précieux sur quelques points de l'ancienne géographie de l'Orient. M. E. Burnouf a déterminé, par l'étymologie des noms de lieux, l'extension et les limites de l'Arie, c'est-à-dire de la contrée occupée primitivement par la langue et la religion de Zoroastre; il a tracé, pour ainsi dire, par un procédé philologique, une carte historique[1].

Quant à ce qu'il serait le plus important pour nous de connaître au moyen du zend, c'est-à-dire l'ensemble des idées de Zoroastre, on ne peut s'attendre à le trouver encore dans le premier chapitre de l'Yaçna, que M. Burnouf a publié. C'est comme si l'on voulait trouver dans quelques fragments de litanie chrétienne tout le christianisme. La voie qu'a prise M. E. Burnouf est longue, mais sûre; pour pouvoir ana-

---

[1] Notes et Éclaircissements, p. LIII, I XXXIV et suiv.

lyser un livre, il est bon de l'avoir lu, et l'on apprend à lire en épelant. C'est l'honneur de M. E. Burnouf d'avoir eu le courage de commencer par le commencement. Il faut ouvrir la porte avant d'entrer dans le temple ; ceux qui veulent faire autrement se brisent la cervelle contre les murs.

Voyez à quoi l'on s'expose en allant trop vite. Un écrivain allemand estimable, M. Rhode, crut pouvoir présenter un tableau complet de la religion de Zoroastre. Un passage du Vendidad-Sadé dit qu'Ormusd a créé dans le temps incréé, *Zervané Akerané* ; le mot, comme l'indique la terminaison *é*, est au locatif, cas qui marque la relation de lieu. M. Rhode, ne tenant point compte de cette particularité grammaticale qu'il ignorait, a fait de cette circonstance de la création le principe et l'auteur même de la création. Zervané Akerané, le temps incréé, est devenu pour lui le sujet de la phrase, un être antérieur et supérieur à Ormusd et à Ahrimane. Ainsi le dualisme célèbre de la doctrine de Zoroastre serait subordonné à une unité supérieure. On voit que ce serait un changement fondamental. Mais tout cela repose sur une erreur de cas, sur un mot mal décliné. Et l'existence absolue du Dieu suprême, père du bon et du mauvais principe, est grandement mise en péril par le paradigme de la déclinaison zende. C'est bien plus que *la grammaire qui sait régenter jusqu'aux rois...* car il s'agit ici du principe même de l'univers. Ailleurs, M. E. Burnouf apprend à ne pas trop se hâter de prononcer sur un point de dogme, qui pourrait frapper par une analogie avec le dogme chrétien. Ainsi, suivant Anquetil-Duperron, l'idée toute chrétienne de la résurrection de la chair se trouve chez Zoroastre; la chose paraît douteuse. Ce qu'il y a de sûr, c'est que le mot qu'Anquetil a traduit ainsi, analysé par M. E. Burnouf, veut dire Question. Il peut sembler téméraire de prétendre mieux pénétrer le sens de Zoroastre que les Parsis eux-mêmes. Pourtant, dans plusieurs passages, M. E. Burnouf fait très-bien voir qu'un sens grossièrement littéral et matériel a remplacé le sens véritable dans la version de Nérioseng, et vraisemblablement l'avait déjà remplacé dans la version pehlvie sur laquelle celle-là semble calquée. D'autres fois, ce sont des êtres abstraits dont les traducteurs parsis font des êtres réels.

Au reste, ces deux tendances, l'une à matérialiser les idées, l'autre à les personnifier, sont dans la nature de l'esprit humain et dominent toutes les religions. Pour ne parler que des hérésies, le gnosticisme a souvent matérialisé ou personnifié des idée abstraites empruntées au christianisme.

Enfin M. E. Burnouf, en faisant reparaître la ressemblance de certaines dénominations persanes avec des dénominations correspondantes en sanskrit, montre de curieux rapports entre la religion de Zoroastre et celle des Brahmanes à son état le plus ancien. Ces rapports forment le pendant de ceux qu'il a découverts entre le zend et le vieux sanskrit des Védas. Ils nous font remonter par delà l'époque de la séparation des deux langues, des deux religions, des deux peuples, jusqu'à leur plus antique origine.

Je n'ai pas encore parlé de la plus importante des applications que M. Burnouf a faites de l'instrument qu'il a construit lui-même. La connaissance intime des procédés et des lois de la langue zende l'a aidé puissamment dans une entreprise difficile, la lecture d'inscriptions recueillies à Hamadan, l'ancien Ecbatane, et dont l'alphabet est semblable à celui des inscriptions de Persépolis.

Il n'y a qu'une trentaine d'années qu'on a commencé à déchiffrer cet étrange alphabet, l'un de ceux qu'on a nommés cunéiformes, parce que chacune des lettres qui le composent est formée de plusieurs incisions, ayant la forme de coin, et représentant exactement l'entaillure du ciseau. Ce genre d'écriture se trouve gravé sur les majestueux débris de Persépolis et sur les gigantesques ruines de Babylone. Les briques de Babylone en sont couvertes ; il accompagne les monuments figurés dont il contient probablement l'explication. Quand on l'aura complétement déchiffré, il est vraisemblable qu'on pénétrera quelques secrets de la religion et de la science chaldéenne. Quand on aura lu ce qui est écrit sur les briques du temple de Bélus, dans lequel on s'accorde à reconnaître la tour de Babel, on saura ce que pensaient ceux qui l'ont élevée.

On a déjà reconnu l'existence de trois de ces alphabets, composés des mêmes éléments, ou mieux du même élément unique, le coin, et ne différant entre eux que par un degré plus ou moins grand de complications dans les figures des lettres que forme le coin, en se répétant et se plaçant dans des positions diverses. De ces alphabets, il n'en est qu'un seul qu'on puisse se flatter de déchiffrer aujourd'hui; mais comme les mêmes inscriptions sont souvent répétées dans les trois systèmes alphabétiques, on peut raisonnablement espérer que la lecture de l'un amènera la lecture des autres, comme l'inscription de Rosette a mis sur la voie de l'interprétation des hiéroglyphes.

Or, l'alphabet cunéiforme qu'on avait commencé à déchiffrer, et dont M. E. Burnouf vient de donner une explication beaucoup plus complète et beaucoup plus satisfaisante que toutes celles qui l'avaient précédée, c'est précisément l'alphabet des monuments de Persépolis; la langue à laquelle on l'a appliqué sur les monuments, est nécessairement la langue qu'on parlait en Perse, quand ils y furent construits; dès lors, on conçoit quel avantage donnaient à M. Burnouf, pour en essayer la lecture, ses travaux sur la langue de Zoroastre. Après avoir, pour ainsi dire, découvert celle-ci, il était plus que personne en mesure de s'aider de cette découverte pour en faire une autre, celle de la valeur des caractères inconnus employés dans les inscriptions; car, dans la route de la science, aucun pas n'est perdu, et le but que l'on touche est toujours un point de départ pour aller plus loin.

Pour apprécier le progrès que M. E. Burnouf a fait faire à la connaissance de l'alphabet persépolitain, il est nécessaire de retracer sommairement les efforts tentés avant lui dans la même voie.

Le premier pas ne fut pas heureux. M. Lichtenstein publia, en 1803, un système de déchiffrement complet. Rien n'y manquait, tout était expliqué sans hésitation et sans difficulté. Malheureusement, il était parti de l'idée que les caractères qu'il interprétait étaient dis· posés de droite à gauche comme les caractères hé-breux, et ils vont de gauche à droite comme les nôtres. Cette seule erreur rendait inutile tout son travail. Que dirait-on d'un homme qui, pour déchiffrer une écriture difficile, lirait tous les mots à rebours? Le bon savant n'en était pas moins sûr de son fait et expliquait im-perturbablement ses inscriptions, sans avoir rencontré juste pour une lettre.

Quelques savants moins aventureux, le respectable évêque de Copenhague, M. Munther, et M. Tychsen, avaient fait quelques tâtonnements plus judicieux, mais bien peu décisifs, quand M. Grotefend vint ouvrir la carrière par un de ces traits de sagacité heureuse, de divination hardie, qui jouent un si grand rôle dans l'histoire des découvertes humaines ; vrais coups de tête de la science qui réussissent quelquefois. M. Gro-tefend aborda les inscriptions de Persépolis, sans en

connaître ni la langue ni l'alphabet, et il parvint à
porter du premier coup l'interprétation à un point
qu'on n'a guère dépassé avant M. E. Burnouf.

Voici comment il s'y prit. Il se dit : Quelle que soit
la langue que je ne connais pas, quels que soient
les caractères que je ne connais pas davantage, sur
quoi peut rouler le sens de l'inscription qui est devant
moi? On avait trouvé sur des monuments plus modernes des inscriptions en langue pehlvie qui por-
taient : Tel roi fils de tel roi. M. Grotefend se dit : Pourquoi la même chose ne se trouverait-elle pas dans mes
inscriptions cunéiformes? et le bonheur voulut qu'il
rencontrât juste dans cette supposition. Sans cela, on
chercherait peut-être encore la clef de l'alphabet persépolitain. Puis il se dit encore : Si c'est un roi de
Perse, fils d'un autre roi de Perse, ce peut être Cambyse, fils de Cyrus. Mais il écarta très-vite cette supposition par une réflexion judicieuse : dans ce cas,
deux des mots inconnus auraient commencé par le
même caractère. Cela n'étant point, l'inscription ne
pouvait se rapporter à Cambyse, fils de Cyrus; mais
elle pouvait se rapporter à Xerxès, fils de Darius. La
fortune voulut qu'il en fût ainsi, et, grâce à ce mélange d'audace, de pénétration et de bonheur, M. Grotefend se trouva en possession d'un certain nombre
de lettres, celles qui composaient les deux noms propres de Xerxès et de Darius. Il pensa bien que l'inscription était écrite en langue zende; mais n'ayant

d'autre ressource qu'un petit vocabulaire très-incomplet d'Anquetil-Duperron, il ne put préciser la valeur que de quelques lettres. Toutefois le premier coup était porté, et tôt ou tard on devait rectifier et compléter l'ingénieuse découverte de M. Grotefend.

Cependant la rectification et le complément se firent attendre. En 1823, un homme dont les connaissances variées et l'esprit original ne seront suffisamment appréciés qu'après la publication de ses œuvres posthumes, Saint-Martin reprit l'explication de l'inscription lue par Grotefend. Malgré sa pénétration singulière, le savant français ne laissa pas la question beaucoup plus avancée qu'il ne la trouva; il avait redressé quelques erreurs de M. Grotefend, mais il en avait commis d'autres qui lui étaient propres. Ce qui manquait à tous deux pour la solution du problème, c'était une connaissance exacte de la langue des inscriptions. Aussi le Danois Rask, qui savait plus de zend que Grotefend et Saint-Martin, a-t-il beaucoup avancé la question en découvrant le M et le N dont on faisait avant lui des voyelles : par là les mots prirent plus de corps, et les désinences surtout s'accusèrent. Enfin, M. E. Burnouf, maître de la langue zende, initié aux lois de son organisme, au secret de ses désinences, a découvert une valeur nouvelle à douze caractères ; il a pu donner de deux inscriptions, une transcription et une traduction, qui ont pour elles dans l'ensemble un grand caractère de vraisemblance.

Il ne saurait y avoir de contestation que sur un très-petit nombre de lettres. M. Lassen, qui s'occupait en même temps à Bonn des mêmes recherches, est arrivé, de son côté, à des résultats qui, différents sur quelques points, s'accordent cependant avec ceux de M. E. Burnouf pour le plus grand nombre des cas. Tout prouve qu'on est maître de cet alphabet mystérieux de Persépolis, et qu'on peut déjà rêver la lecture de ceux d'Assyrie et de Babylone.

En terminant cet article, j'apprends que M. E. Burnouf, sans attendre la fin du long commentaire qu'il compte toujours achever, s'est décidé à publier un dictionnaire zend, dont il possède dès aujourd'hui tous les éléments [1]. Quand il aura accompli cette grande tâche, M. E. Burnouf aura plus fait pour l'intelligence de la doctrine de Zoroastre, que tous les destours et mobeds du Guzarate et du Kirman.

[1] [Eugène Burnouf est mort sans avoir pu accomplir ce dessein

HISTOIRE

DU BOUDDHISME[1]

En terminant la notice que j'ai consacrée aux beaux travaux d'Abel Rémusat[2], j'annonçais la publication d'un ouvrage important que ce savant illustre laissait inachevé : c'était la traduction d'un voyage entrepris et écrit par un Chinois du quatrième siècle. L'auteur de ce livre, intitulé *Relation des royaumes bouddhiques*, était un religieux de la secte de Foë (Foë est, comme on sait, le nom de Bouddha à la Chine) ; il se nommait Fa-Hian, et partit vers la fin du quatrième siècle, dans l'intention de parcourir tous les pays étrangers où la religion du Bouddha était établie, de visiter les temples et les monastères, de recueil-

---

[1] *Relation des royaumes bouddhiques* traduite du chinois et accompagnée d'un commentaire par Abel Remusat

[2] *Voy.* p. 1.

lir les livres sacrés de cette religion, qui, persécutée dans l'Inde, son berceau, s'étaif dès lors établie à la Chine, et devait s'étendre dans toute la haute Asie.

Je fis pressentir de quel prix serait la traduction d'une relation pareille, accompagnée du savant commentaire qu'y avait joint M. A. Rémusat, et dans lequel il avait déposé le fruit de ses longues recherches sur l'histoire du bouddhisme, son étude de prédilection, une de celles, en effet, qui méritaient le mieux d'occuper un esprit de la valeur et de la portée du sien.

· M. A. Rémusat avait terminé sa traduction quand il mourut. Une grande partie du commentaire était entièrement achevée : M. Klaproth se chargea de continuer le travail interrompu ; mais lui-même fut frappé avant d'arriver au terme. Un jeune savant, élève de M. A. Rémusat et pieusement attaché à sa mémoire, M. Landresse, a mis la dernière main à ce monument de la science, au pied duquel deux maîtres étaient tombés ; il en a surveillé avec zèle la publication laborieuse, et lui a donné pour péristyle une introduction qui est loin de le déparer.

Pour moi, rendre compte de cette dernière production du savant dont j'ai déjà essayé d'apprécier les travaux, c'est achever de remplir un engagement et un devoir.

Je ne reviendrai pas sur ce que j'ai eu occasion de

dire alors du bouddhisme, de son importance et de son histoire. Je rappellerai seulement qu'il s'agit d'une croyance qui date de trois mille ans, qui le cède au christianisme seul pour le nombre de ses sectateurs et la pureté de sa morale, qui a été florissante dans l'Inde, . qui s'est établie successivement à Ceylan, en Chine, au Japon, en Corée, au Thibet, et a introduit quelque civilisation chez les peuples tartares; qui mérite par conséquent, à plus d'un titre, l'attention et le respect de tous ceux qui contemplent avec intérêt les vicissitudes de l'humanité. Aussi bien, c'est principalement par rapport au bouddhisme que le voyage de Fa-Hian peut nous intéresser ; car lui-même ne s'intéresse à nulle autre chose. Ce n'est qu'accidentellement qu'il fournit çà et là de curieux renseignements topographiques; car son but n'est pas de satisfaire une curiosité mondaine. Il veut, dans les diverses régions où le Bouddha est honoré, saluer les lieux qu'illustrent des légendes ou des reliques célèbres, recueillir des traditions, des enseignements, des livres sacrés ; il veut visiter les monastères *du Petit Véhicule ou du Grand.* Ce qui lui importe uniquement, c'est la propagation, la décadence ou le progrès de sa foi. Aussi a-t-il tracé un véritable itinéraire pareil à ceux dans lesquels les pèlerins du moyen âge racontaient leur visite aux lieux saints. Ce voyage ressemble encore mieux à celui du juif Benjamin de Tudèle, qui, parcourant le monde entier, n'y voit que des juifs.

Fa-Hian ne voit et ne cherche que des bouddhistes.

Si cette préoccupation religieuse ôte à la relation de son voyage l'intérêt varié qu'elle pourrait offrir dans un point de vue plus libre et plus étendu, on sent que l'histoire du bouddhisme doit gagner à ce qu'on peut nommer l'idée fixe du voyageur chinois. Or, c'est l'importance d'un tel sujet qui donne un intérêt profond à la relation de Fa-Hien, et qui fait du travail de M. A. Rémusat un des chapitres les plus instructifs d'une histoire qui reste encore à faire dans son ensemble, et qui sera l'une des plus curieuses et des plus nouvelles que l'on puisse écrire, l'histoire du bouddhisme.

Fa-Hian partit en 399, avec plusieurs autres dévots pèlerins, de sa ville natale, située dans une des provinces septentrionales de la Chine, s'avança à travers le grand désert de Tartarie, qu'il appelle le *Fleuve de sable*, jusqu'au lac de Lop; puis, revenant au sud et inclinant toujours à l'ouest, il franchit la grande chaîne centrale presque au nord de Cachemir, passa l'Indus, entra dans l'Afganistan et la Perse, rentra dans l'Inde, la traversa de l'ouest à l'est, suivit le Gange jusqu'à son embouchure, s'embarqua pour Ceylan, et revint dans sa patrie en touchant Java. Il avait fait environ trois mille lieues de chemin; son voyage avait duré seize années.

Dans cette longue course, il perdit plusieurs de ses compagnons : les uns moururent; un autre, édifié de la sainteté des religieux indiens et la trouvant supérieure à celle des religieux chinois, déclara que, si dans une existence suivante il avait le bonheur de devenir Bouddha, il désirait renaître parmi les premiers; en attendant il se fixa dans l'Inde. Mais Fa-Hian, qui voulait propager la doctrine dans son pays, resté seul, continua sa route.

En général son récit n'est qu'un journal assez aride ; les sentiments, les impressions de l'auteur, ne se manifestent presque jamais. On n'en est que plus touché quand on les voit tout à coup apparaître, et quand on sent, avec quelque surprise, un cœur d'homme battre sous la robe du pèlerin chinois.

Il interrompt son récit des merveilles religieuses de Ceylan par ces paroles : « Depuis que Fa-Hian avait quitté la terre de Han (la Chine), plusieurs années s'étaient écoulées. Les gens avec lesquels il avait des rapports étaient tous des hommes de contrées étrangères. Les montagnes, les rivières, les arbres, les herbes, tout ce qui avait frappé ses yeux était nouveau pour lui. De plus, ceux qui avaient fait route avec lui s'en étaient séparés, les uns s'étant arrêtés, les autres étant morts. En réfléchissant au passé, son cœur était toujours plein de pensées et de tristesse. Tout à coup, à côté de cette figure de Jade (une idole bouddhique), il vit un homme qui faisait hommage à la statue d'un éventail blanc du pays de Tsin (sa province natale); sans qu'on s'en aperçût, cela lui causa une émotion telle que ses larmes coulèrent et remplirent ses yeux. »

Ailleurs, le pèlerin bouddhiste raconte quelles furent ses transes pendant une tempête qui le surprit après son départ de Ceylan. Il craignait surtout que les marchands sur le navire desquels il faisait route vers sa patrie, ne jetassent à la mer ses livres sanskrits, qu'il avait mis plusieurs années à recueillir et à copier, ainsi que les saintes images qu'il rapportait. Il priait dévotement le Bouddha de faire revenir vivants dans la terre de Han tous les *religieux*. Cet oubli des laïques dans ses vœux de délivrance sent quelque peu le moine. Une autre fois il faillit être lui-même victime de l'esprit de secte. Il se trouvait sur un vaisseau rempli de brahmanes. Un ouragan s'étant élevé, ceux-ci se dirent entre eux : « C'est la présence de ce samanéen [1] sur notre bord qui nous a attiré ce malheur, il faut débarquer ce mendiant sur le rivage d'une île, il ne convient pas que, pour un seul homme, nous soyons exposés à de tels dangers. » Combien de fois des matelots italiens ou espagnols ont manifesté dans une tempête le même sentiment à l'égard d'un passager protestant?

Enfin, le religieux voyageur rentra dans son pays après avoir accompli son pénible et curieux voyage. « En récapitulant ce que j'ai éprouvé, dit-il vers la fin

---

[1] Samanéen, sectateur du Bouddha, sectateur de Foë, sont synonymes.

de sa relation, mon cœur s'émeut involontairement; les sueurs qui ont coulé dans mes périls ne sont pas le sujet de cette émotion. Ce corps a été conservé par les sentiments qui m'animaient. C'est mon but qui m'a fait exposer ma vie dans des pays où l'on n'est pas sûr de sa conservation, pour parvenir jusqu'à ce qui était l'objet de mon espoir, à tout risque. »

Ces simples paroles ne remuent-elles pas le cœur? n'intéressent-elles pas à cette foi pour laquelle un pauvre religieux s'est exposé à tant d'obscurs périls? Mais laissons la personne et les sentiments de Fa-Hian, sur lesquels il y avait peu de chose à dire, et passons à ce qu'il nous apprend des contrées qu'il a parcourues.

Le résultat le plus essentiel de son voyage, aux yeux de la science, est de montrer l'extension et de décrire l'état du bouddhisme dans des contrées sur lesquelles il n'existe aucun autre renseignement contemporain. Il résulte de sa relation que le bouddhisme était établi au quatrième siècle sur la rive droite de l'Indus, dans un pays que l'on nomme encore aujourd'hui pays des idolâtres (Kafristan). Depuis lors il n'a fait qu'y déchoir, jusqu'au temps où l'islamisme l'a entièrement aboli, comme il a détruit le christianisme à l'autre extrémité de l'Asie, remplaçant par l'enthousiasme guerrier et la sensualité ardente l'esprit pacifique et mortifié des deux religions qu'il a vaincues.

Dans les régions qu'il parcourt, notre voyageur voit prédominer tour à tour le culte hérétique des brahmanes et l'orthodoxie bouddhiste. Après avoir repassé à l'est de l'Indus, il retrouve celle-ci florissante au sein de l'Inde centrale. Là, dans son ancienne patrie, le bouddhisme était encore respecté au commencement du cinquième siècle, malgré les atroces persécutions qui l'avaient banni de l'Inde méridionale, mais qui n'avaient pas eu le dessus aux bords du Gange. Ce fait, qu'on ignorerait sans Fa-Hian, est important pour l'histoire du bouddhisme; car d'autres voyageurs chinois, un peu postérieurs, nous apprennent que dès leur époque il donnait dans ces régions des signes de décadence, après une vie continue de douze à treize siècles.

On voit aussi par la relation de Fa-Hian que de son temps l'Inde avait déjà reçu la doctrine des Tao-ssé. La secte des Tao-ssé, dont le père fut Lao-tseu, qu'on pourrait appeler le Platon de la Chine, comme Confucius en fut le Socrate; cette secte, dont nous ne savons guère que le nom, avait donc, au quatrième siècle, pénétré depuis longtemps dans l Inde. Elle a dominé au Thibet jusqu'à l'époque où le bouddhisme a triomphé dans ce pays. Elle y a encore des adhérents. On sait qu'en Chine elle est une des trois religions de l'empire; les deux autres sont le déisme de l'école de Confucius et le bouddhisme.

La Chine est un monde séparé du nôtre. Il n'en est

que plus intéressant de relever le petit nombre de
points par où les annales de cet empire, qui se croit
l'empire du milieu, et qui est à l'une des extrémités
de l'univers, touchent à l'autre bout de la terre. Trouver dans les annales chinoises quelques renseignements sur les origines des populations germaniques,
sur la grande émigration de peuples dont le dernier
contre-coup a produit l'invasion des Barbares dans la
Gaule au cinquième siècle, n'est-ce pas un des résultats les plus inattendus, une des surprises les plus
piquantes que la science puisse offrir à la curiosité?
Deguignes le premier a tenté d'éclaircir ainsi l'histoire
de l'Occident par des renseignements puisés aux
sources les plus lointaines. Malheureusement, sa donnée fondamentale reposait sur une identité que la
science conteste aujourd'hui, l'identité des Huns et
des Hioung-nou, dont parlent les historiens chinois.
Celle que MM. A. Rémusat et Saint-Martin ont cru reconnaître entre les Yue-ti et les Gètes, les O-si et les Ases,
soutiendra-t-elle mieux la critique? Je n'oserais l'affirmer. Les cheveux blonds que les historiens chinois
attribuent à ces peuples sont la seule raison un peu
considérable qu'on puisse avoir de les rattacher à la
famille germanique. La ressemblance des noms est
bien quelque chose; mais le génie monosyllabique de
la langue chinoise et le défaut dans cette langue de
plusieurs articulations, par cela même qu'ils rendent
possible le rapprochement de mots assez différents,

empêchent d'y ajouter une foi complète. Comment être
sûr que Yue-ti est la transcription chinoise du nom
des Gètes? Mais, d'autre part, comment le nier avec
certitude, quand on voit les missionnaires qui ont traduit la Bible en chinois, ne pas trouver dans les ressources vocales de cet idiome d'autre manière d'écrire
Abraham que A-pou-la-mou?

Cependant, l'accord sur ce point des hommes que
j'ai nommés, les plus compétents en cette matière que
le siècle ait produits, cet accord est d'un grand poids.
En outre, cette supposition est conforme à toutes les
vraisemblances, puisqu'elle montre les populations
mères des nations germaniques aux lieux où toutes
les inductions de la philologie et l'examen de leurs
propres traditions concourent à placer leur berceau,
c'est-à-dire au centre de l'Asie, au nord de la Perse et
à l'ouest du Thibet.

Dans cette hypothèse les communications de la
Chine avec les races germaniques remonteraient au
second siècle avant Jésus-Christ, époque de la mission
du général Tchang-Kiao chez les Gètes (Yue-ti), et de
sa double captivité chez les Hioung-Nou (les Huns).
Une autre mission à l'ouest, plus singulière encore, est
celle de Kan-Yng dont parle notre voyageur bouddhiste,
et qui fut envoyé par un célèbre conquérant chinois,
l'an 97 de Jésus-Christ, au bord de la mer Caspienne,
avec ordre d'aller soumettre un certain royaume de
Fou-Lin, dont on avait vaguement ouï parler à la

cour céleste; ce royaume de Fou-Lin était l'empire romain.

D'autre part, le voyage de Fa-Hien nous montre les Gètes faisant la guerre à des populations des bords de l'Indus pour leur disputer le pot d'or du Bouddha. Quelle singulière révélation que celle d'un peuple germanique entreprenant une guerre religieuse, une sorte de croisade bouddhique en Perse, avant le cinquième siècle! Ces divers faits, tout isolés qu'ils sont, ne font-ils pas rêver? n'ouvrent-ils pas des aperçus entièrement neufs sur les rôles et les rapports des peuples? n'éclairent-ils pas d'un jour étrange l'histoire de l'humanité? Ce sont des indications pareilles qui donnent à cette publication son principal intérêt historique. Mais en outre le texte et surtout les notes, souvent plus curieuses que le texte, renferment des renseignements fort intéressants sur le bouddhisme, sur ses dogmes, ses mythes, ses légendes, sur son organisation ecclésiastique ou plutôt monacale; car, comme l'a remarqué M. Hogdson, le bouddhisme a des moines, et il n'a pas de clergé. Je vais choisir dans l'ensemble de l'ouvrage quelques-uns des passages qui peuvent le mieux caractériser sous différents rapports la religion bouddhique.

Le bouddhisme contient une métaphysique et une mythologie, la première très-abstraite, la seconde très-abondante et très-confuse. La partie dogmatique du bouddhisme joue naturellement un faible rôle dans le récit du voyageur. La partie mythologique et légendaire y joue au contraire un rôle considérable; c'est d'elle en conséquence que nous devrons principalement nous occuper.

Les bouddhistes ne manquèrent certes pas de l'imagination nécessaire pour composer une mythologie. Cependant ils ont trouvé commode de s'emparer de la mythologie toute faite du brahmanisme, sans renoncer à y joindre leurs propres inventions. D'ailleurs, c'est du brahmanisme qu'ils sont sortis; ils ont été d'abord une secte réformée qui, peu à peu, est devenue une religion indépendante et hostile. Aussi ils ne rejettent point Brahma, ils ne l'excluent point du panthéon bouddhique, mais ils lui assignent une place inférieure au Bouddha.

Cette place varie dans les divers traités mythologiques. Tantôt on lui donne à gouverner la plus grande des trois agrégations de l'univers, qui contient, avec beaucoup d'autres choses, mille millions de soleils[1], c'est ce qu'on peut appeler un pis aller assez consolant et une retraite fort honorable; tantôt il est un personnage beaucoup moins imposant, il est seulement « le premier des vingt dieux qui sont nommés comme ayant des fonctions et une protection à exercer à l'égard des autres êtres. On lui donne le titre de roi, faible dédommagement du rang de dieu suprême

---

[1] Page 136

il est stricte observateur des préceptes et sait gouverner la troupe des brahmanes. » — Ici l'arrogance du culte nouveau et triomphant perce à travers les hommages un peu dérisoires qu'il accorde à l'ancienne divinité détrônée par le Bouddha. C'est comme le pacifique royaume du Latium donné au bonhomme Saturne en dédommagement de l'Olympe, où s'assied Jupiter.

Ailleurs le bouddhisme a pactisé moins arrogamment avec le brahmanisme. Il a conservé à la trinité brahmanique son triple rôle de création, de conservation et de destruction ; seulement il a fait émaner les trois grands dieux, Brahma, Vishnou et Siva, ainsi que les dieux inférieurs, du suprême Bouddha. Tels sont les arrangements, et, pour ainsi dire, les traités qu'ont faits ensemble les deux religions. Telles sont les conditions qu'a imposées et les indemnités qu'a octroyées le dieu vainqueur aux dieux vaincus.

Quant au dogme proprement dit, je ferai seulement remarquer qu'il a produit ce qu'il est dans l'essence de tout dogme fécond de produire : l'hérésie. Il est souvent question, dans le voyage de Fa-Hien et dans d'autres livres bouddhiques, des philosophes hétérodoxes. Du temps du Bouddha, il y avait déjà, selon la tradition, quatre-vingt-seize sectes d'hérésie ; les bouddhistes appellent *vues* les diverses opinions des hérésiarques. Parmi elles, on retrouve les spéculations métaphysiques les plus raffinées ; dans toutes

les religions, la métaphysique est la mère de l'hérésie.

Mais arrivons aux légendes sur le Bouddha.

L'histoire réelle du personnage qui a fondé le bouddhisme et lui a donné son nom, est impossible à retrouver sous l'amas de fables dont trente siècles et trente
peuples l'ont surchargée. Jamais la biographie ne fut
plus complétement ensevelie sous la légende. La
science, en rapprochant les traditions indiennes, chinoises, cingalaises, birmanes, japonaises, thibétaines,
tartares, sur l'origine du bouddhisme, a pu seulement
déterminer avec quelque vraisemblance l'époque de
l'apparition du Bouddha, et la fixer vers le milieu du
dixième siècle avant Jésus-Christ. Le voyage de Fa-Hien
confirme cette date, à laquelle d'autres recherches
avaient conduit M. A. Rémusat. Ce voyage change un peu
les idées qu'on pouvait se faire sur le lieu d'où le bouddhisme a commencé à se propager. Il place le berceau
de cette religion dans l'Inde centrale, aux bords du
Gange, tandis qu'on l'avait transporté un peu plus
loin dans le Bihar méridional[1].

Il paraît que le Bouddha est né aux environs d'Aoude,
et, au sud; sa prédication n'a guère passé le Gange.

Voilà à-peu près tout ce que l'on peut dire histori-
quement de ce grand réformateur, dans lequel ses
sectateurs ont vu une incarnation divine, incarnation

----

[1] Introduction, page L.

qui a été précédée et sera suivie d'une infinité d'incarnations du même genre, de milliers d'autres Bouddhas.

De plus, les nombreuses nations qui ont adopté le
bouddhisme ont prêté à son fondateur des aventures
plus extraordinaires les unes que les autres. L'imagination avait un champ presque illimité pour les produire; car le Bouddha a parcouru une série incalculable
d'existences. « Le nombre de mes naissances et de
mes morts, dit-il, ne peut se comparer qu'à celui des
arbres et des plantes de l'univers entier. On ne pourrait compter les corps que j'ai eus. Moi-même je ne
puis énoncer les renouvellements et destructions du
ciel et de la terre que j'ai vus [1]. » Ainsi, on n'eut pas
à rêver seulement une vie, mais des vies innombrables
du Bouddha; et la légende put se multiplier à l'infini
comme le dieu lui-même.

Le Bouddha a une biographie antérieure à sa naissance. Il a commencé par être un homme ordinaire
cherchant la sagesse. Puis, de degrés en degrés, à travers
des millions d'existences, il s'est élevé au rang de bod-
disatva (uni à l'intelligence); il a été roi de l'univers ;
il est monté au ciel de Brahma; il a été Brahma; la
durée de la vie d'un Brahma est de deux régénérations
du monde, ou deux mille six cent quatre-vingt-huit
millions d'années. Il était à la fois un dieu dans le ciel,
et sur la terre un saint roi. Mais dans cet état de

[1] Page 68.

béatitude, le Bouddha est saisi du désir de sauver les hommes... Il veut témoigner sa commisération pour toutes les douleurs, et *faire tourner la roue de la loi* pour tous les êtres vivants [1]. Pour cela, il résout de se faire homme ; il choisit la mère qui doit l'enfanter. C'est une vierge [2], qui concevra en songe d'un saint esprit.

La légende a diversifié de plusieurs manières le sentiment de mélancolie sublime qui saisit le Bouddha à la vue de la misère humaine, et lui fait prendre la résolution de sauver, d'affranchir l'homme de la douleur, c'est-à-dire, dans le point de vue du quiétisme bouddhique, de le tirer de la sujétion des existences changeantes et périssables, soumises aux troubles et à la souffrance, pour l'élever à l'état de repos immuable qui résulte de l'union de l'intelligence avec la substance infinie d'où elle émane.

Le Bouddha dit, dans une légende citée par M. A. Rémusat :

« Les maux qui affligent tous les êtres, les erreurs auxquelles ils sont en proie et qui les écartent de la droite voie, leur chute dans le séjour des grandes ténèbres, les douleurs sans fin qui les tourmentent sans qu'ils aient un libérateur ou un protecteur, leur font invoquer ma puissance et mon nom. Mais leurs souffrances que mon œil céleste me fait voir, que mon

---

[1] Page 71.

[2] Klaproth. Vie de Bouddha. *Journal asiatique*, tome IV, page 15.

oreille céleste me fait entendre, et auxquelles je ne puis porter remède, me troublent au point de m'empêcher d'atteindre à l'état de pure intelligence [1]. »

Ailleurs, la légende raconte comment Sakya-Mouni, le dernier apparu des Bouddhas, le fondateur du bouddhisme actuel, a été amené à sa résolution d'affranchir l'homme et de sauver le monde.

Le Bouddha est fils d'un roi puissant qui, le voyant triste et rêveur lui a donné trois épouses accomplies. Chacune d'elles a vingt mille vierges à son service, toutes d'une exquise beauté et pareilles aux nymphes du ciel. Malgré ces soixante mille femmes, qui toutes s'occupent à le soigner et à l'amuser par leurs concerts, le jeune prince n'ouvre point son âme à la joie. Il est tourmenté du désir de connaître la vraie doctrine ; les ministres de son père conseillent de faire voyager le prince pour le distraire de sa méditation. Mais un dieu qui veut l'y ramener, se place quatre fois devant ses pas, sous un déguisement différent. C'est d'abord sous l'aspect d'un vieillard.

Le prince demande : Qu'est-ce que cet homme ? et ses serviteurs lui répondent : C'est un homme vieux.

---

[1] Le Bouddha, qui se plaint avec tant de grandeur de la tristesse que lui causent les souffrances des êtres, a eu, dans les superstitions populaires de la Chine, une destinée misérable. Elles ont fait de lui une divinité femelle d'un ordre subalterne : et il a fini par donner son nom de Pousa à ces figures arrondies par la base, dont le balancement grotesque a eu parmi nous un succès de vogue, à l'époque des étrennes

Qu'est-ce que c'est que vieux? demande-t-il encore, et
on lui fait une peinture énergique et lugubre des misères de cet homme, « dont les organes sont usés,
dont la forme est changée, qui a le teint flétri, la respiration faible, et dont les forces sont épuisées ; il ne
digère plus ce qu'il mange ; ses articulations se dislo-
quent; s'il se couche ou s'assied, il a besoin des autres;
s'il parle, c'est pour regretter ou pour se plaindre;
le reste de sa vie n'est propre à rien. Voilà ce qu'on
appelle un vieillard. » Le jeune prince, après avoir fait
lui-même quelques réflexions sur la vieillesse qu'il compare à un char brisé, revient plus triste qu'il n'était
parti. « La douleur qu'il avait eue, pensant que tous
étaient soumis à cette grave infortune, ne lui permit de
goûter aucune joie. »

Le prince sort de nouveau. Son père avait défendu
que rien de fétide ou d'immonde se trouvât sur la route.
Mais le dieu qui, d'abord, s'était déguisé en vieillard,
prend cette fois la forme d'un malade gisant au bord
du chemin. « Ses yeux ne voyaient pas les couleurs,
ses oreilles n'entendaient pas les sons, ses pieds et ses
mains cherchaient le vide; il appelait son père et sa
mère, et s'attachait douloureusement à sa femme et à
son enfant. » Le prince demanda : Qu'est ceci? Ses
serviteurs lui répondirent : C'est un malade. Qu'est-ce
qu'un malade? reprit le prince. Ils répondirent :
L'homme est formé de quatre éléments. Chaque élément a cent et une maladies qui se succèdent alterna-

tivement. Suit une peinture de l'état de maladie. Le prince réfléchit que lui-même peut être semblable à ce malheureux ; il pense à la triste condition des hommes, et il s'écrie : « Je regarde le corps comme une goutte de pluie ; quel plaisir peut-on goûter dans le monde ? »

Un autre jour, le dieu se changea en un homme mort qu'on portait hors de la ville. Le prince demanda : Qu'est-ce que cela ? Les serviteurs lui répondirent : C'est un mort. Qu'est-ce qu'un mort ? reprit le prince. Ici, un horrible tableau des suites physiques de la mort. Le prince poussa un long soupir, prononça quelques vers mélancoliques, et s'en revint à son palais, considérant tristement que tous les êtres vivants étaient soumis aux tourments et aux douleurs de la vieillesse, de la maladie et de la mort. Il en était tellement attristé, qu'il ne mangeait plus.

Enfin, le dieu se déguise en religieux, et révèle au prince la vraie doctrine, par laquelle on s'élève au-dessus des misères de la vie et des vicissitudes de l'être, en supprimant les désirs, et en atteignant, par la quiétude, à la simplicité du cœur. Quand un homme est parvenu à ce point d'abnégation, les sons et les couleurs ne peuvent le souiller, les dignités ne peuvent le fléchir ; il est immobile comme la terre, il est délivré de l'affliction et de la douleur, et il obtient le salut par l'extinction.

Telles sont les quatre initiations par lesquelles cette

curieuse légende conduit le fondateur du bouddhisme
à l'absorption suprême, morne refuge offert par cette
religion contemplative et mélancolique contre l'agitation, la douleur, la mortalité, essence de la vie.

Dans la suite de la légende, le dieu emploie un autre
moyen pour éclairer le Bouddha sur la misère des êtres
vivants. Les ministres du roi, voulant toujours distraire
le jeune prince, proposent de lui faire voir les travaux
de l'agriculture. « Le prince considérait ceux qui la-
bouraient; en creusant la terre, on en fit sortir des
vers... Un corbeau vint les becqueter et les mangea.
Le dieu fit aussitôt paraître un crapaud qui les poursuivit et les avala; puis un serpent à replis tortueux
sortit d'un trou et dévora le crapaud; un paon s'abattit
en volant et piqua le serpent : un faucon se saisit du
paon et le dévora; un vautour fondit sur le faucon à
son tour, et le mangea. »

Le Bouddha est ému de compassion en voyant que
tous les êtres vivants s'entre-dévorent ainsi, et ce mouvement de pitié l'élève à son premier degré de contemplation.

Enfin, de peur qu'il n'hésite encore à se séparer du
monde, les dieux appellent l'esprit de satiété dans son
palais. Tandis qu'on dormait, toutes les parties du
palais furent changées en tombeaux; les femmes du
prince et leurs suivantes changées en cadavres, dont
les ossements étaient dispersés. Le prince, voyant les
salles du palais changées en tombeaux, et, parmi ces

tombeaux, les oiseaux de proie, les renards, les loups, les oiseaux qui volent et les bêtes qui marchent; voyant que tout ce qui existe est comme une illusion, un changement, un songe, une voix, que tout retourne au vide, et qu'il faut être insensé pour s'y attacher, fait seller son cheval, et va dans la solitude et la contemplation s'affranchir des douleurs des trois mondes.

Dans ces légendes poétiques et populaires respirent les deux sentiments qui ont inspiré le bouddhisme, une profonde commisération pour la souffrance universelle des êtres, et par suite une aversion quiétiste pour la vie, un besoin immense d'échapper aux troubles de l'existence, de se plonger, de se noyer dans l'océan de l'infini, pour ne plus sentir à la surface l'agitation des flots.

Ce qui se rapporte à la conversion du Bouddha, est la partie de la légende qui caractérise le mieux la doctrine de son héros. Mais il est beaucoup d'autres récits intéressants mentionnés dans la relation du voyageur chinois, ou rapportés dans les notes des éditeurs. Telle est la naissance merveilleuse du Bouddha, issu d'une vierge, événement salué par les dieux, les génies, les prêtres des autres religions, enfin par tous les êtres; telles sont les tentations de diverses natures auxquelles il fut exposé, tantôt par les charmes des trois filles de Jaspe, qui voulaient le troubler dans sa solitude, et que d'un mot il changea en vieilles femmes, de sorte, dit la légende, qu'elles furent obligées

de se servir de bâtons pour retourner d'où elles étaient
venues ; tantôt de la part d'un mauvais esprit son ennemi, qui, à la tête de dix-huit cent mille démons,
s'efforce de l'épouvanter par ses prestiges. Ici plusieurs
détails rappellent la tentation de saint Antoine. « Ces
démons prirent la forme de lions, d'ours, de rhinocéros, de tigres, d'éléphants, de bœufs, de chevaux, de
chiens, de porcs et de singes ; on en voyait qui
avaient des têtes d'animaux sur des corps humains,
d'autres qui avaient des corps de serpents venimeux et
des têtes de tortue à six yeux ; il y en avait à plusieurs
têtes avec des dents et des griffes crochues ; ils por-
taient des montagnes sur le dos, faisaient sortir de
leur bouche du feu, des tonnerres et des éclairs. » Ne
dirait-on pas que Fa-Hien connaissait Callot?

Enfin la mort du Bouddha, c'est-à-dire son absorption dans l'essence absolue ou le vide infini, est une
circonstance dont le souvenir revient plusieurs fois
dans le récit de Fa-Hien, dont la légende s'est em-
parée, qu'elle a entourée de merveilleux et de poésie,
enfin que l'art a reçue de ses mains, et a traitée à son
tour avec un certain grandiose peu ordinaire en ces
contrées. J'ai vu à Leyde le tableau japonais de la
mort du Bouddha, dont M. Siebold a donné la gravure
dans son ouvrage sur le Japon, et j'ai été frappé du
caractère de majestueuse tristesse, de recueillement
douloureux, empreint sur toute cette composition,
dans laquelle les dieux, les hommes, les animaux, la

nature entière, entourent d'un deuil universel le cadavre du sauveur des mondes.

Tous les pays où le bouddhisme s'est établi, offrent des traces de la présence de son divin fondateur et des merveilles qu'il a opérées. On montre l'empreinte de son pied dans une foule de lieux; la plus célèbre est celle de Ceylan, où des chrétiens peu éclairés ont cru voir un vestige de la présence d'Adam. Souvent ces traditions locales sont extrêmement puériles[1]; mais il en est aussi de touchantes, il en est qui expriment d'une manière naïve le sentiment d'humanité, qui est le plus beau trait de la morale bouddhique et de la vie légendaire du Bouddha.

Ainsi, sans être un pèlerin croyant comme Fa-Hien, on pourrait être ému en voyant le lieu où le Bouddha, fuyant ses ennemis et abandonnant son royaume, trouva un pauvre brahmane qui demandait l'aumône. Ayant perdu son royaume et son rang, n'ayant plus rien, il commanda qu'on le liât lui-même et qu'on le livrât au roi son ennemi, afin que l'argent qu'on donnerait pour lui servît d'aumône.

Et remarquez que le mendiant pour qui le Bouddha se dévoue ainsi, est un brahmane, c'est-à-dire appartient à la caste des persécuteurs et des persécuteurs quelquefois atroces du bouddhisme. Le bouddhisme,

---

[1] Telle est celle de l'ermite du grand arbre, qui maudit quatre-vingt-dix-neuf femmes, lesquelles au même moment devinrent toutes bossues.

dans une pareille légende, se montre supérieur à la division des castes, et aux représailles de la vengeance. Il dit à sa manière : Faites du bien à ceux qui vous persécutent.

Une foule d'actes que la légende attribue au Bouddha, expriment, sous une forme souvent bizarre, son dévouement universel, son inépuisable amour pour tous les êtres. Il fait l'aumône de ses yeux, l'aumône de sa tête, il livre son corps à un tigre qui mourait de faim pour lui sauver la vie[1].

L'histoire du pot d'or de Foë, que « de pauvres gens parviennent à remplir avec quelques fleurs, tandis que des gens riches qui apporteraient des fleurs en offrandes, pourraient en mettre mille ou dix mille grandes mesures sans jamais parvenir à le remplir; » cette histoire gracieuse est presque aussi touchante que notre vieille légende française du *Barizel*, ce baquet merveilleux que n'avaient pu remplir tous les fleuves, toutes les fontaines, toutes les mers, mais qu'une larme de repentir comble et fait déborder.

En général, la morale bouddhique respire une mansuétude et une tendresse qui embrasse tous les hommes et s'étend jusqu'aux animaux. Cette charité peut-être extrême les considère aussi comme le prochain de l'homme. Du reste, elle prescrit toutes les œuvres de miséricorde et d'humanité. Grâce au boud-

____

[1] Page 75.

dhisme, la peine de mort était abolie vers le temps d'Attila, dans le pays occupé aujourd'hui par les féroces Afhgans. Le jugement de Dieu y était en vigueur, mais sous une forme bénigne. Il ne s'agissait point de saisir un fer rouge, ou de passer à travers la flamme d'un bûcher, comme dans les anciennes mœurs de l'Inde et de l'Europe ; quand deux personnes avaient une contestation, elles prenaient médecine ; le crime avait infailliblement la colique et l'innocence ne s'en portait que mieux.

Un roi barbare avait voulu établir un enfer dans ses états ; mais un mendiant bouddhiste le convertit, il obtint la foi, et détruisit son enfer. Bizarre inconséquence de l'esprit de charité, car le bouddhisme a deux enfers, et dans chacun seize étages de tourments. Les âmes criminelles les traversent tous successivement. Au reste, c'est plutôt un affreux purgatoire qu'un enfer proprement dit ; car la doctrine de la transmigration des âmes et de la succession des existences a du moins sauvé le bouddhisme du dogme de l'éternité des peines.

Du reste, plusieurs des supplices créés ou reproduits par l'impitoyable imagination de Dante se trouvent dans l'enfer bouddhique. Tels sont le sable brûlant, les chaudières, les crocs, le bain de sang, les glaives qui percent ou tailladent ; là aussi il y a des damnés qui, comme Philippo Argentieri, déchirent leur propre chair avec leurs ongles, *a brano a brano*. Il y a le

supplice du froid après le supplice du feu. C'est une
consolation de penser que ces atroces imaginations,
qui ont épouvanté tant de pauvres âmes, ne peuvent
se varier beaucoup, et que leurs auteurs, qu'ils écrivent en Orient ou en Occident, retombent forcément
dans les mêmes combinaisons de tourments. C'est un
soulagement analogue à celui qu'on éprouve en son-
geant que la cruauté qui inflige des supplices réels ne
saurait non plus passer une certaine limite de douleur,
et que tout ce qu'elle invente et accumule au delà est
perdu, grâce au ciel, et ne porte pas.

Quel contraste entre les horreurs que je viens de
retracer et les préceptes humains du Bouddha, l'atten-
drissement sympathique et le dévouement sublime
empreint dans sa légende ! Ce contraste, au reste, n'est
pas plus grand que celui que forme cette poésie dan-
tesque, expression du catholicisme du treizième siècle,
avec le sermon sur la Montagne.

Si on avait besoin de prouver la bienfaisante influence du bouddhisme sur les mœurs et les institutions, il suffirait d'extraire de cette relation un passage
où il est question de l'établissement de véritables hôpitaux dans la capitale du Magadha, où le bouddhisme est
représenté comme florissant et recevant les hommages
même des brahmanes. « Les délégués que les chefs du
royaume entretiennent dans la ville, y ont établi chacun une *maison de médicaments du bonheur et de la
vertu;* les pauvres, les orphelins, les boiteux, enfin

tous les malades des provinces vont dans ces maisons, où on leur donne tout ce dont ils ont besoin. Les médecins y examinent leurs maladies; on leur sert à boire et à manger selon les convenances, et on leur administre des médicaments. Tout contribue à les tranquilliser. Ceux qui sont guéris s'en vont d'eux-mêmes. »

Les ordres mendiants, qui ont joué un si grand rôle au moyen âge, ne sont point une invention du treizième siècle. Saint François d'Assise avait été devancé de plus de mille ans par les saints mendiants du bouddhisme, qui eux-mêmes avaient eu des devanciers au sein de l'antique religion des brahmanes. Il y a aussi chez les bouddhistes des religieuses mendiantes. Bien que le Bouddha ait fait d'abord quelque difficulté d'admettre les femmes à la vie religieuse, il finit par y consentir, en les soumettant entièrement aux religieux. Les observances qui sont imposées aux mendiants des deux sexes ne laissent rien à désirer pour la rigueur de l'abstinence qu'elles prescrivent. Une de ces règles a été dictée par ce sentiment de charité universelle qui s'étend jusqu'aux animaux. « Les aliments que le mendiant a obtenus seront divisés en trois portions : une portion sera donnée à la personne qu'il verra souffrir de la faim ; une autre sera portée dans un lieu désert et tranquille, et déposée sur une pierre pour les oiseaux et les bêtes. »

Les monastères bouddhiques semblent, à plusieurs

égards, calqués sur les monastères chrétiens. Cette ressemblance s'étend même jusqu'à des coïncidences minutieuses et fortuites. On sait que les moines, au moyen âge, exprimaient ce qu'ils étaient dans la nécessité de se communiquer, au moyen de signes semblables à ceux qu'emploient les sourds-muets. Les moines bouddhistes que visita Fa-Hien s'étaient avisés du même expédient pour éluder la loi du silence.

« Quand ils entrent dans le réfectoire, ils ont une contenance grave et posée; ils s'asseyent, chacun à son rang, avec ordre et en silence; ils ne font pas de bruit avec leurs bassins et leurs autres vases. Ces hommes purs ne se permettent pas de s'appeler les uns les autres quand ils mangent, mais ils se font des signes avec les doigts. » Ne semble-t-il pas voir des capucins entrer au réfectoire et prendre silencieusement leur repas?

Dans le pays de Kie-Tcha, selon notre voyageur, la nature est si attentive aux besoins des religieux, que le temps change et devient froid dès qu'ils ont reçu leurs provisions. A quoi servirait, en effet, le soleil, quand les religieux n'en ont plus besoin? Mais le roi du pays, qui est un prince avisé, a soin qu'ils ne reçoivent cette provision annuelle qu'après que tout le grain du pays est parvenu à sa maturité. On assure ainsi la durée du beau temps, qui ne se permettrait pas de cesser avant la récolte des moines.

Ailleurs Fa-Hian dit, en parlant des rois bouddhistes

de l'Inde : « Lorsqu'ils rendent hommage aux religieux, ils se dépouillent de leur tiare ; eux et les
princes de leur famille, ainsi que leurs officiers, leur
présentent les aliments de leurs propres mains. Quand
ils les ont présentés, ils étendent un tapis par terre,
évitant de se placer en face sur un siége. En présence
des religieux ils n'oseraient s'asseoir sur un lit... Les
rois, les grands, les chefs de famille ont élevé des cha-
pelles en faveur des religieux. Ils leur ont fourni des
provisions et fait donation de champs et de maisons,
de jardins et de vergers, avec les fermiers et les bes-
tiaux pour les cultiver. L'acte de ces donations était
tracé sur le fer, et aucun des princes qui vinrent ensuite ne se serait permis d'y porter la moindre atteinte. »

Si les lignes qui précèdent n'étaient textuellement
traduites du chinois, on croirait entendre un chroni-
queur du moyen âge vantant l'humilité respectueuse
des princes dévots en présence des religieux et leur
libéralité envers les monastères. Le monachisme a,
dans le principe d'association et de perpétuité qui le
constitue, une force d'absorption qui, au sein des circonstances les plus diverses, a dû produire les mêmes
résultats.

Plusieurs des pratiques de dévotion usitées dans les
couvents bouddhiques rappellent des pratiques mona-
cales ou ecclésiastiques de l'Europe. Le chapelet y est
fort en vogue ; les cloches y retentissent jour et nuit.

Chaque monastère a des reliques du Bouddha. Ici c'est une de ses dents, là un os de son crâne ; c'est son bâton, son manteau, sa marmite ; la plus étrange des reliques du Bouddha, c'est son ombre[1]. Il y a même quelque trace de la confession[2]. Aucune des observances machinales qu'on a pu reprocher à l'ascétisme matériel de l'Espagne et de l Italie n'approche de l'usage singulier des roues à prières. On colle sur ces roues ou cylindres des morceaux de papier sur lesquels sont écrites diverses oraisons. Au lieu de réciter les oraisons, on tourne la roue, et cette opération compte aux assistants comme s'ils eussent récité la prière. C'est prier à tour de bras. Ce que ne dit pas Fa-Hien, c'est que, dans certains endroits, on a tellement simplifié le travail, que les roues en question tournent par l'effet d'un poids suspendu comme un tournebroche, ou du vent, comme les moulins. Ces dévots sont pour la prière comme était pour la danse cet envoyé persan qui, dans un bal, s'émerveillait de ces gens qui dansaient *eux-mêmes*... Eux aussi ont trop de la superbe apathie orientale pour prier eux-mêmes. Les chanoines du *Lutrin*, qui faisaient louer Dieu par des chantres gagés, n'y entendaient rien en comparaison On n'a pas besoin de gager une roue ; il ne faut qu'un poids de dix livres ou un souffle de vent pour édifier tout le peuple. Certes les bons pères des *Provinciales*,

---

[1] Pages 86-87.
[2] Page 112.

malgré leur grande science, n'ont jamais porté à cette perfection l'art de la *dévotion aisée*. Il ne manque à cette sublime invention bouddhique que l'application de la machine à vapeur ; mais les Anglais sont dans l'Inde, et il ne faut désespérer de rien.

Tous ces rapprochements, les uns tenant à la nature des idées, les autres accidentels et fortuits, se présentent d'eux-mêmes à ceux qui passent de l'étude du christianisme à l'étude de la religion du Bouddha. En signalant quelques-uns des plus frappants, mon intention était surtout de faire sentir au lecteur l'importance de cette publication, et, en général, de tout ce qui peut, comme elle, éclairer l'histoire du bouddhisme. Il faut qu'on s'accoutume à donner une grande place dans l'histoire de la civilisation à cette doctrine, dont le nom était ignoré il y a un siècle ; et il faut qu'elle prenne son rang à côté des grandes religions qui ont si puissamment influé sur les destinées humaines. Traditions vénérables par leur antiquité, et puissance réformatrice, action morale et politique, théâtre immense et varié, profondeur de doctrine et richesse de fiction, église organisée, monachisme innombrable, pratiques touchantes et superstitions bizarres, rien ne lui manque de tout ce qui peut solliciter cette curiosité qui se plaît à étudier les grands et compliqués phénomènes de l'esprit humain. On ne peut nier que son histoire n'offre un certain parallélisme avec l'histoire de la religion chrétienne. Comme celle-ci, le bouddhisme

s'est détaché d'une religion antérieure, par rapport à
laquelle il a été un immense progrès. Il a proclamé
aussi que tous étaient appelés; il a foulé aux pieds
dans l'Inde, à la face du brahmanisme, les divisions de
castes, de races, de pays; il a adouci les mœurs des
nations barbares, et il a prêché la charité pour les
hommes et la pitié pour les animaux; il a prescrit et
pratiqué la tempérance, la chasteté, l'humilité, la pauvreté, comme le christianisme primitif. Il a fondé une
multitude de couvents pour les deux sexes; il a reçu
des donations, il a propagé le culte des reliques et des
images, il a multiplié à l'infini les pratiques dévotes
et les légendes, comme le christianisme du moyen
âge. Enfin, pour compléter la ressemblance extérieure
des deux religions, le bouddhisme a eu son pape. Le
lama du Thibet a été un chef spirituel, ayant des pos-
sessions temporelles, et reconnu par une grande portion des nations bouddhiques; et tout cela dure encore,
et à l'heure qu'il est, en Chine, au Japon, au Thibet,
dans les steppes de la Tartarie, plus de quatre cents
millions du nos semblables croient à la doctrine et
pratiquent le culte du Bouddha.

Mais sous ces analogies, qu'on ne m'accusera pas
de déguiser, que peut-être on me reprochera tout
aussi injustement de faire trop ressortir, se cache une
différence profonde, radicale, dont les conséquences
se retrouvent partout dans les deux religions, la différence du théisme au panthéisme. Le Christ est le fils

de Jéhovah. Le christianisme a reçu du judaïsme la notion du Dieu auquel nous croyons, du Dieu vivant, du Dieu fort, du Dieu bon, c'est-à-dire du Dieu libre, du Dieu créateur, du Dieu aimant; et le christianisme a été une religion de liberté, d'action et d'amour. Le bouddhisme au contraire, qui n'a pu se dégager du vieux panthéisme indien, au sein duquel il a pris naissance, le bouddhisme n'a jamais connu d'autre dieu qu'un dieu mort; car il est sans individualité, sans conscience de son être; un dieu soumis à la fatalité, car le monde émane nécessairement de son sein; un dieu qui n'aime point, car il n'y a pour lui ni mauvais ni bon; lui-même ne peut être dit bon ou mauvais, chaque distinction se perdant au sein de sa ténébreuse et indiscernable unité. Aussi toute la tendance morale du bouddhisme s'en est ressentie. Les vertus actives qu'il prescrit, n'ont été considérées que comme des degrés inférieurs conduisant à une perfection plus haute; et cette perfection a été l'anéantissement de l'activité humaine. La fin suprême de l'homme a été de perdre le sentiment de son moi, de renoncer à sa liberté, de s'élever au-dessus des affections les plus pures, au-dessus de la distinction du bien et du mal, d'arriver à un état où la différence de l'être et du non-être elle-même disparût, où il ne restât plus, comme le disent les bouddhistes, que le *vide*. Et ainsi cette religion, qui, à son point de départ, s'adressait aux meilleures tendances de la nature humaine, et se ren=

contrait avec le christianisme, entraînée par l'idée
panthéistique qui la domine, n'a pas plus échappé que
les autres religions de l'Inde aux conséquences de cette
idée, aux extravagances du quiétisme oriental; s'élevant de sphère en sphère par tous les degrés de la contemplation, elle s'est précipitée à travers les cieux
dans un abîme. Le bouddhisme a tenté ce que saint
Irénée reprochait aux gnostiques, quand il leur disait :
« Vous avez voulu dépasser Dieu ! »

[Le travail d'Abel Rémusat, fort important par l'époque où il par t
a été complété et rectifié par tous les travaux postérieurs. Pour co n-
naître le Bouddhisme, il faut lire entre autres ouvrages ceux d Eugène Burnouf et ceux de M S anislas Julien. On trouvera un resume
de nos connaissances actuelles sur le Bouddhisme dans le livre de
M. Barthélemy Saint-Hilaire intitulé . « Le Bouddha et sa religion »]

DU THÉATRE CHINOIS

C'est Voltaire qui, le premier, a fait connaître l'existence du théâtre chinois, en puisant le sujet ou plutôt l'idée de son *Orphelin* dans un drame incomplétement traduit par le P. Prémare et publié par le P. Duhalde. A cela près, les missionnaires ne se sont point occupés de cette portion curieuse d'une littérature dans laquelle ce qui ne pouvait servir leurs desseins n'intéressait malheureusement pas assez leur curiosité. Depuis, M. Davis, établi à Canton, a publié en anglais deux pièces chinoises, mais sans s'astreindre beaucoup plus rigoureusement que le P. Prémare à une complète exactitude, et bien souvent sans traduire les morceaux versifiés et chantés, qui sont entremêlés avec le dialogue, morceaux qui, au dire des critiques chinois, forment la principale beauté de ce genre d'ouvrages. Ceux qui se dispensaient de cette partie de leur tâche, incomparablement la plus difficile, alléguaient l'impossibilité de comprendre les allusions fréquentes de la poésie chinoise à des faits, des usages, des superstitions que nous ignorons, et trouvaient d'excellentes raisons pour ne pas regretter ce qu'ils n'avaient pu traduire. Mais cette impossibilité prétendue et ces raisons suspectes n'ont point empêché un de nos compatriotes de faire, à Paris, sans autres secours que son étonnante connaissance de la langue, ce que M. Davis n'avait pas cru devoir tenter. M. Stanislas Julien, le premier, a publié un drame chinois traduit dans son entier, la partie poétique aussi bien que le dialogue en prose. Il a en outre retraduit l'*Orphelin de Tchao*, en y joignant les passages en vers, supprimés par le P. Prémare. Enfin, un de ses élèves les plus distingués, M. Bazin aîné, vient de publier un volume qui ne contient pas moins de quatre ouvrages dramatiques choisis dans des genres différents. On possède donc maintenant huit pièces chinoises, dont six exactement traduites, et l'on peut commencer à se faire une idée du théâtre de cette nation singulière, qu'on a coutume d'oublier dans les systèmes et les formules d'histoire universelle ; quantité qu'on peut négliger en effet, car il ne s'agit que de quarante siècles et de quatre cents millions d'hommes ; exception sans importance, car ce n'est après tout que la moitié de l'humanité civilisée.

Le genre dramatique est particulièrement propre à faire connaître l'état moral et social d'un temps ou d'un peuple; il échappe mieux que tout autre au principal inconvénient des littératures vieillïes, aux caprices de l'individualité. Quand on compose une pièce de vers, on peut jusqu'à un certain point se soustraire à l'action de son siècle et peindre d'après sa fantaisie un monde imaginaire et parfois exceptionnel; mais ce que beaucoup d'hommes réunis doivent voir ensemble est nécessairement accommodé à leur manière de sentir. L'auteur dramatique et le public sont en présence, en contact; le second agit sur le premier, comme l'auditoire agit sur l'orateur. Aussi la littérature dramatique est-elle l'expression la plus fidèle des sociétés avancées, de même que l'épopée est celle des sociétés primitives. L'humanité, à son premier âge, se mire dans le paisible océan de la légende; plus tard elle se réfléchit dans le torrent troublé du drame.

En attendant qu'on puisse librement visiter la Chine, un des meilleurs moyens de la connaître, c'est d'étudier son théâtre. Des ouvrages composés par les Chinois et pour eux ne peuvent nous tromper sur leur compte; le portrait dans lequel ils se reconnaissent doit être ressemblant.

Un inconvénient et aussi un avantage du théâtre chinois, c'est d'être en dehors de la littérature classique; de là résulte qu'il en est très-rarement question dans les ouvrages historiques, si abondants en détails littéraires d'une autre nature. Tandis que des pages nombreuses sont consacrées au moindre commentaire des Kings, à peine fait-on une mention rapide des pièces de théâtre et des romans. Mais aussi ces compositions ont pour nous le mérite d'avoir échappé au moule d'uniformité pédantesque dans lequel a été jetée la portion la plus considérable de la littérature chinoise. Les doctes dédaignent des ouvrages qui sont écrits comme on parle; mais ce n'est pas pour nous une raison de les mépriser. Un savant du quinzième siècle se serait gardé de citer les *soties* populaires de son temps, et combien de volumes de scholastique ne donnerions-nous pas cependant pour la farce de *l'Avocat Patelin* !

Les Chinois ont la passion du théâtre; les représentations dramatiques font partie de toutes les fêtes, de tous les divertissements. La réception des ambassadeurs est accompagnée de scènes exécutées sur le théâtre impérial. La ville seule de Pékin compte, pendant que la cour y réside, sept cents troupes d'acteurs : chacune est composée de huit ou dix personnes soumises au directeur, et presque ses esclaves. Les particuliers opulents font jouer des pièces devant eux pendant leurs repas, comme le faisaient les Romains dans les derniers temps de l'empire. Ceux qui sont moins riches se cotisent, dans chaque quartier, pour avoir deux fois par an une sorte de théâtre public qui dure six ou huit jours. Enfin, cette population misétable, qui vit sur les fleuves et n'a pas de domicile terrestre, forme dans son sein des comédiens et a son théâtre flottant. Cette passion si vive et si universelle pour les plaisirs de la scène est le signe d'une civilisation très-avancée et très-répandue; ces plaisirs sont des plaisirs raffinés que les peuples barbares ne sont pas capables de goûter, et qui restent les derniers aux peuples déchus.

Partout l'art dramatique a commencé par des troupes ambulantes, depuis le chariot de Thespis jusqu'aux pèlerins qui jouaient les mystères. Le moment où les acteurs deviennent sédentaires, où un local leur est attribué, est un moment décisif dans leur existence. Le théâtre commence véritablement quand il cesse d'être errant et mobile pour devenir stable et fixe. Alors seulement il y a une scène; avant, il n'y a que des tréteaux.

Le drame chinois, il faut l'avouer, en est encore à cette première période. Il n'existe pas en Chine de *salle de spectacle*; pourtant l'empereur a un théâtre dans son palais; mais, comme on pense, il n'est point public, il est destiné seulement aux représentations qui ont lieu en présence du souverain pendant les festins et les audiences. Ce théâtre fait partie de la décoration et du mobilier impérial.

Toutes les troupes d'acteurs courent donc le pays [1],

---

[1] Dans le fragment du *San-koue-tchi*, roman historique chinois, traduit par M. Julien, il est dit (page 147) d'une jeune fille que, dès

s'arrêtant là où elles espèrent faire quelque profit. Les unes pénètrent dans les maisons des riches, et sont admises à y faire preuve de leurs talents, pendant ou après le repas. Le chef des comédiens vient s'agenouiller devant le maître de la maison, et lui présente la liste des personnages de la pièce qu'on va jouer, de peur que le nom d'un brigand ou d'un niais ne se trouve être le même que celui d'un des convives; auquel cas, la pièce est remplacée par une autre. L'urbanité chinoise est prévoyante, et pense à prévenir toutes les circonstances qui pourraient blesser un hôte. Ou bien la troupe s'établit sur une place publique : le théâtre est tôt dressé; quelques planches posées sur des poteaux de bambou, quelques rideaux de coton en guise de coulisse, il n'en faut pas davantage pour assembler un grand nombre de spectateurs et former un parterre en plein vent.

On trouve donc chez les Chinois ce que M. Magnin appelle un théâtre aristocratique et un théâtre populaire. Le Hollandais Van-Braam parle de la difference de ces deux théâtres. Les pièces qui ont la première de ces destinations sont plus touchantes, plus sentimentales; les autres, plus grossières et plus bouffonnes. La musique est, dans un cas, pleine de dou-

son enfance, elle avait été admise parmi les comédiennes du ministre Wang-Yun. Cela donnerait l'idée que le ministre avait une troupe de comédiens à lui. Mais peut-être comédienne est ici pour danseuse, chanteuse, et n'indique pas précisément une actrice dramatique

cœur, et, dans l'autre, ce n'est qu'un tintamarre ef-
froyable et discordant. Quant au théâtre hiératique
ou sacerdotal, nous n'en voyons pas trace ; c'est qu'il
n'y a pas en Chine de religion de l'État et de clergé
véritable.

M. Medhurst[1] a bien vu dans le Chan-tung un
théâtre adossé à un temple bouddhique ; mais cette
association ne tenait à aucune intention religieuse ; car
les temples servent fréquemment aux réunions des
magistrats, et même font l'office d'auberges ou de ca-
ravanserails, pour loger les voyageurs.

L'origine du drame populaire doit remonter à une
très-haute antiquité. Les comédiens furent chassés de
l'empire, dit l'histoire chinoise, dans le dix-huitième
siècle avant Jésus-Christ. Dans le discours d'un ministre célèbre, sous la dynastie des Tcheou (de 1112 à
249), se trouvent ces paroles : « Le roi sait gouverner,
quand il laisse aux poëtes la liberté de faire des vers,
qu'il permet à la *populace de jouer des pièces*, aux
historiens de dire la vérité, aux ministres de donner
des avis, aux pauvres de murmurer en payant l'im-
pôt, aux étudiants de répéter tout haut leurs leçons,
aux peuples de parler politique, et aux vieillards de
trouver à tout des inconvénients. »

Voilà donc, à cette époque reculée, la liberté de la
scène populaire recommandée aux souverains et ran-

----

[1] *China,* page 401.

gée parmi les droits de franchises que l'usage assure
parfois aux sujets d'un état despotique, la liberté des
avis, des murmures et des chansons.

Il paraît qu'une rénovation s'opéra dans l'art dramatique, au septième siècle de notre ère, sous la glorieuse dynastie des Thâng, l'âge d'or, l'ère classique de
la poésie chinoise. L'empereur Hiouen-hong, qui avait
créé dans son palais une académie de musique, et
donnait lui-même des leçons aux trois cents élèves qui
la composaient, fit exécuter en sa présence des pièces
appelées *yo-kio* par des musiciens des pays barbares,
c'est-à-dire étrangers. Serait-il trop téméraire de voir
dans les *yo-kio* les *nakyas*, drames de l'Inde? L'altération
du nom indien n'offre rien d'extraordinaire. Les Chinois
de Canton ont bien fait *pidgeon* du mot anglais *busi-
ness*[1]. Mais ce que nous connaissons du théâtre indien
est trop différent du théâtre chinois pour qu'on puisse
admettre une influence considérable du premier sur le
second. Si cette influence a existé, elle a dû se borner à
la portion musicale des pièces; car la musique fait partie intégrante des drames chinois. Dans ces drames, l'air
de chaque morceau chanté est indiqué avec soin. Les
Chinois attachent une grande importance à cet art;
pour eux, il est lié à la morale et à la politique, et sous
l'empereur Chun, vingt siècles avant Jésus-Christ, il y
avait déjà un surintendant de la musique.

---

[1] *Fanqui in China*, tome II, page 295.

Les acteurs ont toujours été classés avec les chanteurs, et aussi avec les bouffons, les faiseurs de tours. C'est exactement l'acception complexe du mot *histriones*, au temps de la décadence latine. Dans toutes les relations des voyageurs, les plaisirs de la scène sont associés à des amusements plus grossiers, aux bouffonneries des mimes et aux tours d'adresse des bateleurs. Pendant les audiences que l'empereur donne aux ambassadeurs étrangers, ces sortes de divertissements ont lieu simultanément : ce qui montre le peu d'estime qu'on fait de l'art dramatique.

Et il ne s'agit pas ici des pièces écrites pour la rue, il s'agit du spectacle de la cour, par conséquent de tout ce qu'il y a de plus relevé dans l'art. Il faut donc reconnaître que le théâtre est peu estimé à la Chine. Les philosophes se sont prononcés contre lui à diverses époques, comme Rousseau a écrit sa lettre sur les spectacles, et avec le même succès.

La condition des comédiennes est assimilée par la loi à celle des courtisanes. Du reste, depuis que l'empereur Kien-long a pris pour épouse du second rang une artiste, tous les rôles de femmes sont remplis par des hommes, comme ils l'étaient dans l'antiquité, et comme ils le furent sur le théâtre anglais jusqu'en 1660, quarante-quatre ans après la mort de Shakspeare.

On cite parmi les traits qui déshonorèrent l'empereur Tchoang-song, au dixième siècle, d'avoir donné sa confiance à un acteur nommé King-tsin, qui était *son œil et son oreille*, et auquel les plus grands mandarins cédaient la place en présence du prince.

Les renseignements que nous possédons sur le théâtre chinois semblent donc assez contradictoires. Il est évident d'abord que le théâtre en Chine est frappé d'une sorte de défaveur par la classe dominante, celle qui tient la place qu'occupent ailleurs l'aristocratie et le clergé, et qui est en même temps toute l'*administration*, la classe des lettrés. Cependant ce sont des lettrés qui ont écrit les pièces jusqu'ici traduites. Quelques-unes, qui ne le sont pas encore, le *Pi-pa-ki* et le *Si-siang-ki*, passent pour des chefs-d'œuvre d'élégance, et font les délices des esprits cultivés.

Peut-être ces assertions diverses se restreignent seulement, au lieu de se contredire. En attendant des documents plus complets sur le théâtre chinois, il faut recueillir et noter tout ce que nous en pouvons connaître; il faut surtout se garder de supprimer un fait qu'un autre paraît exclure. Une étude attentive peut concilier deux dépositions qui ne s'accordent pas. Il n'est pas permis de simplifier un procès en supprimant un des témoignages.

Du reste, on ne doit pas confondre des pièces telles que celles qui ont été traduites, dont le ton est décent, le sujet grave et souvent pathétique, qui sont entremêlées de morceaux en vers, récités ou chantés, et qui décèlent dans les auteurs une certaine connaissance de l'histoire, de la philosophie, de la poésie chinoises, avec les pantomimes grossières, les bouffonneries grotesques dont plusieurs voyageurs ont été témoins. Les huit pièces traduites sont toutes tirées d'une collection considérable, formée sous la dynastie mongole des Youen. On sait que l'art dramatique a été cultivé sous cette dynastie par des hommes instruits, car on possède la liste de quatre-vingt-un lettrés, auteurs de quatre cent quarante-huit pièces de théâtre. Il faut y joindre les onze pièces composées par quatre courtisanes célèbres, car M. Bazin nous apprend, dans sa préface, que les *courtisanes savantes* doivent connaître la musique vocale, la danse, la flûte, la guitare, l'*histoire* et la *philosophie*. La seconde pièce, traduite par M. Bazin, qui est l'œuvre de la fameuse Tchang-koue-pin, n'est pas d'un ton moins relevé que celles qui ont été composées par des lettrés, et la morale n'en est pas moins pure.

.Ainsi, ce qu'on trouve dans les récits des voyageurs s'applique souvent à un autre ordre de divertissements scéniques, dont il faut indiquer ici l'existence et dire un mot pour compléter le tableau du théâtre chinois, auquel n'appartiennent pas seulement les pièces plus régulières dont nous parlerons, mais encore toutes sortes de représentations bizarres et de pantomimes souvent monstrueuses.

Ainsi, pour fêter la naissance de l'empereur, la terre et l'océan parurent sur la scène : l'un et l'autre avaient

pour cortége divers produits terrestres ou marins, des
baleines, des dauphins, des rochers, etc. Ces singuliers
personnages étaient représentés par des acteurs dé-
guisés de manière à produire cette singulière illusion.
Après un grand nombre d'évolutions, une baleine vint
se placer en face de la loge impériale et vomit plusieurs tonnes d'eau sur le théâtre. L'idée était plus
bizarre qu'ingénieuse. Ce genre de divertissement
suppose une certaine habileté dans les procédés mécaniques. Un drame muet, encore plus curieux, offrit
la mise en scène d'une éclipse selon les idées chinoises, c'est-à-dire de la lutte de la lune et du grand
dragon.

Ces représentations, dans lesquelles l'art du machiniste tient lieu d'art dramatique, rappellent les
divertissements analogues exécutés aussi avec un grand
appareil de machines, vers la fin du moyen âge et
principalement au quinzième siècle, à la cour opulente
du duc de Bourgogne.

Mais laissons ce drame pour les yeux, laissons les
bouffonneries obscènes, les monstruosités incohérentes
de certaines pièces populaires, comme celle que vit
jouer M. de Guignes, et dans laquelle, selon ses expressions, l'héroïne *devient grosse et accouche sur la
scène*, et disons quelques mots des conditions et des
principaux caractères de l'art dramatique en Chine,
tel qu'il s'offre à nous dans les divers ouvrages que
nous allons successivement examiner.

Cet art est très-peu savant; les personnages décli-
nent leurs noms et leurs professions en paraissant sur
le théâtre, et chaque fois qu'ils entrent en scène, ils
reproduisent dans les mêmes termes ce fastidieux
protocole. On ne saurait comparer à ce système grossier d'exposition, constamment employé par les dra-
maturges chinois, les exemples assez rares dans la
scène antique auxquels Boileau a fait allusion dans
deux vers célèbres :

> J'aimerais mieux encor qu'il déclinât son nom,
> Et dit : Je suis Oreste ou bien Agamemnon.

Si, dans quelques prologues d'Euripide, le personnage qui expose le sujet se désigne ainsi lui-même,
c'est un moyen extraordinaire employé pour rappeler
au spectateur les événements de l'avant-scène, c'est
une préface parlée, et voilà tout. Du reste, rien de
pareil ne se reproduit dans le courant de l'action, tandis
que, dans les pièces chinoises, cette répétition a lieu
plusieurs fois pour chaque rôle. Il faut, pour trouver
quelque chose d'approchant, descendre jusqu'aux
mystères du moyen âge, et encore une telle désignation
de l'histoire, du caractère, des projets d'un personnage
par lui-même, est loin d'y être aussi habituelle et aussi
imperturbablement monotone. Cette circonstance
seule montre que l'art de la contexture dramatique
en est encore à un degré de simplicité tout élémen-

faire : ce qui n'empêche point qu'on ne trouve, surtout
dans la partie chantée, des recherches poétiques qui
semblent appartenir à une époque avancée du drame.
C'est le propre des Chinois, en toute chose, d'en être
restés au terme promptement atteint d'un développement très-ancien, et en même temps de raffiner
laborieusement et bizarrement sur ce fonds primitif.
Il en est ainsi de leur écriture, de leur morale, de
toute leur littérature; c'est toujours sur un motif très-
simple une variation très-compliquée. On retrouve,
dans tout ce qu'ils font, le contourné à côté du naïf, le
vieillard à côté de l'enfant.

Sous un rapport, l'âge de la scène chinoise correspond à celui de la scène anglaise au temps où parut
Shakspeare. M. G. de Schlegel assure que les pièces de
Shakspeare furent jouées sans décoration. Dans *Macbeth*,
pour indiquer la présence d'une forêt, on se servait
d'une planche sur laquelle était écrit le mot *forêt;* et à
côté de cette pauvreté, ou plutôt de cette absence de dé-
corations, les costumes, s'ils n'étaient pas bien exacts,
étaient variés et splendides. Il paraît qu'il en est de
même en Chine. Nous n'y voyons rien qui ressemble
à des coulisses. Selon M. Davis, quand il s'agit d'esca-
lader un rempart, trois soldats se couchent l'un sur
l'autre pour figurer un rempart; et d'un autre côté,
plusieurs voyageurs, entre autres l'ambassadeur russe
Branden Yves, en 1632, ont été très-frappés de la richesse des costumes. Cette combinaison n'est peut-être

pas aussi défavoráble qu'il semble à l'art et au plaisir
dramatique ; l'imagination s'arrange assez bien de cette
absence de réalité matérielle, qui la gêne et là distrait
peut-être moins que l'art du machiniste toujours imparfait et jamais complétement déguisé ; et les yeux
sont amusés par la pompe et l'éclat des vêtements. Il
va sans dire que l'analogie que je remarque ici ne
s'applique qu'à la mise en scène et non à l'œuvre
dramatique elle-même ; il n'y a pas de Shakspeare à
la Chine.

L'unité de temps est aussi intrépidement violée que
dans les pièces espagnoles. *L'Orphelin de Tchao* (*l'Orphelin de la Chine*) est emporté au premier acte dans une
boîte à médicaments, et au dernier il est devenu un
jeune guerrier vengeur de son père. L'unité de lieu n'est
pas beaucoup plus respectée ; les auteurs y suppléent
en faisant dire au personnage : « Je vais dans tel endroit.... » et au bout d'un moment : « Me voici arrivé
dans tel endroit. » Quelquefois il enfourche un bâton
et fait claquer un fouet pour compléter l'illusion.

On est assez surpris de retrouver à l'autre bout du
monde certaines habitudes de notre scène. Telle est le
division en cinq actes ; elle semblait si arbitraire à un
critique allemand, qu'il prétendait qu'Horace avait
écrit le vers de *l'Art poétique* où il défend de dépasser
le chiffre cinq dans le nombre des actes.

Quinto ne sit productior actu,

pour se moquer des Pisons auxquels son épître est adressée. Cependant cette division doit être fondée en raison, puisqu'elle est si générale, puisque *Hamlet*, *Gœtz de Berlichingen*, les drames chinois, ont été distribués en cinq actes, aussi bien qu'*Athalie* et le *Misanthrope*. Du reste, le nombre cinq est particulièrement usuel à la Chine, où l'on compte cinq éléments au lieu de quatre.

Le rideau se baisse après chaque acte et se lève l'acte suivant. C'est encore comme chez nous; tandis que sur les théâtres grecs et romains l'on baissait le rideau au commencement et on le levait à la fin de la pièce. Il est certains ouvrages dramatiques dont la représentation dure plusieurs jours. M. Julien possède une collection d'ouvrages de cette étendue. Ce qui caractérise réellement le drame chinois, ce qui lui donne une physionomie particulière, c'est qu'il offre un mélange de prose et de vers : la première parlée, les seconds chantés ; la première reproduisant, dans le langage le plus simple, le ton de la conversation familière, les seconds, écrits dans un style très-soigné, très-fleuri, très-prétentieux, effusions toutes lyriques qui alternent et contrastent avec le dialogue dramatique. C'est la structure de notre opéra-comique et de notre vaudeville appliquée à des sujets de tous genres; mais le but et l'effet de ces morceaux lyriques sont bien différents de nos duos ou de nos couplets. Quelquefois ces morceaux sont remplacés par des tirades déclamées qui sont également composées dans ce style figuré plein de métaphores convenues et d'allusions poétiques dont l'auditoire a le secret, ce qu'on appelle le style orné (*wen tchang*). Toute cette portion poétique de la pièce est là pour satisfaire à un besoin de l'imagination humaine qui se fait sentir de différentes manières dans la poésie dramatique de tous les peuples.

L'homme ne peut se contenter du simple spectacle des faits qui s'accomplissent devant ses yeux, il a besoin que l'émotion poétique que ces faits éveillent en lui soit exprimée ; il a besoin que les sentiments de terreur, de pitié, de tendresse, que les événements représentés suscitent dans son âme, trouvent en dehors de lui et dans le drame même un écho lyrique. Ce besoin était admirablement satisfait chez les Grecs par le *chœur* tragique, dont ce n'était pas, au reste, le seul emploi et l'unique avantage. Après avoir entendu les plaintes, les menaces, les altercations des personnages ; après avoir vu quelques terribles catastrophes se préparer ou fondre sur la tête d'un héros, le spectateur, intérieurement agité, trouvait dans le chœur comme une voix harmonieuse qui calmait son trouble en l'exprimant, ou répondait par des paroles de haute modération et de divine sagesse à ses terrestres inquiétudes. L'absence du chœur chez les modernes les a forcés de chercher à leur insu d'autres moyens moins parfaits d'atteindre au même but, de reposer par des effusions lyriques l'âme que la réalité dramatique, si elle lui était présentée sans mélange et sans intervalle, finirait par écraser. Cette nécessité de l'art, qui est une nécessité de notre nature, a produit les morceaux en vers *cultos* jetés au milieu de l'action impétueuse et précipitée de la comédie espagnole, comme des lieux de repos et de délassement, comme, au-dessus de la plaine poudreuse et brûlante, la cîme fraîche et sereine d'une *sierra nevada*. Nos tirades, nos récits tant attaqués sont nés également de ce besoin qu'a l'imagination, ébranlée par le spectacle des événements tragiques, de prendre son essor et de planer quelque temps au-dessus d'eux avant d'y retomber. Les digressions hardies, les saillies excentriques de la pensée qui, dans Shakspeare, se mêlent à la simplicité du dialogue, proviennent du même principe. En résumé, on ne peut exclure l'élément lyrique du drame. Il y pénètre toujours par quelque endroit. Racine et Shakspeare, l'un avec une habileté infinie, l'autre avec une hardiesse souvent heureuse, l'ont pétri et fondu dans la substance même du dialogue. Les Grecs lui donnaient une place à part. Les Chinois (qu'on entende bien ma pensée, et qu'on ne me prête pas le blasphème d'une absurde comparaison), les Chinois font, sous ce rapport, comme les Grecs.

Dans tous les moments où un des personnages est en proie à une émotion quelconque, il chante. Chacun d'eux fait à son tour l'office lyrique du chœur et exprime dans une poésie qui, du reste, ne ressemble

point à celle de Sophocle, les sentiments que la situation fait naître dans son âme ou dans l'âme du spectateur. Ces morceaux sont évidemment l'œuvre de prédilection des poëtes et du public chinois. Ils se détachent
sur le fond uni du dialogue, comme sur une simple
toile une broderie coquette, comme sur un pâle réci-
tatif un brillant air de *bravura*.

Le théâtre chinois, de même que la vieille comédie
latine et la moderne comédie italienne, possède un
certain nombre de types dont il existe une nomenclature très-détaillée.

Ces notions générales étant posées, parcourons rapidement les diverses pièces chinoises jusqu'ici traduites,
en commençant par les deux qu'on peut rapporter à la
tragédie historique, *l'Orphelin de Tchao* et *la Tristesse
du palais de Han.*

L'événement qui forme le sujet de la première de ces
pièces est raconté par le célèbre historien Sé-ma-
tsien. Il s'agit de la destruction d'une famille féodale
puissante, tentée par la haine d'un ministre pervers
et prévenue par le dévouement de deux hommes généreux, qui sacrifient l'un sa vie, l'autre son propre fils,
pour sauver l'unique rejeton des Tchao.

Tchao-so, sentant bien qu'il va succomber à la haine
de son ennemi, le *ministre de la guerre* Tou-an-kou,
dit à sa femme : « Princesse, écoutez mes dernières
volontés. Vous êtes maintenant enceinte ; si vous ac-
couchez d'une fille, je n'ai rien à vous dire : mais si

c'est un fils, je lui donne dans votre sein un nom d'enfant, je le nomme l'orphelin de la famille de Tchao, afin que, devenu grand, il venge les injures de son père et de sa mère. » La princesse, après la mort de son mari, met au monde cet enfant, destiné à perpétuer et à venger sa famille. Mais Tou-an-kou, qui veut la détruire et qui a fait exterminer les trois cents personnes qui la composaient, tient la princesse captive et se prépare à immoler son fils. Un pauvre médecin, attaché à la maison de Tchao, entreprend de le sauver. Il le cache dans une boîte, parmi des simples, et parvient à l'emporter ainsi, grâce à la connivence de l'officier préposé à la garde du palais, et qui, placé entre sa consigne et l'envie de sauver l'orphelin, ne se tire d'embarras qu'en se brisant la tête contre un cannellier. Puis Tching-ing, c'est le nom du médecin, va trouver un vieillard, autrefois ministre, et qui vit retiré à la campagne. Tching-ing lui fait part de son plan héroïque : « J'ai un fils au berceau ; vous m'irez dénoncer, vous direz que j'ai caché l'orphelin de Tchao ; mon fils et moi nous périrons ; vous élèverez l'orphelin, afin que, quand il sera grand, il venge sa famille. »

A cela le vieux ministre répond :

« Il faut bien vingt ans encore pour que cet enfant puisse venger ses parents. Avec vingt ans de plus vous en aurez soixante-cinq, et moi, avec vingt ans de plus j'en aurai quatre-vingt-dix. A cette époque je serai

mort depuis longtemps ; comment pourrai-je lui apprendre à venger la mort de la famille de Tchao ? »
Et d'après ce calcul froidement fait, le vieillard dit au médecin : « C'est moi qu'il faut que vous alliez dénoncer comme celui qui a caché la jeune victime. » Au bout de vingt ans, le barbare Tou-an-kou vit encore. Il a adopté l'orphelin, qu'il croit le fils du médecin Tching-ing. Mais celui-ci, avant de mourir, veut apprendre au prince ce qu'il est et ce qu'il doit faire pour venger les siens. La scène dans laquelle l'orphelin, qui se croit le fils du médecin, est instruit de sa propre histoire, est d'une conception très-dramatique.

Après avoir, par quelques paroles sombres et entrecoupées, éveillé la curiosité de celui qu'il appelle son fils, Tching-ing se retire et laisse sur la table un livre dans lequel sont figurées les aventures de la famille Tchao. L'ardent jeune homme est vivement frappé des sujets de ces peintures ; il s'émeut surtout à la vue d'une jeune mère à genoux, remettant à un étranger un enfant qu'elle tient dans ses bras. Puis il s'indigne contre un méchant ministre qui outrage et fait battre un vénérable vieillard. « Il me semble, s'écrie-t-il, que cette famille me touche par des liens de parenté. Si je ne tue pas ce brigand de ministre, je ne mérite pas le nom d'homme. » Cependant il ne sait pas encore qui sont les personnages à la destinée desquels il prend ce vif et mystérieux intérêt. Son prétendu père, qui l'écoutait sans être vu, s'approche de lui et lui raconte

une histoire qui est la leur à tous deux. Quand il re-
trace l'enlèvement de l'orphelin par un médecin nommé
Tching-ing, l'orphelin l'interrompt et s'écrie : « C'est
vous, mon père ! — Il y a dans le monde beaucoup
d'hommes qui portent le même nom, » dit Tching-ing ;
et il continue ce récit, dont chaque incident ébranle
de plus en plus fortement son jeune interlocuteur.
Enfin il lui dit :

« Il y a déjà vingt ans que ces événements se sont
passés. Le petit orphelin est maintenant âgé de vingt
ans. S'il ne peut pas venger la mort de son père et de
sa mère, à quoi est-il bon ? »

Il récite des vers :

« Il est doué d'une haute stature, et son visage respire une majesté imposante. Il brille dans les lettres, il
excelle dans l'art de la guerre ; qu'attend-il pour
agir ?...... Toute sa famille a été exterminée, sans distinction de rang. Sa mère s'est pendue dans son palais isolé, et son père s'est poignardé lui-même sur la
place d'exécution. Cependant ces mortelles injures ne
sont pas encore vengées. C'est en vain que le fils passe
dans le monde pour un héros. »

TCHING-PEI (c'est le nom que porte l'orphelin).

Vous me parlez depuis longtemps, et cependant
votre fils est encore comme un homme qui sommeille
ou qui rêve. En vérité, je ne comprends rien à tout
ce récit.

TCHING-ING.

Quoi ! vous ne comprenez pas encore? Écoutez ! l'homme vétu de rouge est l'infâme ministre Tou-an-kou. Tchao-so est votre père, et la princesse est votre mère.

Il récite des vers :

« Je vous ai raconté de point en point cette lugubre histoire. Si vous ne la comprenez pas encore tout en-tière, eh bien ! je suis le vieux Tching-ing, qui ai sa-crifié mon fils pour sauver l'orphelin, et c'est vous, c'est vous qui êtes l'orphelin de la famille de Tchao. »

Certes, cette progression est bien graduée, et le coup qui l'achève est vraiment tragique. Une pareille donnée aux mains de Shakspeare eût produit un grand effet. On ne conçoit pas pourquoi Voltaire s'en est privé.

Voltaire n'a emprunté au drame chinois que l'idée d'un père sacrifiant son enfant à son devoir. Du reste, il a voulu agrandir le cadre de son sujet et mettre en présence la civilisation chinoise et la barbarie tartare, peindre les farouches conquérants du vieil empire domptés par les mœurs de leurs sujets. Il venait de tracer ce tableau dans l'*Essai sur les Mœurs*, auquel il travaillait alors, et il conçut la pensée de le trans-porter sur la scène. On voit par sa correspondance qu'il avait eu le projet de se rapprocher davantage de la vérité et de la couleur historique. Il écrivait au mar-quis d'Argental, le 17 septembre 1755, durant les premières représentations de la pièce :

« Comptez que je suis très-affligé de ne m'être pas livré à tout ce qu'un tel sujet pouvait me fournir. C'était une occasion de dompter l'esprit de préjugé qui rend parmi nous l'art dramatique encore bien faible; nos mœurs sont trop molles. J'aurais dû peindre avec des traits plus caractérisés la fierté sauvage des Tartares et la morale des Chinois. Il fallait que la scène fût dans une salle de Confucius, que Zamti fût un descendant de ce législateur, qu'il parlât comme Confucius même, que tout fût neuf et hardi, que rien ne se ressentît de ces misérables bienséances françaises, et de ces petitesses d'un peuple qui est assez ignorant et assez fou pour vouloir qu'on pense à Pékin comme à Paris; j'aurais accoutumé peut-être la nation à voir, sans s'étonner, des mœurs plus fortes que les siennes; j'aurais préparé les esprits à un ouvrage plus fort que je médite et que je ne pourrai probablement exécuter. Il faudra me réduire à planter des marronniers et des pêchers... »

Le 12 octobre, il écrivait à M. Dumarsais : « Si les Français n'étaient pas si Français, mes Chinois auraient été plus Chinois, et Gengis encore plus Tartare. Il a fallu appauvrir mes idées et me gêner dans le costume pour ne pas effaroucher une nation frivole, qui rit sottement et qui croit rire gaiement de tout ce qui n'est pas dans ses mœurs ou plutôt dans ses modes. »

Voltaire se résigna donc à faire ce qu'ont toujours fait les poëtes dramatiques, il servit le public selon son goût. Il donna au terrible khan des Tartares une belle passion pour une belle Chinoise, dont les sentiments n'étaient pas plus chinois que le nom [1]; et le tout produisit une tragédie pleine de vers magnifiques, d'idées grandes, de nobles sentiments encore trop chinois pour le parterre qui ne les goûta que médiocrement. Voltaire, qui était à cette époque fort distrait de *Confucius* par les contrefaçons de *la Pucelle*, dédia au maréchal de Richelieu cette composition austère dans laquelle il avait semé, selon son usage, quelques moralités philosophiques; il s'applaudissait de l'énergie de certains vers tels que celui-ci :

> Les lois vivent encore et l'emportent sur vous;

vers un peu révolutionnaire, et que, dit-il, *madame de Pompadour avait approuvé.*

Au reste, Voltaire fit bien d'être de son temps et de son pays dans les sentiments et les idées; seulement il était peut-être inutile d'aller leur chercher si loin un costume qui leur allait si peu. Mais, là encore, il mérite des éloges pour avoir voulu élargir le cercle et agrandir l'empire de notre scène.

Métastase a traité un sujet assez semblable à celui de l'*Orphelin* dans l'*Eroe Cinese*. Il est inutile de dire que tout ce qui pouvait rappeler la Chine a disparu sous les inventions romanesques et les gracieux vers

---

[1] *Idamé.* Le son *d* n'existe pas en chinois.

d'amour du poëte italien. Zamti est un Chinois pur sang, en comparaison de Léango, et Idamé ne dit rien d'aussi tendre que ce final de Lisinga :

> In mezzo a tanti affanni,
> Cangia per te sembianza
> La timida speranza
> Che mi languiva nel sen.
> Forse sarà fallace,
> Ma giova-intanto e piace,
> E ancorchè poi m'inganni,
> Or mi consola almen.

Une pareille musique de paroles et de sentiment console bien de l'absence de *couleur locale*.

Environ cinquante ans avant Jésus-Christ, une princesse fut sacrifiée par la politique et la nécessité, et livrée par l'empereur de la Chine, son époux, à un khan de Tartarie. Dans les idées chinoises, c'est un grand malheur de quitter le territoire sacré de l'empire, *le dessous du ciel*, pour aller aux confins du monde, et, pour ainsi dire, hors du monde, chez les barbares. C'est un plus grand malheur d'échanger le palais impérial, la couche du fils du ciel, contre la tente de feutre et la natte grossière d'un Tartare. Aussi l'infortune de la belle *Tchao-Kuen* a-t-elle laissé une longue mémoire. Les peintres lui ont consacré leurs pinceaux, et les poëtes leurs vers. La légende populaire l'a immortalisée ; enfin elle a fourni le sujet d'un drame intitulé la *Tristesse du palais de Han*.

Le véritable titre est l'*Automne dans le palais de Han*. Mais, d'après les habitudes de la poésie chinoise, l'automne est un emblème du chagrin, comme le printemps de la joie. De même, le *dragon* désigne ce qui se rapporte à l'empereur ; le *phénix* ou les *oies sauvages*, ce qui a trait-à la félicité domestique, et enfin la poésie elle-même a un poétique symbole dans les *saules* et les *fleurs*. Il faut connaître ce langage allégorique pour comprendre les vers et la prose ornée. On entrevoit comment il est possible, en choisissant avec art les expressions convenues, de faire une foule d'allusions ingénieuses et détournées et de parler agréablement des choses sans s'exposer au danger de les appeler par leur nom.

Le peu de vers qu'a traduits M. Davis font regretter qu'il ait, en général, jugé à propos de supprimer cette portion de sa tâche. Ceux qui ouvrent la pièce et que chante le khan des Tartares ont un caractère de poésie locale et pittoresque.

« Le vent d'automne souffle impétueusement à travers les herbes parmi nos tentes de feutre ;

« Et la lune qui brille la nuit sur nos huttes sauvages, écoute les gémissements du chalumeau plaintif.»

Remarquez le *vent d'automne*, qui n'est pas là pour rien. Au début de la pièce, j'ai dit quel était en chinois son titre et le motif de ce titre.

Le Tartare s'exprime en guerrier terrible, l'effroi des empereurs. Bien qu'en général l'intérêt du drame

porte sur les Chinois, l'auteur fait parler avec une certaine complaisance leur formidable ennemi[1]. Il faut
songer que l'auteur écrivait sous une dynastie mongole.

L'empereur n'a point d'épouse, et, pour s'en procurer une, il s'y prend à peu de chose près comme
Assuérus. Il se fait apporter les portraits de ses plus
belles sujettes, afin de choisir parmi elles une impératrice. Un perfide ministre a été chargé de former
pour le prince cette galerie de portraits. Le plus ravis-
sant de tous serait celui de Tchao-kun ; mais comme
ses parents sont pauvres, et n'ont pu faire des présents
au ministre, celui-ci a l'idée scélérate de défi-
gurer l'image de la belle. Heureusement l'empereur
la rencontre dans ses jardins ; il est détrompé fort
agréablement, et l'épouse.

Un traité obligeait de donner au khan des Tartares
une princesse du sang impérial. Qu'a fait le méchant
ministre ? Il a fui en Tartarie en emportant le portrait,
cette fois sans défaut, de la nouvelle impératrice. Il le
montre au barbare, qui sur-le-champ s'enflamme à la
vue de cette peinture, et menace d'envahir la Chine,
si on ne lui donne l'original.

Pendant ce temps, l'empereur, amolli par la félicité,
négligeait les affaires, était distrait pendant les audiences. Un ministre rigide ose lui conseiller, pour

____

[1] Il va jusqu'à dire : « Je suis le descendant véritable des *Han* »

sauver l'État, d'abandonner la princesse. L'empereur résiste ; il s'emporte contre ses troupes et contre son peuple, qui la·laissent partir. Elle se dévoue généreusement, et ne se permet que quelques plaintes assez gracieuses : « Aujourd'hui dans le palais de Han ; demain épouse d'un barbare. » Elle pleure l'empereur qu'elle va perdre, la civilisation qu'elle laisse derrière elle, et *ces beaux vêtements qui ne l'orneront plus aux yeux des hommes* : regrets naïfs de la coquetterie féminine à côté des regrets du cœur.

La situation est touchante. Mais rien n'est développé ; tout est trop superficiel et trop rapide. L'absence de la poésie, retranchée par M. Davis, se fait vivement sentir.

Le khan vient recevoir la princesse. « Quel est ce fleuve ? » demande-t-elle. On lui répond que c'est le fleuve Amour, qui marque la limite des deux empires. Elle prend une coupe, se tourne du côté du sud, fait une libation, adresse à l'empereur un dernier adieu, et se précipite dans les ondes.

La pièce ne finit pas là ; nous sommes reportés à la cour impériale. L'empereur est livré à ses regrets ; il adore le souvenir de celle qu'il a perdue, et brûle des parfums devant son portrait. Pendant qu'il est plongé dans le sommeil, elle lui apparaît : « Livrée comme une captive pour apaiser des barbares, ils voulaient m'emporter dans une région boréale ; mais j'ai saisi le moment de leur échapper. N'est-ce pas là l'empe-

14.

reur mon souverain? Seigneur, je vous suis rendue. »

Tout à coup un soldat tartare vient se placer dans la vision de l'empereur à côté de sa malheureuse com-·pagne, et l'enlève ; trois fois elle est ainsi enlevée, et trois fois elle revient vers celui qu'elle aime.

Cette dernière scène exprime assez poétiquement l'invincible attachement de l'exilée pour son époux et pour sa patrie.

Enfin paraissent les envoyés tartares, qui viennent annoncer la mort de la princesse, et ramènent le ministre qui a causé tout le mal, et qui est livré au supplice. Les deux nations font la paix, et il y a bonne harmonie entre les deux souverains ; car, comme je l'ai remarqué plus haut, dans cette pièce écrite sous la domination des Mongols, les Tartares sont subordonnés aux Chinois, mais ne leur sont pas sacrifiés.

Suivant une tradition touchante, le tombeau de la triste héroïne de ce drame demeure, toute l'année, verdoyant au milieu des sables, comme si la fertilité de son pays natal la suivait pour consoler son ombre au désert.

Le sujet du *Cercle de craie* n'appartient pas à l'histoire ; c'est une de ces anecdotes qu'on retrouve partout, avec des variantes diverses. Tout le monde connaît le *Jugement de Salomon*: deux femmes réclamaient le même enfant, le sage roi d'Israël ordonne qu'il soit coupé en deux parties égales pour satisfaire chacune des plaignantes. La fausse mère y consent, la véritable prouve son droit en l'abandonnant. Un vieux fabliau français, publié par Barbazan et intitulé le *Jugement de Salomon*, raconte ce qui suit : « Deux chevaliers se disputaient l'héritage d'un baron que tous deux disaient leur père. Salomon, voulant éprouver lequel est le véritable fils, ordonne que le corps du défunt soit tiré de sa tombe, et que les deux prétendants, pour montrer qui est le plus propre au maniement des armes, se précipitent vers lui au grand galop de leurs chevaux et le percent d'un coup de lance. L'imposteur n'hésite pas, mais le véritable fils se garde d'accomplir cet exploit sacrilége. » C'est la même aventure retournée, pour ainsi dire, et le sentiment filial mis à la place du sentiment maternel. Ainsi le moyen âge a métamorphosé cette sentence célèbre, et, fidèle à ses mœurs guerrières, a substitué un coup de lance à l'expédient imaginé par Salomon.

En Chine, une décision plus semblable encore à celle que rapporte la Bible, a fourni le dénoûment du drame intitulé l'*Histoire du Cercle de craie*, dont nous devons la traduction, et une traduction complète, à M. Julien.

Voici comment la donnée cosmopolite a été enchâssée dans les mœurs chinoises.

Le seigneur Ma a deux femmes, l'une qui ne lui a point donné de postérité, l'autre, nommée Haï-Tang, dont les antécédents n'étaient pas fort honorables, mais qui est mère d'un fils âgé de cinq ans. Madame

Ma, d'accord avec le greffier Tchao son amant, empoisonne son époux ; puis, ayant besoin du titre de mère pour hériter, elle emmène le jeune enfant qu'elle dit lui appartenir et accuse la malheureuse Haï-Tang de l'assassinat dont elle-même est coupable. Le juge, qui est une espèce de Bridoison mené par son greffier, condamne Haï-Tang. Heureusement la sentence doit être confirmée par le gouverneur de la province ; les parties se présentent devant celui-ci et exposent leurs prétentions maternelles. Le gouverneur fait tracer avec de la craie un cercle au centre duquel on place l'enfant. Les deux femmes doivent le tirer chacune de son côté. « Dès que sa propre mère l'aura saisi, il lui sera aisé de le faire sortir hors du cercle, mais la fausse mère ne pourra l'amener à elle. »

Cette épreuve superstitieuse, cette espèce de jugement de Dieu, semble d'abord tourner contre la justice et la vérité. Madame Ma entraîne l'enfant, et le gouverneur livre la malheureuse Haï-Tang aux verges des bourreaux. Mais elle s'écrie : « Quand votre servante fut mariée au seigneur Ma, elle eut bientôt ce jeune enfant. Après l'avoir porté dans mon sein pendant neuf mois, je le nourris pendant trois ans de mon lait, et je lui prodiguai tous les soins que suggère l'amour maternel. Lorsqu'il avait froid, je réchauffais doucement ses membres délicats. Hélas ! combien il m'a fallu de peine et de fatigue pour l'élever jusqu'à l'âge de cinq ans ! Faible et tendre encore comme il l'est, on ne pourrait, sans le blesser grièvement, le tirer avec effort de deux côtés opposés. Si je ne devais, seigneur, obtenir mon fils qu'en déboîtant ou brisant ses bras, j'aimerais mieux périr sous les coups que de faire le moindre effort pour le tirer hors du cercle. »

Ici ce n'est pas la sagesse du juge qui, par un moyen bizarre, découvre la vérité, c'est le cri de l'amour maternel qui la proclame. Au fond, il n'y eut pas moins une parité bien remarquable entre le *Jugement de Salomon* et l'*Histoire du Cercle de craie*.

Cette pièce n'a point pour objet l'idéal de la moralité chinoise, elle ne nous présente pas l'héroïsme de la reconnaissance comme l'*Orphelin de Tchao*, l'invincible attachement à un époux et à la patrie comme la *Tristesse du palais de Han*; elle offre au contraire un portrait peu flatteur et peu flatté de la vie réelle, des mœurs les plus vulgaires, des sentiments les plus bas et les plus coupables. Haï-Tang, l'héroïne, le personnage intéressant de la pièce, a fait un métier qu'elle désigne en chinois par une périphrase poétique à laquelle rien d'aussi décent ne correspondrait en français : « Je vivais parmi les saules et les fleurs. Je reconduisais l'un pour aller au-devant de l'autre, et mon occupation habituelle était le chant et la danse. » Elle repousse durement un frère qui, réduit à la mendicité, vient implorer ses secours; et plus tard, le frère, trouvant sa sœur malheureuse à son tour, l'accable d'outrages et de coups. La passion adultère de madame Ma pour le greffier Tchao est exprimée avec une véhémence et une grossièreté d'expression qui n'a pas permis à M. Julien de tout traduire. Ce greffier est le plus éhonté coquin qui se puisse rencontrer. Quand il est accusé, il cherche à rejeter sur sa complice le crime dans lequel il a trempé. « Seigneur, dit-il au juge, ne voyez-vous pas que cette femme a toute la figure couverte d'une couche de fard? Si on enlevait avec de l'eau les couleurs empruntées, ce ne serait plus qu'un masque hideux que nul homme ne voudrait ramasser, s'il le trouvait sur sa route. Comment eût-elle pu séduire votre serviteur et l'entraîner dans un commerce criminel? »

La bassesse ne peut aller au delà de ces outrages publics adressés par cet infâme à l'objet de sa passion vraie ou simulée. Quand la torture l'a forcé à convenir d'une partie de ses crimes, il dispute encore contre la loi qu'il connaît et cite comme un bandit de cour d'assises. « Suivant les lois, je ne suis coupable que d'adultère, mon crime n'est point de ceux qu'on punit de mort. » Ce qui est le plus révoltant dans les discours des différents personnages de la pièce, c'est un sang-froid et un aplomb dans l'immoralité qui révèlent une extrême corruption. C'est une mère qui, faisant allusion à l'infâme métier de sa fille, dit crûment : « Je ne puis me passer des habits et des aliments que me procure son industrie. » C'est un juge qui s'exprime en ces termes : « Quoique je sois magistrat, je ne rends aucun arrêt : qu'il s'agisse de fustiger quelqu'un ou de le mettre en liberté, j'abandonne cela à la volonté du greffier Tchao... Je ne demande qu'une chose, de l'argent, et toujours de l'argent, dont je fais deux parts, l'une pour moi et l'autre pour lui. » Sans doute, l'imperfection même de l'art dramatique est pour quelque chose dans la sincérité brutale de ces aveux. Il est plus aisé de faire dire à un homme : « Je suis un *misérable*, » que de montrer indirectement par ses actions et ses paroles les vices de son cœur. Mais on ne peut nier que cette ingénuité des passions viles et des sentiments criminels n'atteste une dépravation profonde et enracinée. Au reste, ce que les relations des voyageurs nous apprennent touchant les mœurs des grandes villes et la démoralisation de la classe des lettrés, s'accorde trop bien avec ce que peignent les pièces de théâtre et les romans.

Si l'*Histoire du Cercle de craie* montre la nature humaine sous un jour peu flatteur, il est des drames chinois qui sont consacrés au développement du sentiment le plus généreux. De ce nombre est celui dont le Hollandais Van-Braam fut si charmé, et dont il a donné une analyse. C'est une œuvre sentimentale dans ce qu'on appelle, chez nous, le genre larmoyant ; ce sont des tableaux d'intérieur, des scènes de dévouement obscur ; on croit lire un drame de Kotzebue ou un roman d'Auguste Lafontaine.

Un lettré est appelé à la cour ; quatre ou cinq ans

se passent, et on n'entend pas parler de lui. Lassées de cette longue absence, ses deux femmes font le projet de quitter sa maison. Elles y laissent l'enfant de leur époux, et vont courir les aventures. Alors un vieux domestique et une vieille servante se chargent de l'enfant, et travaillent courageusement pour subvenir à son entretien et lui faire donner une éducation littéraire. Les deux serviteurs, éclairés par une petite lampe, prolongent dans la nuit leur pieux labeur.

« La toile se lève, et l'on voit le vieux Ataï très-occupé à faire des sandales de paille, unique métier qu'il sache.

« Aouana est assise près d'une table couverte d'habillements ; elle coud très-diligemment.

« Le vieux domestique chante, en travaillant, la mélancolique histoire de son maître, et avec tant de sensibilité, qu'à la fin ses yeux se mouillent et ses larmes coulent sur ses joues ; pour montrer du courage, il essuie ses pleurs et affecte de rire, comme pour se reprocher sa pusillanimité. »

Cependant le jeune Sycou-ye a atteint l'adolescence ; il se livre à l'étude, encouragé et aidé par les deux bons vieillards. Ataï échange les sandales qu'il a tissées contre l'huile qui doit éclairer la veille laborieuse de Sycou-ye.

Ici est une scène dont le motif est réellement pathétique. L'étudiant a succombé au sommeil ; la bonne Aouana, après l'avoir regardé longtemps avec tendresse et lui avoir adressé les plus touchants discours entrecoupés de larmes, pense qu'il faut cependant le réveiller pour qu'il poursuive son travail; et prenant une férule de cuir qui est sur la table, elle lui en donne un léger coup sur la joue.

Sycou-ye s'éveille plein d'emportement, et demande à Aouana qui l'a rendu si hardie que d'oser le frapper; elle sait bien qu'elle n'est pas sa mère mais seulement une esclave de son père.

Aouana le laisse dire, puis lui fait sentir l'injustice de sa colère. « Votre mère, où est-elle? Qui l'a remplacée?... N'est-ce pas moi, ingrat?... et vous me méprisez! Eh bien! non, je ne suis pas votre mère; je renonce à vous tenir lieu d'elle. »

Sycou-ye, ramené à lui-même par ce tendre reproche, tombe aux pieds d'Aouana, et lui demande pardon de sa violence en fondant en larmes. Enfin le lettré revient chez lui. En route, il aperçoit au bord d'un fleuve deux pauvres femmes occupées à laver du linge, et portant toutes les marques de la plus profonde misère; ce sont les deux fugitives. Bientôt, rentré dans sa maison, il apprend leur histoire, et comprend que c'est elles qu'il a vues réduites à une si triste extrémité. La fidèle Aouana est élevée à la dignité d'épouse ; elle ne dit rien, et se soumet en silence à son bonheur. Ataï est fait mandarin. Ainsi le vice est puni et la vertu récompensée, selon les lois du mélodrame en tout pays. A la fin, le fils du lettré arrive en habit de licencié, comme, dans nos vaudevilles, le jeune premier paraît à la dernière scène en uniforme de housard.

Van-Braam, à qui nous devons l'analyse de cette pièce, en avait été fort touché dans un précédent voyage ; il désira la revoir encore, mais on eut beaucoup de peine à lui procurer ce plaisir, parce qu'on ne pouvait trouver d'acteurs qui se rappelassent un ouvrage qui avait vingt ans de date [1]. Cela prouve que souvent les pièces de théâtre sont écrites pour le moment, et ne sont ni conservées ni probablement destinées à l'avenir.

Le bon Van-Braam fut très-édifié des sentiments vertueux qui remplissent ce drame ; il admire particulièrement que, dans le dialogue, on n'interrompe jamais celui qui parle : coutume bien sage des Chinois, dit-il. On sent qu'elle lui va au cœur. Du reste, on ne peut s'etonner de la sympathie d'un Hollandais pour un Chinois, car rien ne ressemble plus à la Chine que la Hollande, avec ses canaux, ses maisons de diverses couleurs, et sa population industrielle et patiente, active et silencieuse. En traversant la Hollande, on a par moments devant les yeux des aspects qu'on n'a jamais rencontrés, si ce n'est sur un éventail ou sur un paravent.

Une autre pièce, qui, comme celle-là, participe du

____

[1] Tome II, page 345.

drame bourgeois, mais qui offre beaucoup plus d'intérêt, est celle que M. Davis a traduite sous ce titre : *An heir in old age* (un héritier dans la vieillesse).

Ici M. Davis a donné une moitié des vers, probablement d'après la version du licencié chinois, par lequel il se fait aider dans ses travaux; mais, comme il a passé l'autre moitié de la portion poétique du drame, et que ce qu'il a omis n'est nullement inférieur à ce qu'il a traduit, il est permis de croire que la seule cause de cette omission a été l'impossibilité où s'est trouvé le licencié de comprendre certains passages versifiés. Il est glorieux pour nous que deux Français, M. Julien et M. Bazin, aient fait à Paris ce que n'a pu faire à Canton un lettré chinois.

Voici le sujet du drame.

Un vieux négociant retiré, nommé Lieou-tsong, vint d'épouser une jeune femme; il espère qu'elle lui donnera bientôt un fils. Pour un Chinois, il est de la plus grande importance de ne pas mourir sans postérité, car tout le bonheur de sa vie future est attaché à ce que quelqu'un de son sang et de son nom vienne visiter son tombeau et offrir à ses mânes une espèce de sacrifice. Cette croyance donne aux sentiments de famille une grande force; elle rattache étroitement l'existence d'une génération à celles qui la précèdent et à celles qui la suivent; elle est une des bases les plus profondes de la société chinoise, fondée tout entière elle-même sur la famille. Le besoin de se sur=

vivre à soi-même dans un fils est si sacré aux yeux
des Chinois, que souvent on accorde à un homme
condamné à mort un sursis pour qu'il ait le temps
de s'assurer un héritier direct : on trouve que ce
serait une trop grande peine de le priver non-seulement de la vie, mais encore de la race ; ce serait le
tuer deux fois, dans le présent et dans l'avenir. J'in-
siste sur l'énergie de ce sentiment, parce qu'il est le
motif et la clef du drame que je vais analyser.

Le vieux Lieou-tsong a un neveu qui a perdu ses parents, et qui est venu se réfugier chez lui, mais il ne
peut faire vivre en bonne intelligence ce neveu et sa
première femme. Cela ne veut point dire, en Chine,
une femme dont on est veuf, mais l'épouse du premier
rang ; je l'appelle ainsi pour la distinguer de l'épouse
plus jeune qui, par son état, donne au vieillard l'espoir d'être père. La terrible femme du bonhomme paraît ; et, dès la première scène, est représenté d'une
manière vive et comique, l'empire qu'elle prend, par
son humeur, sur un mari débonnaire. Celui-ci, pour
éviter l'orage, invite le neveu à aller vivre dans une
chaumière qu'il possède à la campagne ; mais madame
en a besoin pour ses ânes, il y faut renoncer ; enfin,
pour se débarrasser de son neveu, le vieillard ordonne
qu'on lui compte deux cents pièces d'argent et qu'il
aille où bon lui semblera. Toujours occupé de l'héritier qu'il espère, Lieou-tsong, que tourmentent quelques remords au sujet de certaines transactions com-

merciales, voulant détourner le courroux du ciel par un sacrifice expiatoire, brûle le livre où sont couchées les sommes qu'on lui doit ; puis il déclare qu'il veut partager son bien entre sa femme et son gendre, et se retirer à la campagne pour y attendre paisiblement le résultat des couches de sa jeune épouse Siao-mei.

Les recommandations qu'il adresse, en partant, à son autre femme, au sujet de celle-ci, sont d'un comique vrai. Sa prédilection et ses inquiétudes percent à travers l'indifférence et même la dureté qu'il affecte pour elle, le tout dans la peur de donner de l'ombrage à celle dont un mot le fait trembler.

LIEOU-TSONG

J'ai un mot à vous dire, femme ; puis-je risquer de le dire ?

LA FEMME

Parlez.

LIEOU-TSONG

Oh ! j'attendrai bien impatiemment de vous une lettre de félicitation.... Siao-mei est maintenant enceinte... Qu'elle mette au monde un fils ou une fille, son enfant sera votre propriété ; alors vous pourrez tirer un loyer de ses services ou le vendre comme il vous conviendra le mieux. Vous en serez entièrement la maîtresse.

LA FEMME

Bien dit, mon mari.

LIEOU-TSONG

Ma femme!...

LA FEMME

Qu'avez-vous à me dire ?

LIEOU-TSONG

Cette jeune Siao-mei vous a causé quelquefois de l'ennui, et je crains qu'elle ne continue à vous importuner. Quand elle méritera d'être châtiée, châtiez-la pour l'amour de moi ; ne vous contentez pas de la gronder...

Puis, avant de s'éloigner, il demande pour elle un traitement plus doux. La double faiblesse du vieux mari vis-à-vis de ses deux femmes est admirablement peinte dans cette scène.

Le gendre de Lieou-tsong, pour éviter de céder le tout ou la moitié de la succession de son beau-père au fils ou à la fille de Siao-mei, imagine de faire disparaître celle-ci et de dire qu'elle a fui volontairement. On conçoit le désespoir du bonhomme. Il ne peut pas croire à son malheur, il fond en larmes, il ose même se révolter contre sa femme. Il veut qu'on aille afficher aux quatre portes de la ville que le lendemain il fera des aumônes aux mendiants qui se présenteront à la porte d'un temple. Il accuse son avarice passée de son infortune présente ; cependant il prend le ciel à témoin qu'il s'est repenti. Tous ces mouvements sont pleins de vérité et d'un comique mêlé d'émotion. On fait par ordre de Lieou-tsong des distributions à la porte du temple. Les mendiants se querellent, et le vieillard entend l'un d'eux dire à l'autre ce qui dans les idées chinoises est la plus grande injure : *Misérable qui n'as pas d'enfant !* Ce mot le frappe au cœur et renouvelle amèrement toutes ses peines. Il y a là un effet dramatique profondément senti.

L'infortuné neveu qui a dépensé les deux cents onces vient demander à son oncle de lui prêter quelque argent. Le pauvre oncle prie d'abord sa redoutable compagne de s'éloigner, en lui disant qu'il va tancer vertement son mauvais sujet de neveu. Seul avec lui, il le plaint et pleure sur son sort. L'intraitable épouse rentre et dit brusquement : Qu'est-ce que cela signifie? vous pleurez, je crois?

LIEOU-TSONG

Quand ai-je pleuré?

LA FEMME

Les larmes coulent de vos yeux.

LIEOU-TSONG

Hélas ! à mon âge, comment ne seraient-ils pas humides?

Enfin il prend à part son neveu, lui donne à la dérobée deux pièces d'argent, et lui recommande de visiter exactement les tombes de ses ancêtres.

Le jour destiné à ces pieuses visites est arrivé. Le pauvre neveu se souvient de la recommandation de son oncle; il s'est procuré en chantant quelques morceaux de papier doré, un pain et une demi-jarre de vin; il a emprunté une houe, et il vient, selon ses faibles moyens, accomplir la cérémonie d'usage : brûler le papier doré, nettoyer la terre autour du tombeau, et faire les oblations de pain et de vin. Il s'éloigne un moment; pendant ce temps arrive le vieux Lieou avec son épouse ; leur fille et leur gendre n'ont point paru ; cependant on voit que les honneurs funèbres ont été rendus aux sépultures des aïeux ; mais, à en juger d'après la nature des offrandes, ce ne peut être que par quelqu'un de très-misérable. Les deux vieux époux commencent un entretien mélancolique. Ils n'ont point d'enfant de leur nom, car leur fille porte celui de son époux et reposera dans la tombe d'une famille étrangère ;. personne ne viendra donc remplir les rites sacrés sur leur sépulture. Tandis qu'ils sont plongés dans ces tristes réflexions, leur neveu, le seul rejeton des Lieou, paraît; le vieillard feint de vouloir le châtier, parce qu'il n'a pas honoré d'une manière plus brillante les tombes de ses ancêtres. C'est madame Lieou elle-même qui s'écrie alors : « Votre neveu est pauvre, il n'a pu faire davantage. » Rappelée par les réflexions qu'elle vient de faire au sentiment le plus profondément enraciné dans une âme chinoise, la mauvaise tante devient comme une mère tendre pour celui qui seul peut rendre à ses mânes un filial hommage. Cette péripétie est très-originale; le pathétique qui en résulte est tout à fait local et caractéristique; il doit émouvoir profondément un auditoire chinois.

La fille et le gendre de Lieou se présentent enfin pour accomplir les rites, mais tard, de mauvaise grâce, avec des vêtements peu soignés et qu'ils trouvent trop bons pour la circonstance. La mère, indignée, reprend à sa fille la clef, signe de la propriété, et la donne au neveu, enfin rentré en grâce auprès d'elle.

La fille et le gendre se font pardonner leurs torts en rendant au vieillard sa jeune épouse et un enfant qui lui est né. Le bonhomme, enivré de joie, pardonne à tout le monde; il est au comble du bonheur, *il a un fils dans ses vieux jours.*

Cette pièce est une véritable comédie de mœurs; les Chinois ont aussi des comédies de caractère. Le sujet de l'avare, tant de fois traité, l'a été en Chine. M Julien a fourni à M. Naudet les matériaux d'une analyse détaillée de la comédie intitulée l'*Esclave des richesses qu'il garde*, et le traducteur de Plaute a placé cette analyse à la suite de l'*Aulularia*[1]. La pièce chinoise offre plus d'un trait de ressemblance avec la comédie de Plaute, et aussi plus d'un contraste.

De même, c'est un dieu qui a mis l'avare en possession de son trésor. Il est ingénieux d'avoir placé un

____

[1] *Bibl. latine-française de Panckouke, Théâtre de Plaute*, tome II, page 375.

amour immodéré de la richesse chez un homme pour
qui la richesse est chose nouvelle. Les exagérations
bouffonnes de Plaute sont encore surpassées par l'auteur chinois. Presque mourant, l'avare dit à son fils
adoptif : « Mon fils, je sens que ma fin approche. Dis-
moi, dans quelle espèce de cercueil me mettras-tu?
— Si j'ai le malheur de perdre mon père, je lui achè-
terai le plus beau cercueil de sapin que je pourrai trouver. — Ne va pas faire cette folie, le bois de sapin coûte
trop cher. Une fois qu'on est mort, on ne distingue
plus le bois de sapin du bois de saule. N'y a-t-il pas,
derrière la maison, une vieille auge d'écurie? elle sera
excellente pour me faire un cercueil. — Y pensez-vous?
Cette auge est plus large que longue; jamais votre
corps n'y pourra entrer; vous êtes d'une trop grande
taille. — Eh bien ! si l'auge est trop courte, rien n'est
plus aisé que de raccourcir mon corps : prends une
hache et coupe-le en deux. Tu mettras les deux moi-
tiés l'une sur l'autre, et le tout entrera facilement. J'ai
encore une chose importante à te recommander : ne
va pas te servir de ma bonne hache pour me couper en
deux ; tu emprunteras celle du voisin. »

Ce dernier trait ne manque point de vigueur. L'Har-
pagon chinois laisse, comme on voit, bien loin derrière
lui le légataire de Regnard, disant :

> Je puis être enterré fort bien pour un écu.

La différence des deux théâtres et des deux peuples se fait

sentir dans la partie accessoire. L'intrigue de l'*Aulularia* roule sur un de ces incidents si fréquents dans
les mœurs de la scène gréco-latine. Un jeune homme
outrage la fille de l'avare et répare ses torts en l'épou-
sant. La pièce chinoise repose sur le sentiment qui faisait le fond d'*un Héritier dans la vieillesse*, le besoin
de la paternité. Le premier usage que fait l'avare de sa
fortune, c'est d'acheter un fils; il tâche, il est vrai, de
se le procurer à aussi bon compte que possible, et la
lésinerie qu'il apporte dans ce singulier marché produit des développements d'un comique tout à fait chinois. Il escamote à de pauvres parents leur fils par un
contrat captieux, et les renvoie très-mal payés de leur
coupable sacrifice. Nous verrons, du reste, une autre
vente d'enfant, dans un des drames traduits par
M. Bazin.

Cela me conduit à la publication la plus récente et
la plus considérable de toutes celles qui ont contribué
à nous faire connaître la littérature dramatique de la
Chine, au *Théâtre chinois* de M. Bazin. Il se compose,
comme je l'ai dit, de quatre pièces choisies dans des
genres différents.

Je commencerai par la *Tunique confrontée*. Un
riche particulier, sa femme et son fils, sont tranquille-
ment assis dans leur demeure, occupés à boire du vin
chaud, en faisant des vers et de l'esprit sur la neige
qui tombe à flocons pressés. Le père est saisi de cet
enthousiasme poétique qu'inspirent aux Chinois pres-

que tous les accidents de la nature, et qui leur dicte
les métaphores hardies et souvent bizarres de leur
poésie journalière. Dans son transport, il croit être
au printemps, et chante : « S'il en était autrement,
comment les feuilles de poirier tomberaient-elles feuille
à feuille, comment les fleurs de saule voleraient-elles
en tourbillon? Les fleurs de poirier s'entassent et
forment un sol argenté ; les feuilles de saule s'élèvent
au ciel comme une parure ondoyante, et retombent
sur la terre, » etc.

C'est dans cette exaltation, produite à la fois par les
fumées du vin et celles de la poésie, qu'un Chinois
aisé passe de nombreux moments, les plus agréables
de son existence.

Cette famille si paisible, si heureuse, recueille,
pour son malheur, un inconnu nommé Tchin-hou, au
moment où il allait périr de misère et de froid ; le
fils de la maison le reconnaît pour son frère adoptif
et le présente à sa femme. « Que cette femme est
belle ! » murmure tout bas l'étranger ; et ces mots
dévoilent tout à coup ses desseins perfides.

A quelque temps de là, cette charitable famille
donne des secours à un malheureux exilé qui se rend,
avec un archer, au lieu de sa destination. Tchin-hou,
qui trouve très-déplacée la bienfaisance dont il n'est
pas l'objet, arrache à ce pauvre diable l'argent et les
billets de banque qu'il a reçus. Son mauvais naturel se
dessine toujours davantage ; il hait celui qui l'a adopté

pour frère et convoite sa belle-sœur; par un conte absurde, il les décide à fuir avec lui dans son pays natal et à quitter leurs vieux parents. Ceux-ci vont attendre les fugitifs au bord du fleuve Jaune, et, après avoir tenté en vain de les retenir, coupent une tunique en deux morceaux et leur en donnent la moitié, en leur disant : « Mes enfants, prenez cette moitié; nous garderons l'autre. Vous penserez à nous quand vous regarderez cette tunique, il vous semblera que vous voyez votre père et votre mère. Nous deux, lorsqu'à force de penser à vous nous en aurons la tête malade et le front brûlant, en voyant cette tunique, ce sera comme si nous vous voyions vous-mêmes. »

Après cette douloureuse et attendrissante séparation, un nouveau malheur vient fondre sur les vieillards délaissés; leur maison brûle, et avec elle toutes leurs richesses sont consumées; ils sont réduits à aller par les rues demander l'aumône en chantant.

Ici commence une série d'aventures et de rencontres romanesques, car ce drame est un drame à événements. Le petit-fils des deux vieillards abandonnés les retrouve dans la misère, à la porte d'un couvent de bonzes, où, devenu un personnage, *une excellence*, il fait distribuer des aliments aux pauvres. Le banni qu'ils ont soulagé est devenu de son côté chef, et si l'on veut, maire d'un village. On arrête le couple errant et on le conduit devant cet homme. Cependant leur fils, que Tchin-hou croyait avoir noyé dans le fleuve Jaune, n'est point mort et reparaît sous le costume d'un prêtre de Bouddha. C'est lui qui, dans la pagode du *Sable-dO'r*, reçoit ses vieux parents sans en être reconnu. Ceux-ci, toujours occupés de leur fils qu'ils croient avoir perdu, demandent en le nommant qu'on récite pour lui des prières expiatoires, « afin qu'il passe du purgatoire dans le séjour des immortels. » Le prétendu prêtre de Bouddha reconnaît son père et sa mère, et bientôt après retrouve son épouse qu'un pieux et tendre motif amenait aussi dans la pagode; puis son fils, devenu mandarin, arrive au même lieu, conduisant prisonnier le criminel Tchinhou. Enfin le gouverneur de la province vient au nom de l'empereur annoncer la punition du coupable. — Ainsi se termine heureusement ce drame compliqué sur lequel le bouddhisme a mis assez fortement son empreinte.

C'est à la porte d'un couvent bouddhiste que les vieillards retrouvent leur petit-fils ; c'est dans un temple bouddhique et sous le costume d'un prêtre de cette religion qu'ils reconnaissent leur fils. Une puissance surnaturelle semble amener tous les personnages à la pagode du *Sable-d'Or*, où les attend l'accomplissement de leur destinée. Il est remarquable que cette pièce, plus dévote que toutes les autres, soit l'ouvrage d'une courtisane.

C'est une courtisane qui est l'héroïne d'un autre drame traduit par M. Bazin. Elle se nomme *Tchang-*

iu-ngo. Un riche négociant est au moment de la prendre pour seconde femme, à la grande mortification de son épouse légitime. Il n'est pas facile, pour le pauvre homme, de mettre d'accord les prétentions de ces deux dames. Elles commencent, en vraies Chinoises, par se piquer sur l'étiquette. Tchang-iu-ngo fait ses conditions d'avance : « Je veux maintenant présenter mes hommages à votre femme légitime ; je lui témoignerai mon respect par quatre salutations ; elle devra recevoir la première assise, se lever à la seconde, et me rendre la troisième et la quatrième. » L'épouse légitime, n'ayant pas les mêmes idées sur les devoirs de la politesse envers la demoiselle, reste sur sa chaise. De là des injures et des coups. Enfin la bonne dame suffoque de colère et expire bientôt. La nouvelle épouse s'enfuit avec un misérable qui croit avoir noyé le pauvre mari. Un général achète l'enfant de celui-ci à la nourrice qui l'a sauvé, pour la somme d'une once (7 francs 50 centimes). Au bout de treize ans, son père adoptif se décide à l'éclairer sur son origine ; car, dit-il, si je ne le fais pas aujourd'hui, dans quel siècle d'existence pourrai-je lui révéler ce secret si pénible : *Je n'ai pas de descendants ?* Il apprend donc au jeune homme son histoire, et ce dernier finit par retrouver son père ; la reconnaissance se fait au moyen d'une romance que chante la nourrice et qui contient les aventures de la famille. Les deux coupables retrouvés et sur le point d'être punis se poignardent. En somme, cette composition est la plus médiocre du recueil. La vente de l'enfant offre seule quelque intérêt.

Il n'en est pas de même du *Ressentiment de Teou-ngo* : cette pièce offre quelques passages d'un pathétique qui ne manque pas d'une certaine grandeur. La malheureuse Teou-ngo est condamnée à mort pour un crime dont elle n'est point coupable. Au moment de son supplice, elle s'adresse au procureur-criminel qui assiste à l'exécution.

« Seigneur ! j'ai une grâce à demander à votre excellence ; si elle daigne me l'accorder, je mourrai sans regret.

LE PROCUREUR-CRIMINEL.

Quelle grâce avez-vous à demander ?

TEOU-NGO.

Je demande que l'on étale une natte blanche et que l'on permette que je me tienne debout sur cette natte ; je demande, en outre, que l'on suspende à la lance du drapeau deux morceaux de soie blanche de dix pieds de haut ; si je meurs victime d'une fausse accusation, quand le glaive de l'exécuteur tranchera ma tête, quand mon sang bouillonnant s'élancera de mon corps, ne croyez pas qu'une seule goutte de sang tombe sur la terre, car il ira rougir les morceaux de soie blanche.

LE PROCUREUR-CRIMINEL.

Je puis vous accorder cette faveur ; cela ne souffre pas de difficulté.

TEOU-NGO.

Seigneur, nous sommes maintenant dans cette saison de l'année où les hommes supportent avec peine le poids d'une chaleur excessive; eh bien! si je suis innocente, le ciel fera tomber par gros flocons, dès que j'aurai cessé de vivre, une neige épaisse et froide, qui couvrira le cadavre de Teou-ngo.

. . . .

(Elle chante.)

« Vous dites que la chaleur est brûlante et que le ciel enflammé ne saurait laisser tomber un seul flocon. Mais n'avez-vous pas entendu parler de la neige que Heou-yeou fit voler dans le sixième mois? Si réellement je suis remplie d'une indignation qui bouillonne comme le feu, je veux qu'elle fasse voler dans l'air, comme de légers flocons, les fleurs de l'eau glacée; je veux que ces fleurs enveloppent mon cadavre, afin qu'on n'ait pas besoin d'un char couvert d'une étoffe unie, ni de chevaux blancs pour le transporter dans une sépulture déserte. »

L'EXÉCUTEUR, élevant l'étendard.

D'où vient donc cette étrange coïncidence? Le ciel s'obscurcit. (On entend le vent qui souffle.) Voilà un vent glacial!

TEOU-NGO, elle chante.

« Nuages qui flottez dans l'air, à cause de moi obscurcissez le ciel! Vents puissants, à cause de moi descendez en tourbillons! Oh! fasse le ciel que me trois prédictions s'accomplissent. »

(L'exécuteur frappe Teou-ngo.)

LE PROCUREUR-CRIMINEL, saisi d'épouvante.

O ciel! la neige commence à tomber. Voilà un événement bien extraordinaire! »

Il me semble que cette neige soudaine, qui tombe d'un ciel brûlant pour faire un·linceul sans tache à l'innocence condamnée, est d'un bel effet poétique. De plus, ce prodige est entièrement selon la manière de voir des Chinois, qui pensent que la nature physique est dans la dépendance de la nature morale, qui regardent, par exemple, un tremblement de terre ou un débordement comme la conséquence naturelle d'une mauvaise administration.

Le cinquième acte est d'un grand effet tragique. Le vieux père de Teou-ngo, magistrat chargé de réviser les sentences judiciaires, est assis durant la nuit devant une table couverte de papiers que sa charge l'oblige à examiner. Il trouve l'arrêt qui condamne Teou-ngo. Le jugement étant rendu, l'exécution faite, c'est une affaire consommée. Il place cette pièce officielle sous les autres, et continue son travail. Cependant il pense à sa jeune fille, qu'il a perdue de vue à l'âge de sept ans, et qui portait alors un autre nom. Bientôt l'ombre vient voltiger autour de la lampe, dont elle obscurcit par moments la clarté. Chaque fois que le magistrat mouche cette lampe, l'ombre retourne les pièces officielles, et place par-dessus les autres l'arrêt qui condamne la jeune Teou-ngo au supplice capital. Le magistrat s'épouvante en voyant cette sentence reparaître constamment, comme une plainte muette, un appel silencieux. C'est quelque chose de pareil à l'ombre de Banco, que Macbeth trouve toujours à la place où il veut s'asseoir.

L'ombre se montre enfin. Le vieux magistrat, avec toute la dignité dont son office l'investit, lui adresse un interrogatoire en forme. Convaincu de l'identité et de l'innocence de la plaignante, il va s'asseoir sur son tribunal. On amène devant lui les véritables coupables. L'ombre paraît, et vient les accuser. En vain les meurtriers invoquent le puissant *Lao-tseu*, l'ombre continue son terrible réquisitoire et les force à confesser leur crime. Les derniers mots qu'elle prononce sont adressés à son père, auquel elle demande d'effacer le nom de Teou-ngo de l'acte de condamnation. Ce fantastique, mêlé à des scènes de procédure, produit un effet familier et terrible, qui rappelle involontairement Shakspeare, et qui en même temps est emprunté au fond même des habitudes sociales et des mœurs judiciaires de la Chine.

La plus agréable des comédies chinoises connues jusqu'à ce jour est sans contredit celle qui, dans la collection de M. Bazin, a pour titre les *Intrigues d'une soubrette*. Mademoiselle Fan-sou est aussi éveillée, aussi espiègle qu'une Dorine ou qu'une Marton. De plus, elle fait des vers, sait parler le *beau langage*, et commente avec sa jeune maîtresse le philosophe Meng-tseu. Survient le beau Pé-ming-tchong, le modèle, non pas des cavaliers, mais des bacheliers chinois, qui cite à propos les classiques, et dont l'examen a fait quelque bruit. Comment résister à un mérite si brillant? Aussi la jeune Siao-man en a été profondément touchée, elle a même brodé en cachette un petit sac parfumé sur lequel on lit un quatrain ; et ce quatrain, par diverses allusions pleines de finesse, exprime les sentiments de la jeune fille pour le charmant bachelier. Elle forme le projet de jeter en passant le sachet sur le seuil du pavillon dans lequel Pé-ming-tchong se livre à l'étude, ou plutôt rêve à mademoiselle Siao-man. Mais pour cela il faut aller dans le jardin où est le pavillon. Siao-man meurt d'envie de s'y faire entraîner par la soubrette, mais elle se garderait d'en convenir. Elle paraît tout absorbée dans ses études, et débute par une tirade qui commence ainsi : « Fansou, il me vient quelque chose à la mémoire. Du fleuve Ho est sortie la table, du fleuve Lo l'écriture ; quand le Yn et le Yang furent séparés, les huit Koua naquirent. Depuis Fou-hi et Chin-nong ils furent transmis de siècle en siècle jusqu'à Confucius et Mencius..... Vint ensuite Hin-chi-hoang..... » Et elle ajoute : « Toutes les fois que j'ouvre un livre, je sens mon cœur s'épanouir. » Voilà de belles et graves dispositions; mais Fan-sou, la maligne soubrette, lui vante les charmes d'une promenade par une belle soirée, au milieu des fleurs, et les deux jeunes filles s'en vont gracieusement folâtrer dans le jardin. Fan-sou chante :

« Les pierres de nos ceintures s'agitent avec un bruit harmonieux; nos petits pieds, semblables à du nénuphar d'or, effleurent mollement la terre (*bis*). La lune brille sur nos têtes pendant que nous foulons la mousse verdoyante (*bis*). La fraîcheur de la nuit pénètre nos légers vêtements. »

Aux chants de la jeune fille répondent les sons d'une guitare. Pé-ming-tchong chante une romance pour peindre son amour, comme cet autre bachelier Lindor, auquel, du reste, il ne ressemble guère. Après l'avoir entendue, Siao-man dit avec mélancolie : « Les paroles de ce jeune homme vous attristent le cœur. » Pour la jeune soubrette, tantôt effrayée, tantôt rieuse, elle laisse malicieusement sa jeune maîtresse un instant seule. Cet instant suffit pour jeter le sachet parfumé et s'enfuir. Pé-ming-tchong sort et le trouve; il lit le quatrain, il considère la broderie. Aucune des intentions de Siao-man n'est perdue pour un si fin connaisseur en poésie. Elle a brodé sur le sachet des nénuphars : « Je vois ce qu'ils représentent, dit l'ingénieux licencié. Le cœur du nénuphar porte un nom qui se prononce *ngeou*, comme celui qui exprime l'union de deux époux; elle me donne à entendre qu'elle désire m'épouser. » La belle chose que les jeux de mots de la poésie chinoise ! Que ce *ngeou* est bien trouvé ! Qu'il est commode pour une jeune fille d'exprimer ainsi ses sentiments secrets au moyen d'un cœur de nénuphar !

Le pauvre Pé-ming-tchong tombe malade d'amour. La soubrette va le trouver et lui fait de la morale. « Vous n'avez donc pas entendu dire aux bouddhistes : L'apparence est le vide, et le vide n'est autre chose que l'apparence ? — Vous ne connaissez pas cette pensée de Lao-tseu : Les cinq couleurs font que les hommes ont des yeux et ne voient pas ; les cinq sons font que les hommes ont des oreilles et n'entendent pas ? — Confucius lui-même n'a-t-il pas dit : Mettez-vous en garde contre la volupté ? »

Mais Pé-ming-tchong finit par l'attendrir ; et comment résister à un amoureux qui vous dit : « Ayez pitié de moi ; si vous réalisez ce mariage, je veux transmigrer dans le corps d'un chien ou d'un cheval pour vous servir dans une autre vie. »

Aussi la conversation, entamée si philosophiquement, se termine à l'européenne par une lettre que la soubrette se charge de remettre à sa maîtresse.

Celle-ci, en recevant la galante missive, affecte une grande colère, et la lit pourtant ; elle menace sa suivante de la fustiger. Fan-sou la laisse dire, puis lui montre le sachet aux nénuphars. Et alors c'est elle qui s'amuse à menacer et à effrayer sa maîtresse. Puis, changeant de ton, elle plaide chaudement la cause de l'amoureux bachelier. Elle trouve encore à son service des sentences morales. « Il vaut mieux sauver la vie d'un homme que d'élever une pagode à sept étages. »

Enfin Siao-man se décide à écrire une réponse et la remet à Fan-sou. « A qui la portes-tu? — A madame votre mère, répond malicieusement la soubrette..... Ne vous troublez pas, ajoute-t-elle, c'est au bachelier que je vais la porter. »

La lettre est en vers assez vifs et promet un rendez-vous pour la nuit.

Les paroles coquettement mystérieuses de Fan-sou achèvent de tourner la tête au pauvre *inamorato*.

PÉ-MING-TCHONG.

Comment mademoiselle me traitera-t-elle cette nuit?

FAN-SOU.

Elle sera avare de sa tendresse dans la crainte d'effacer sa beauté, et cette nuit avec vous...

PÉ-MING-TCHONG.

Cette nuit, comment se conduira-t-elle avec moi?

FAN-SOU l'interrompant, elle chante.

Ce mot était venu sur le bout de ma langue, véritablement je l'ai avalé.

En attendant sa belle, le jeune homme récite une tirade de passion chinoise. Elle ne rappelle nullement la lettre écrite par Saint-Preux, dans la chambre de Julie. Mais on y trouve une certaine exaltation senti-

mentale et métaphorique qui montre que la Chine a ses Marini et ses Gongora. « Dans le temps de l'empereur Yao, il y avait dix soleils; neuf tombèrent sous les coups de flèches que Y-heou sut adroitement lancer du haut du mont Kouen-lun. Il n'en resta qu'un seul, et ce fut vous, vous qui venez le matin et disparaissez le soir... Si vous vous irritez, soudain vous faites naître des nuages à l'orient et au midi, d'épais brouillards à l'occident et au nord... Perfide soleil, que ne suis-je Ileou-tsi pour percer votre disque étincelant et vous faire tomber sur la terre! »

Ce sont là de singulières imaginations d'amant. Bientôt arrive au rendez-vous la belle Siao-man, tout en grondant et même en battant un peu la pauvre soubrette qui l'y a entraînée. Mais voici la mère de Siao-man qui survient et se fâche, tance sa fille, la soubrette et le jeune lettré. Celui-ci, pour rétablir ses affaires, prend le parti d'aller au concours; s'il revient avec le grade de licencié, quelle beauté rebelle, quelle mère intraitable pourrait lui résister? C'est encore la soubrette qui l'y décide; car, toute folâtre qu'elle est, elle sait, quand il le faut, parler raison.

Inspiré par son amour, le jeune homme a composé pour le concours un morceau dont l'élégance et l'éclat ne peuvent se comparer qu'aux rayons du soleil. Le président du conseil de magistrature en est si frappé. qu'il fait venir une respectable matrone qui porte le nom un peu bizarre d'*entremetteuse des magistrats* (il faut se souvenir que tous les mariages se font, à la Chine, par intermédiaire, et que la fonction d'entremetteur est aussi honorée que l'est le mariage lui-même). Le président ordonne à *l'entremetteuse des magistrats* d'arranger l'union de Siao-man et du *tchoang youen*; c'est ainsi qu'on nomme le premier sur la liste des licenciés. La soubrette, présente à l'entrevue, s'amuse de la surprise des deux amants, arrivés enfin au comble de leurs vœux par la volonté impériale et l'influence toute-puissante des honneurs académiques.

Ces rapides analyses et les considérations qui les précèdent suffisent peut-être pour donner une idée de la variété et de l'intérêt des ouvrages dont se compose le théâtre chinois, pour montrer quelle vive clarté ils peuvent jeter sur les mœurs, les sentiments, la tournure d'esprit et d'imagination d'un peuple extraordinaire. Il ne me reste plus qu'à exprimer un désir qui, je pense, sera partagé par le lecteur, le désir qu'on nous fasse connaître un plus grand nombre de ces curieux monuments. M. Bazin me semble appelé à poursuivre une tâche qu'il a si honorablement commencée[1]. Le style varie tellement dans les divers genres de littérature cultivés à la Chine, qu'à moins de leur consacrer sa vie entière, on est obligé de se vouer à une classe d'ouvrages pour les comprendre parfaitement.

---

[1] M. Bazin est mort à la fin de l'année 1865.

M. Julien seul, en France et en Europe, peut, à son gré,
traduire un des *kings*, un volume de poésie, un drame,
un roman, ou un ouvrage sur la culture des mûriers.
Son habile élève s'est attaché aux compositions dramatiques; maintenant il est maître de cette portion
importante de la littérature chinoise. Qu'il y concentre
ses efforts, si heureux dès le début; qu'il choisisse
les plus intéressantes des cent pièces de la collection
dont il vient de nous présenter ce curieux échantillon,
ainsi que des autres collections qu'on possède; qu'il
donne des analyses détaillées et de judicieux extraits
de celles qu'il ne traduira pas, et il aura attaché son
nom à un vaste et utile travail qui ne peut manquer
de mériter les suffrages du public et les encourage-
ments du pouvoir.

LE SCHAH-NAMEH

ÉPOPÉE PERSANE

TRADUITE PAR M. MOHL

I

L'ouvrage dont je vais parler est un des six grands monuments épiques formés spontanément par la tradition nationale des peuples. L'Inde a le *Mahabharat* et le *Ramayana*, la Grèce a l'*Iliade* et l'*Odyssée*, le moyen âge a les *Niebelungen*, la Perse a le *Livre des Rois* (*Schah-Nameh*). Ces compositions, si diverses à certains égards, ont cela de commun, qu'on ne peut les considérer comme l'œuvre du caprice individuel; elles sont évidemment le produit de l'imagination des masses et le résultat de la tradition des siècles. Je reviendrai sur les différences qui séparent ces grands monuments épiques. Disons dès à présent que celui de Firdousi se distingue de tous les autres en ce qu'au lieu d'offrir le tableau d’un grand événement, il comprend un certain nombre de récits formant une série qui commence avec les temps les plus obscurs et les plus fabuleux de la civilisation persane, et qui se prolonge jusqu’au jour où cette civilisation expire sous l’islamisme. L’unité de tous ces récits, c’est l’unité de cette civilisation elle-même, représentée de siècle en siècle par des rois de même race, civilisation fondée dans les temps mythiques par Djemschid, régénérée par Zoroastre, vaincue et respectée par Alexandre, opprimée par les Arsacides, relevée par les Sassanides, tuée par les Arabes.

Ces récits ne sont point de l’histoire ; ils contiennent la tradition telle que le temps l’a faite et telle que l’a recueillie Firdousi vers l’an 980 de notre ère ; mais une tradition nationale n’est jamais entièrement dénuée de vérité : elle n’invente pas les faits, elle les altère et les transforme. La manière dont ces altérations et ces transformations s’accomplissent est elle-même un fait historique ; en outre, la tradition supplée au silence de l’histoire ou la complète, car souvent le génie des peuples se révèle mieux dans ce qu’ils croient que dans ce qu’ils savent.

Un livre qui renferme les traditions de la Perse, recueillies et chantées par son grand poëte, est donc un des livres les plus importants que puisse offrir la littérature du genre humain. Ce livre, qui contient soixante mille distiques, n’avait jamais été traduit dans aucune langue de l’Europe. Ce qu’on avait de mieux était un

abrégé écrit en allemand avec un vrai talent par
Gœrres. Jusqu'à ce jour, quelques vers seulement de
Firdousi avaient passé dans notre langue. M. Mohl a
entrepris la tâche immense de publier le texte persan
du poëme et de le traduire en français. Le premier volume qui a paru [1] et qui fait partie de la collection des
monuments de littérature orientale, imprimés par ordre
du gouvernement, montre assez que M. Mohl est capable
de mener glorieusement à bout cette vaste entreprise.

La préface est un morceau capital de critique historique et littéraire sur lequel je reviendrai. Mais le monument lui-même étant peu connu, je crois qu'il faut,
avant tout, donner une idée de son ensemble. Je le
ferai d'autant plus volontiers que le *Livre des Rois*, imprimé avec un grand luxe aux frais de l'État et coû-
tant 90 fr. le volume, est malheureusement peu acces-
sible à la généralité des lecteurs.

Le premier qui ait institué le trône et la couronne
est Kaioumors. Il fut le fondateur de la civilisation persane et habitait les montagnes d'où elle est descendue.
Kaioumors, selon la croyance religieuse contenue dans
le *Zend-Avesta*, était un personnage mythologique : la
tradition épique l'a rabaissé à un rôle humain. C'est la
marche ordinaire des choses.

On a dit que les dieux étaient des hommes divinisés ;
bien plus souvent les héros des temps primitifs sont

____

[1] Le tome quatrième a été publié en 1855.

16.

des personnages divins dont on a fait des hommes.
Dans ces temps, on descend du ciel sur la terre plutôt
qu'on ne monte de la terre au ciel, on est plus enclin
à l'anthropomorphisme qu'à l'apothéose.

Siamek, fils de Kaioumors, et Houscheng, son petit-
fils, combattent les divs, c'est le nom des mauvaises
puissances. La lutte du bon et du mauvais principe, qui
est le fond de la théologie de Zoroastre, est l'âme du
poëme de Firdousi. La tradition dont il est l'organe
identifie sans cesse les rois de l'Iran avec le principe de
lumière et de pureté, les Touraniens leurs ennemis
avec le principe de corruption et de ténèbres.

On suit pas à pas les progrès de la civilisation naissante. Houscheng découvrit l'art d'extraire et de forger
le fer. Comme l'empereur Yao à la Chine, il prend soin
de faire écouler les eaux. On savait déjà semer, planter et moissonner, on connaissait la propriété, on possédait l'art de faire le pain ; mais, selon la tradition,
on n'avait cependant encore que des feuilles pour se
couvrir.

La découverte du feu amène l'établissement de son
culte, qui remonte ainsi à l'origine de la société persane. L'art de faire des habits avec les peaux et les
fourrures des animaux est attribué également à Houscheng. Sous son fils Tahmouras, on apprend à tondre
la laine sur le dos des brebis et à la filer, à dompter,
à apprivoiser les bêtes sauvages, à dresser le faucon
pour la chasse ; mais celui des premiers rois de la Perse

dont le nom résume, pour ainsi dire, toute cette antique civilisation, c'est Djemschid. Non-seulement Djemschid perfectionne l'art de fabriquer les armes et de tisser les vêtements, mais il organise la société, il fonde les castes. Les anciennes castes de la Perse correspondent aux quatre castes de l'Inde ; la première est celle des prêtres, la seconde est celle des guerriers, la troisième renferme les agriculteurs, la quatrième les artisans et les marchands. Djemschid est le consommateur du perfectionnement social dont il représente une période assez avancée. Il découvre les métaux précieux, les pierreries, les parfums ; il invente l'art de guérir les maladies ; il représente aussi la science ; il est le grand investigateur, il monte sur un vaisseau rapide ; durant cinquante années, il parcourt toute la terre, *et nulle qualité des êtres ne reste cachée devant son esprit.*

Le monde était soumis à Djemschid ; Dieu protégeait sa puissance et sa gloire. Parvenu au comble des grandeurs et de la prospérité, il fut atteint par l'orgueil, et il ne vit plus dans le monde que lui-même ; « il se délia de Dieu et ne l'adora plus ; il s'écria : « C'est moi qui ai fait naître l'intelligence dans l'univers, et la terre n'est devenue ce qu'elle est que par ma volonté. Il faut reconnaître en moi le créateur du monde ; » et quand les grands de l'empire et les sages mobeds entendirent ces paroles, ils baissèrent tristement la tête ; Dieu retira sa protection à Djemschid, et Zohak parut. »

Telle est donc la nature et la condition de l'humanité. Les renseignements des plus antiques traditions s'accordent ici avec les leçons de l'expérience la plus récente. Si l'homme est heureux et triomphe, qu'il s'appelle Nembrod ou Djemschid, Masaniel ou Napoléon, bientôt il se perd par le succès et se brise par l'orgueil. L'histoire si profondément vraie d'Adam dans le paradis terrestre est l'histoire de toute sa misérable postérité.

Zohak est le fils d'un chef arabe; Iblis, l'esprit du mal, vient le trouver au désert, et lui persuade de tuer son père; puis le parricide est entièrement livré à Iblis. Iblis imprime sur les épaules de Zohak deux baisers, et de chacun sort un serpent hideux. On nourrit ces deux monstres avec de la cervelle humaine.

Alors commence la punition de Djemschid, tombé dans la tyrannie et la démence. L'unité de l'empire est brisée; de tous côtés, des rois nouveaux s'élèvent, une portion de l'armée va se soumettre à Zohak. L'impie Arabe vient lui-même dans l'Iran. Djemschid s'enfuit, et reste caché durant cent années. Au bout de ce temps, il est trouvé sur les bords de la mer de Chine, et Zohak le fait scier par le milieu du corps. Telle fut la triste fin du grand Djemschid.

A quel événement historique fait allusion cette singulière histoire? On ne le saurait dire avec précision; mais il est difficile de n'y pas voir un souvenir confus d'une invasion étrangère dans l'Iran, et l'occupation du trône national par une dynastie d'origine sémitique.

Le règne de Zohak, qui dura mille ans, est une période d'oppression et de crimes. Les prophètes lui annoncent que le vengeur de tant de maux va venir, et Feridoun naît pour changer le sort de la terre.

L'impur Zohak avait fait mourir le père de Feridoun. La mère du futur libérateur de la Perse le cache au sommet du mont Alborz, dans une forêt où il est nourri par une vache merveilleuse. Quand l'heure est venue, Feridoun descend de sa montagne, il apprend de sa mère les crimes de Zohak et jure de mettre en poudre le palais du tyran. Mais voici ce qui advint alors. Zohak, pour imposer silence à sa conscience, imagine de faire attester, par tous les sages et tous les grands de son empire, « que, comme roi, il n'a semé que la semence du bien, n'a prononcé que les paroles de la vérité, n'a jamais enfreint la justice. » Les grands signèrent par peur cette déclaration mensongère. Tout à coup se fit entendre à la porte du roi le cri de quelqu'un qui demandait justice. C'était un forgeron nommé Kaweh, auquel on avait pris dix-sept fils pour nourrir de leur cervelle les serpents qui sortaient des épaules du roi. Ce malheureux père venait demander qu'on lui laissât le seul fils qui lui restait. En voyant la singulière attestation que Zohak avait arrachée à la faiblesse des grands, « Kaweh se leva, criant et tremblant de colère ; il déchira la déclaration et la jeta sous ses pieds ; puis, suivi de son noble fils, il sortit de la salle en poussant dans les rues des cris de rage... Lorsque Kaweh fut sorti de la présence du roi, la foule s'assembla autour de

lui. A l'heure du marché, il courait demandant du secours et appelait le monde entier pour obtenir justice
il prit le tablier avec lequel les forgerons se couvrent
les pieds quand ils frappent du marteau, et le mit au
bout d'une lance. »

Kaweh va chercher Feridoun ; celui-ci, armé de sa
massue à la tête de bœuf, vient assiéger Zohak dans
son palais. Il n'y trouve que deux filles de Djemschid,
dont le tyran avait fait ses épouses et qui apprennent
au vainqueur que Zohak s'est enfui dans l'Hindoustan,
où il erre désespéré, se baignant dans le sang pour
faire cesser les intolérables douleurs que lui causent
les morsures des deux serpents. Bientôt, furieux d'apprendre que ses femmes sont au pouvoir de Feridoun,
Zohak s'introduit dans sa ville, mais la population est
contre lui. « Toutes les terrasses et toutes les portes
étaient couronnées par le peuple de la ville, par tous
ceux qui pouvaient porter des armes ; les vœux de tous
étaient pour Feridoun, car leurs cœurs saignaient de
l'oppression de Zohak. »

Feridoun, vainqueur, entraîne son ennemi et le
porte dans les cavernes du mont Demavend, le Caucase
persan, où il est suspendu les mains clouées au rocher. Y aurait-il là un retentissement du mythe de
Prométhée à travers l'Orient?

Ce qui est plus certain, c'est que l'antique insurrection qui renversa la puissance usurpée dont Zohak est
le symbole, apparaît dans le récit qui précède comme

profondément nationale. Chacun, du toit de sa maison, prend part à la défaite de l'ennemi. On s'écrie : « Quand une bête féroce serait assise sur le trône royal, tous, vieux et jeunes, nous lui obéirons; mais nous ne souffrirons pas sur le trône Zohak, cet impur dont les épaules portent des serpents. » Celui qui a levé l'étendard de la révolte est sorti des rangs du peuple, l'étendard lui-même est un tablier de forgeron. Il est beau de voir ce rustique emblème de l'indépendance nationale, conservé par le respect des âges, demeurer l'oriflamme de la monarchie persane. Il dura autant qu'elle, et fut porté devant tous les rois, depuis Feridoun jusqu'à Jezdejird. Élargi de règne en règne pour qu'on pût placer les joyaux dont chaque monarque voulait le parer, le glorieux tablier avait atteint une dimension de vingt-deux pieds sur quinze, quand il tomba aux mains des Arabes; il fut alors déchiré et partagé par les vainqueurs, comme l'empire dont il était le palladium populaire et sacré.

Feridoun réorganise la société de Djemschid. « Chacun a son devoir, dit-il; lorsque l'un entreprend l'œuvre de l'autre, le monde se remplit de désordres... » Puis, Feridoun fit le tour du monde pour voir ce qui était découvert et ce qui était caché; partout où il vit une injustice, partout où il vit des lieux incultes, il lia par le bien les mains du mal, comme il convient à un roi. »

Feridoun marie ses trois fils aux trois filles du roi

d'Yemen, union qui fait croire à d'antiques alliances
entre les peuples iraniens et les populations arabes ; ensuite il partage entre eux le monde : Selm, roi de Roum,
c'est-à-dire de l'Occident, et Tour, roi du Nord, c'est-
à-dire des populations turques et tartares qui, à cause
de lui, ont porté le nom de Touraniennes, se soulèvent
contre Iredj, roi de l'Iran ou de la Perse proprement
dite. Iredj porte une âme douce et tendre, il ne veut
point combattre ses frères, il va au-devant d'eux sans
armée, sans défense ; il leur dit : « Je ne veux ni l'Iran,
ni l'Occident, ni la Chine, ni l'empire, ni la vaste surface de la terre... Je suis las de la couronne et du trône,
je vous donne le diadème et le sceau royal ; mais soyez
sans haine contre moi, je ne vous attaque pas, je ne
vous combats pas, je ne demande pas la possession du
monde, si cela vous attriste... Je suis habitue à être
humble, et ma foi me commande d'être humain. »

Mais Tour, le farouche frère d'Iredj, le Caïn de ce
tendre Abel, frappe d'un lourd siége d'or la tête innocente de son frère, qui lui demande la vie d'une
manière touchante : « Ne fais pas de mal à une fourmi
qui traîne un grain de blé, s'écrie-t-il, car elle a une
vie, et la douce vie est un bien. Je me contenterai d'un
coin de ce monde où je gagnerai ma vie par le travail
de mes mains. » Mais Tour, le père du peuple maudit,
achève son crime en poignardant son frère.

Le fratricide envoie au vieux Feridoun la tête de son
malheureux fils. Feridoun « pleura dans son amertume

si longtemps que l'herbe crut et s'éleva jusqu'à son sein. » Il fut consolé par la naissance d'un fils d'Iredj, qui s'appela Minoutcheher et vengea plus tard sur ses deux oncles la mort de son père. Les dernières années du grand Feridoun s'écoulèrent dans le deuil et la solitude; enfin il mourut en contemplant les têtes de ses trois fils, et Minoutcheher le remplaça sur le trône.

Sous son règne est placée l'histoire de Zal, père de Rustem, qui est le principal héros du *Livre des Rois*.

Zal naît avec des cheveux blancs comme ceux d'un vieillard ; exposé sur le mont Alborz, « qui est près du soleil et loin de la foule des hommes, » il est enlevé par le *simurgh*, oiseau gigantesque et intelligent que je crois l'original du *rokh* des contes arabes et de l'alcyon des *Histoires véritables* de Lucien. Le simurgh nourrit l'enfant avec tendresse, dans son nid, comme s'il eût été un de ses petits. Quand le père de Zal, averti par un songe, vient au pied du mont Alborz pour chercher son fils, le nourrisson du simurgh ne veut pas le quitter : « Tu es donc fatigué de ma compagnie, dit Zal à l'oiseau ; ton nid est pour moi un trône brillant, tes deux ailes sont pour moi un diadème glorieux. » Le simurgh lui répondit : « Quand tu auras vu un trône et une couronne, et la pompe du diadème, peut-être qu'alors ce nid ne te conviendra plus. Essaye le monde... Emporte une de mes plumes pour rester sous l'ombre de ma puissance, et si jamais on te met en danger, jette cette plume dans le

17

lieu ; je viendrai aussitôt, comme un nuage noir, pour le porter sain et sauf en ce lieu. Ne laisse pas effacer de ton cœur ton amour envers la nourrice, car mon âme te porte un amour qui me brise le cœur. »

Zal, retrouvé par son père et investi du royaume de Seistan, devient amoureux de la fille de Mihrab, roi de la race de Zohak l'Arabe, et auquel *tout le pays de Kaboul appartenait*. Que veulent dire ces paroles ? Des tribus sémitiques auraient-elles jamais été maîtresses de ces contrées ? En ce cas, la tradition poétique aurait conservé le souvenir de faits entièrement oubliés par l'histoire. Zal s'éprend de la fille du roi Mihrab au simple récit de ses charmes : de son côté, la belle Roudabeh, entendant son père louer les qualités héroïques de Zal, est possédée soudain par une violente passion. Elle dit à ses esclaves : « Sachez que je suis folle d'amour, comme la mer en fureur qui jette ses vagues vers le ciel. » En vain les esclaves s'étonnent qu'elle veuille presser contre son sein celui qui fut élevé sur la montagne par un oiseau, et qui a des cheveux blancs comme ceux d'un vieillard. Elle répond : « Mon cœur s'est égaré sur une étoile, comment pourrait-il se plaire avec la lune ?... » Les esclaves de l'amoureuse princesse viennent cueillir des roses près du camp de Zal, et un entretien s'engage entre elles et le héros ; la suite de cet entretien est une entrevue nocturne entre les amants. La princesse monte sur le toit de son palais et salue le guerrier,

qui lui répond : « Jeune fille au visage de lune, que
ma bénédiction et la grâce du ciel soient sur toi ! Que
de fois, dans la nuit, les yeux dirigés vers l'étoile du
nord, j'ai prié le Dieu saint, demandant que le maître
du monde me laissât voir en secret ton visage ! Maintenant ta voix m'a rendu heureux par ces douces paroles si doucement prononcées. » Après cette gracieuse
allocution, Zal ajoute avec une naïveté pleine de sens :
« Cherche un moyen de réunion, car pourquoi reste-
rions-nous, toi sur les créneaux, moi dans la rue ? »
La princesse déroule ses longs cheveux noirs et par-
fumés de musc, et dit au guerrier de s'en servir pour
arriver jusqu'à elle. Zal ne profite pas de cette singulière preuve de dévouement, et emploie un moyen
plus simple pour arriver auprès de celle qu'il aime.
« A chaque moment, leur amour allait croissant ; la
raison les abandonna, la passion s'empara d'eux jusqu'à ce que le jour parût et que le son du tambour
s'élevât des tentes du roi. Alors Zal prit congé de cette
lune, il fit de son corps la trame et du sein de Roudabeh la chaîne, et les cils de leurs yeux se mouil-
lèrent de larmes. Ils adressèrent des reproches au soleil, disant : « O gloire du monde ! encore un instant ;
n'arrive pas si subitement. » Zal jeta du haut du toit
son lacet, et descendit du palais de sa belle compagne.
Mais cet hymen entre un héros de l'Iran et une fille
du sang de Zohak ne saurait être d'un facile accomplissement. Il faut que Zal fasse fléchir successivement

la volonté de son père et celle du roi ; enfin il y parvient. L'union du guerrier persan et de la femme arabe se consomme, et de cette union naît Rustem, le héros par excellence, celui dont la vie se prolongera de siècle en siècle avec la glorieuse destinée de son pays, et couvrira la tradition chantée par Firdousi d'une immense auréole.

La naissance de Rustem devait être merveilleuse comme sa vie. Son père, conseillé par l'oiseau protecteur, par le simurgh, ouvre le flanc maternel d'un coup de poignard. Dix nourrices donnèrent leur lait au nouveau-né. Quand il fut sevré, il mangeait autant que cinq hommes. Sam, le vieux héros, va visiter son petit-fils ; l'enfant lui dit : « Je ne suis pas fait pour me livrer aux festins, au sommeil, au repos ; je désire un cheval et une selle, une cotte de mailles et un casque. Ce que j'aime, ce sont des flèches de roseau ; je foulerai aux pieds la tête de tes ennemis. »

Le premier exploit de Rustem est de tuer d'un coup de massue un éléphant furieux ; puis il va accomplir une *aventure* assez semblable à celles des romans de chevalerie. Il s'agir de pénétrer dans un château-fort placé au sommet d'une haute montagne. Rustem se déguise en marchand de sel, cache ses compagnons parmi les charges que portent les chameaux, et pénètre ainsi dans la place au moyen d'un stratagème bien des fois employé, ou du moins prêté bien des fois à différents personnages par les historiens de l'antiquité et du moyen âge.

Firdousi reprend ensuite l'histoire des rois de l'Iran, en racontant la mort de Minoutcheher, qui, sur son lit de mort, adresse à son fils Nouder un discours où se trouve cette phrase mélancolique : « J'ai fondé beaucoup de villes et beaucoup de forteresses, et maintenant je suis dans un tel état, que tu dirais que je n'ai pas vécu, et le nombre des années passées est effacé de mon souvenir. Quand un arbre ne porte que des feuilles et des fruits amers, sa mort vaut mieux que sa vie. »

Nouder, le nouveau roi, mécontenta les grands et le peuple : « les paysans formèrent des armées, dit Firdousi, et les braves demandèrent pour eux-mêmes le pouvoir. » Dans sa détresse, Nouder appelle Sam à son secours. D'autre part, les grands s'adressant au vieux guerrier, lui disent : « Si Sam le brave voulait s'asseoir sur le trône, quel mal y aurait-il? » Mais Sam repousse les offres des grands vassaux. L'esprit d'insurrection qui se manifestait quelquefois parmi le bas peuple et les chefs militaires contre le souverain, et le dévouement religieux pour le sang de Feridoun qui protégeait sa famille, sont vivement empreints et contrastent énergiquement dans ce curieux passage.

D'autres dangers menacent le roi. Pescheng, chef des Touraniens, et son fils Afrasiab, se préparent à venger Selm et Tour; en d'autres termes, les nations tartares ou scythiques s'apprêtent à fondre sur la Perse.

Dans cette guerre, le roi d'Iran est fait prisonnier, puis mis à mort par Afrasiab. Celui-ci pose sur sa tête la couronne de Djemschid, et prend la place du roi dans le pays d'Iran. La tradition ne pouvait exprimer plus clairement le fait d'une conquête de la Perse par les populations du nord, comme elle en a subi un si grand nombre depuis les temps héroïques d'Afrasiab jusqu'aux temps les plus récents.

Cette guerre ramène Rustem sur la scène. Firdousi raconte d'abord comment ce héros se procure une monture digne du cavalier ; il fait passer devant lui des troupes de chevaux. « Mais chaque cheval que Rustem attira vers lui, et sur le dos duquel il posa la main, plia sous son effort, et toucha de son ventre la terre. » Enfin paraît un poulain d'une grande vigueur ; Rustem « fit voler son lacet royal, et prit soudain dans sa main la tête du poulain pommelé. La mère accourut comme un éléphant furieux, et voulut lui arracher la tête avec ses dents ; mais Rustem rugit comme un lion sauvage, et la jument fut étonnée de sa voix. Il lui donna avec la main un coup sur la tête et la nuque, et fit rouler son corps tremblant. »

Par le conseil de son père Zal, Rustem va chercher Kei-Kobad pour le placer sur le trône de Feridoun.

A Kei-Kobad succède Kei-Kaous, le roi aux projets téméraires, aux rêves insensés. Il entreprend dans

son orgueil l'expédition du Mazenderan. Le Mazenderan est l'Hircanie des Grecs. Ce nom, à physionomie
sauvage, est celui de la province la plus fertile et la
plus riante de la Perse. On y recueille le coton et la
canne à sucre, et une chanson locale, conservée par
Firdousi, célèbre ainsi la gracieuse nature du Mazenderan : « La rose ne cesse de fleurir dans ses jardins,
et la tulipe et l'hyacinthe croissent dans ses montagnes. L'air y est doux, la terre y est peinte de fleurs.
Il n'y a ni froid ni chaleur ; il y règne un printemps
éternel. Le rossignol qui chante dans ses jardins, la
biche qui erre dans ses vallées, ne se lassent pas de
voler et de courir. »

C'est contre cette espèce de paradis que le roi entreprend une guerre funeste. Les enchanteurs et les
divs (mauvaises puissances) qui habitent le Mazenderan, font prisonnier Kaous avec son armée. Kaous
appelle à son secours l'invincible Rustem. Celui-ci
rencontre sur son chemin sept aventures. Tandis qu'il
dort, un lion veut le dévorer ; mais Raksch, le terrible
coursier, foule aux pieds le lion et le déchire. Au moment de mourir de soif dans le désert, le héros est
sauvé par un bélier qui lui indique une source. Rustem combat et met à mort un dragon avec l'aide du
fidèle Raksch, qui l'a réveillé trois fois, comme Bayard
réveille Renaud en frappant du pied son écu. Une ma-
gicienne tente de séduire Rustem ; mais il prononce
le *nom de Dieu*, et elle devient noire et hideuse. C'est

le type des enchanteresses de la famille d'Alcine. Après plusieurs autres rencontres, Rustem arrive à la caverne du div blanc, défenseur terrible du Mazenderan. Le trouvant endormi, le héros se garde bien de le tuer dans son sommeil; mais il l'éveille par un cri, et le combat commence. Rustem et son ennemi s'arrachent l'un à l'autre des lambeaux de chair, le sol est pétri de leur sang. Enfin Rustem enfonce son poignard dans le cœur du div, dont le sang versé sur les yeux de Kaous rend à ce monarque la vue, que les enchantements lui avaient ravie.

Kaous alors, secondé par Rustem, combat le roi du Mazenderan, et Rustem le perce de sa lance. En ce moment, grâce à son art magique, ce roi se change en un quartier de rocher; mais Rustem ne se laisse pas tromper par cette ruse de guerre. Il saisit la lourde pierre que nul dans l'armée n'avait pu mouvoir, la porte devant la tente de Kaous, et force par ses menaces l'enchanteur à paraître sous sa forme naturelle. Enfin, il obtient que l'investiture du Mazenderan sera donnée à Aulad, guerrier indigène qu'il protége. Cette investiture accordée à un chef du pays conquis est peut-être le trait le plus historique de cette expédition dans le Mazenderan, qui doit avoir un fondement réel, mais qu'en raison même de sa célébrité, l'imagination des peuples et la crédulité des siècles ont surchargée de fables et de légendes merveilleuses.

Ici s'arrête la traduction de M. Mohl. Pour faire apprécier l'étendue de l'œuvre qu'il a entreprise, je vais continuer à donner l'analyse du *Livre des Rois* d'après Gœrres. Je serai encore plus succinct que je ne l'ai été jusqu'ici; en abrégeant cet abrégé, ma seule intention est de dessiner le contour de la composition gigantesque de Firdousi.

Après son expédition dans le Mazenderan, Kaous en entreprend une autre qui n'a pas beaucoup plus de succès. Séduit par son amour pour la fille du roi du Hamaveran, il est fait prisonnier, et c'est encore le vaillant Rustem qui vient délivrer l'imprudent monarque.

Enfin, le délire de son orgueil est porté au comble. Tenté par les mauvais esprits, il ne se contente plus de régner en paix sur le monde; il veut s'élever vers le ciel pour aller voir ce qui se passe dans les régions interdites à l'homme. Des vautours l'emportent d'abord à travers les airs, puis le précipitent sur la terre. Instruit par cette chute, il se repent de sa folle ambition et s'humilie devant Dieu.

« Laissons le roi Kaous et insérons ici une narration sur Rustem, pleine de couleur et de parfum. » C'est ainsi que le poëte annonce le récit assez insignifiant d'une chasse entreprise par Rustem sur les terres ennemies et de la bataille qui s'ensuivit.

Ces grandes chasses, qui durent plusieurs jours, quelquefois plusieurs semaines, qu'on entreprend à la

17.

tête d'une petite armée, sont tout à fait dans les
mœurs de l'Asie. En même temps, l'espèce de défi
qui consiste à chasser joyeusement sur le territoire
d'un ennemi est exprimé ici à peu près dans les
mêmes termes que dans la fameuse ballade anglaise,
la Chasse de Cheviot, que le classique Addisson a comparée à un chant d'Homère : « Percy, du Northumber-
land, fit vœu à Dieu qu'il chasserait dans les montagnes
de Cheviot pendant trois jours, en dépit du vaillant
Douglas et de tous ceux qui pourraient être avec lui... »

Une autre histoire, que Firdousi nomme à bon droit
pleine de larmes, c'est la célèbre et touchante aventure
de la mort du fils de Rustem, l'infortuné Zohrab. Le
poëte commence par retracer la romanesque naissance
du jeune héros, avant de raconter sa mort. Dans une
chasse entreprise, comme la précédente, sur les frontières du Touran, Rustem avait perdu son bon cheval
Raksch ; Rustem sans Raksch, c'est comme Renaud
sans Bayard. Accueilli par l'hospitalité empressée et
tremblante du roi de Semenkan, Rustem dormait,
après avoir bu largement, quand la belle Tehmine
vient dans la nuit lui offrir son amour. Les prouesses
du guerrier avaient fait naître dans le cœur de la jeune
fille un sentiment non moins exalté que tendre, et
qui s'exprime dans des termes que ne désavouerait pas
l'héroïne d'un roman de chevalerie, sauf je ne sais
quoi de grandiose et d'un peu sauvage, où l'on sent
une poésie plus lointaine et plus naïve.

« Mille récits de tes exploits, lui dit-elle, sont parvenus à mes oreilles. Je sais que tu ne crains ni les
lions, ni les crocodiles, ni les mauvais génies. A travers la nuit sombre tu marches seul vers le Touran,
tu dors sur le sol ennemi, tu rôtis pour ta nourriture
un âne sauvage, tu fais pleurer l'air avec ton glaive.
Saisi de crainte à cause de toi, l'aigle n'ose voler, et le
serpent de mer sort des flots. » La princesse termine
l'aveu de sa tendresse en promettant à Rustem de lui
faire retrouver son cheval, et cet argument, réservé
pour le dernier, n'est pas, on peut le croire, le moins
puissant de ceux qu'elle emploie pour obtenir du héros
qu'il réponde à son amour.

Rustem s'éloigne aux premiers rayons du jour, et
laisse à la belle Tehminé un bracelet, en lui demandant, si elle a un fils, de le placer au bras de cet enfant.
Un fils naît en effet; sa mère lui donne le nom de Zohrab. Un jour il se présente devant elle et lui dit : « Ap-
prends-moi pourquoi je suis plus fort que mes compagnons, pourquoi ma tête s'élève vers le ciel, et quelle
est ma race? Quand on me demande quel est mon père,
que dois-je répondre? Si tu me caches son nom, je ne
te laisserai pas vivante sur la terre. — O mon fils! répond la mère épouvantée, réjouis-toi, tu es le fils de
Rustem, c'est pour cela que tu es plus grand que le
ciel! » Mais il ne faut pas que le roi de Touran, Afrasiab, connaisse ce mystère. Elle recommande donc le
secret à Zohrab. Celui-ci s'écrie : « Je veux rassem-

bler une armée de braves, je veux aller chercher vengeance dans l'Iran, je précipiterai Kaous du trône, je donnerai à mon père la couronne et l'armée, je le placerai sur le trône royal. » Plein d'enthousiasme pour son glorieux père, Zohrab se met en campagne, et va combattre les Iraniens. Bientôt le roi Kaous envoie chercher Rustem pour venir à bout du jeune guerrier, auquel nul ne peut résister.

La destinée, qui menace l'un par l'autre le père et le fils, commence à s'appesantir sur eux à leur insu. Rustem tue un guerrier touranien que la mère de Zohrab avait secrètement chargé de faire connaître à son fils le héros qui lui avait donné le jour. Un autre trompe le jeune homme, avide de découvrir son père parmi les guerriers de l'Iran qu'il contemple du haut d'un château-fort, et qu'on lui nomme, comme Hélène, sur le rempart d'Ilion, nomme les héros de la Grèce à Priam. Bientôt Zohrab s'élance dans la plaine et va demander au roi Kaous le combat singulier contre un de ses braves. C'est Rustem qui vient répondre à ce défi chevaleresque. Ils combattent. Rustem s'étonne d'une résistance qu'il n'a pas encore rencontrée. Zohrab éprouve un singulier éloignement à continuer la lutte. Il le dit à Rustem. Rustem ne l'écoute point, et jette autour de son ennemi le lacet dont se servent les héros de Firdousi. Le jeune homme brise le lacet et terrasse le vieux guerrier. Le lendemain même discours de Zohrab : « Pourquoi combattre?

Livrons-nous plutôt ensemble aux joies d'un banquet, car mon cœur éprouve pour toi de l'amour... » Mais le vieux Rustem s'obstine à la guerre, sans vouloir dire son nom à Zohrab.

Zohrab jette à terre son ennemi et se prépare à lui couper la tête. Le rusé Rustem lui dit : « O brave! ce n'était pas ainsi que j'avais coutume de faire. La première fois qu'on abat un adversaire, on ne lui coupe pas la tête, même dans l'emportement de la colère; mais, quand on le renverse pour la seconde fois, alors abattre une tête, c'est agir en lion. Telle a toujours été mon habitude. » Ce discours persuade Zohrab, et il épargne le vieillard. Le troisième jour a lieu un troisième combat. Celui-ci dure depuis l'aube jusqu'au soir. Enfin Rustem, après une lutte terrible, fait tomber Zohrab, et lui porte un coup de son poignard. Le jeune homme s'écrie : « C'est mon amour pour mon père qui m'a donné la mort! Je le cherchais. J'aurais voulu voir son visage, et ce désir me coûte la vie..... Mais toi, quand tu nagerais dans les eaux comme un poisson, quand tu t'enfoncerais dans les ténèbres de la nuit, quand tu volerais dans l'espace comme un oiseau, quand tu te cacherais au ciel parmi les étoiles, tu n'échapperais pas à ta perte, car Rustem te demandera vengeance de ma mort, quand il apprendra que son fils est venu de Touran, conduit par son amour, et qu'il a été victime de la perfidie d'un vieillard. »

Cette reconnaissance, ainsi amenée, est profondément pathétique. Ce qui ne l'est pas moins, c'est la résignation de Zohrab, qui console son père, c'est la douleur de Rustem, et surtout celle de la mère de l'infortuné Zohrab en présence du cercueil de son fils. « Elle frappa son visage, elle tomba sur la terre, elle ne pouvait plus parler, elle avait perdu tout sentiment; on eût dit que le cours de son sang s'était arrêté. Enfin, la malheureuse revint de son évanouissement, et ses lamentations recommencèrent... Elle prit l'ornement de tête de son fils, et elle pleura. Elle pressa sur son sein les sabots du cheval qui avait porté le héros au jour du combat. L'animal se tenait près d'elle tout étonné; elle lui baisait tour à tour les yeux et la tête, elle baignait ses pieds d'un torrent de sang; elle prit le royal vêtement de Zohrab et l'embrassa comme son enfant. La terre fut rougie du sang de ses yeux. Elle plaça devant elle la cuirasse, la cotte de mailles, l'arc, la lance, la massue et le glaive du jeune homme; elle frappa sa tête de la lourde massue, et, dans l'amertume de ses souvenirs, elle déchira de nouveau son sein; elle prit la selle, et la bride, et le bouclier, et les pressa contre ses joues; elle prit le lacet de Zohrab et le déploya sur la terre. Elle pleura sur tout ce qu'il avait possédé, et se lamenta sans mesure. Elle tira le glaive de Zohrab, coupa la bride du cheval, et le laissa aller en liberté. Elle donna aux pauvres la moitié de ses trésors. Vêtue de noir, elle gémit jour et nuit sans relâche, jusqu'à ce que la pauvre désolée expirât dans sa douleur, et fût rejoindre son bien-aimé Zohrab. »

Après la touchante histoire de Zohrab vient celle de Siavesch. C'est la vieille aventure de Phèdre et de l'impératrice du roman des *Sept sages*. La reine veut séduire le fils de son époux, et, comme la femme de Putiphar, accuse celui qui l'a repoussée. Siavesch sort victorieux de l'épreuve du feu, dont l'origine orientale et non chrétienne est attestée par ce passage et par celui du *Ramayana*, dans lequel la belle Sita prouve son innocence par le même moyen.

Bientôt le jeune prince est victime de la générosité des sentiments que Rustem, son maître, lui a inspirés. Le roi des Touraniens, Afrasiab, a fait des propositions de paix, et, sur la demande de Siavesch, lui a envoyé cent otages. Kaous, avec son impétuosité ordinaire, condamne les negociations entreprises par son fils et demande les otages pour les pendre. Siavesch ne peut consentir à ce manque de foi, il aime mieux quitter son armée, et, sous un nom supposé, aller cacher sa destinée à la cour d'Afrasiab. Celui-ci l'accueille avec tendresse et lui donne en mariage une de ses filles, bien que les devins aient annoncé qu'un de ses petits-fils doit détruire le pays de Touran, et qu'il craigne, en unissant sa fille à un héros iranien, de hâter l'accomplissement de cette prédiction. Cependant Siavesch finit par exciter l'envie du frère d'Afrasiab, et le roi de Touran lui-même ordonne sa mort.

Mais bientôt naît ce fils annoncé comme le fléau des Touraniens. C'est Khosrou, dans lequel on est porté à reconnaître Cyrus. Malcolm fait remarquer quelle est, à travers bien des différences, la coïncidence qui se trouve entre le récit d'Hérodote et celui de Firdousi. « Un petit-fils naît à un roi qui, craignant pour sa propre sûreté, cherche à se défaire de cet enfant et charge de ce soin son ministre. L'enfant est conservé par la personne qui avait ordre de le faire périr. Le monarque le sait et consent à le laisser vivre. Le jeune prince fait ensuite la guerre à son grand-père, dont l'armée se trouve être commandée par le même ministre[1]. » Certes. ces analogies, sans parler de celle du nom, sont frappantes. On peut remarquer, en outre, l'extrême ressemblance de toute cette histoire avec celle de Romulus, qui disparaît aussi du milieu des siens, comme nous le verrons tout à l'heure de Khosrou. C'est une raison de plus de ne voir qu'une légende dans ce que racontent les premiers chapitres de Tite-Live. Les innombrables batailles de Khosrou contre Afrasiab paraissent être un vague souvenir des expéditions de Cyrus contre les Scythes. Xénophon dit positivement[2], en deux endroits, que, de son temps, des chants célébraient les aventures et les exploits de

<hr>

[1] *Histoire de la Perse*, par Malcolm, traduction française, p. 354

[2] Préface de Gœrres, p. 153

Cyrus. Dans ces chants populaires se conservait probablement la tradition qui a fourni la base de cette
partie du *Livre des Rois.*

Ici ces guerres, qui, dans la réalité, furent causées
par des inimitiés nationales et par les causes politiques
et géographiques qui, à toutes les époques, ont mis
aux prises les habitants de la Perse et leurs sauvages
voisins du nord ; ces guerres ont pour motif la vengeance du meurtre de Siavesch. L'expiation du sang
par le sang est le principe des mœurs et des sentiments
héroïques de la Perse, comme des mœurs et des sentiments germaniques.

Un fils d'Afrasiab est fait prisonnier par les Iraniens.
Le jeune prince, menacé de la mort, s'écrie qu'il a été
l'ami de Siavesch, qu'il a pleuré son malheur et maudit ses meurtriers. Saisi de pitié, un guerrier va porter
ces paroles à Rustem : mais celui-ci, indigné, s'écrie :
« Tu songes peu au sang du noble fils de Kaous. Il
faut qu'un chagrin profond soit préparé pour le cœur
d'Afrasiab, une peine qui ne s'épuise jamais. »

Au milieu de ces interminables combats se dessine
la grande figure de Rustem. Outre la guerre générale,
il accomplit encore d'autres exploits qui lui sont particuliers ; telle est sa singulière aventure avec le div
Akwan. Celui-ci saisit Rustem et l'enlève dans les airs,
après quoi il lui demande s'il préfère être jeté dans
l'océan ou précipité sur la terre. Rustem, qui comprend la malice du mauvais génie, choisit la terre,

sachant bien que ce sera pour son ennemi une raison
de le laisser tomber dans la mer. C'est ce qui arrive
en effet; mais le héros tire son glaive de la main droite
pour écarter les monstres marins, tandis qu'il nage du
bras gauche, et gagne ainsi le rivage.

La fin de Khosrou ne ressemble exactement à aucune
des différentes versions de la mort de Cyrus, telle que
la racontent les auteurs anciens; mais, légende pour
légende, celle-ci est belle et touchante.

Après soixante années de règne, Khosrou est saisi
d'une pensée triste. « Jusqu'ici j'ai été juste, mais si
j'allais devenir comme Zohak, Tour ou Kaous. » Poursuivi par cette crainte, il demande à Dieu de l'ôter de
ce monde L'ange Serosch lui apprend dans un songe
que son vœu a été exaucé. Alors le roi rassemble ses
guerriers, leur partage ses trésors, nomme un successeur, et se met en route vers la montagne sur le
sommet de laquelle il doit disparaître. Tout le peuple
pleure son roi et veut le suivre; Khosrou invite ceux
qui l'accompagnent à retourner dans leur patrie. Un
petit nombre de braves demeurent. Il leur dit adieu
durant la nuit; et, quand l'aurore paraît, ils ne trouvent plus leur roi au milieu d'eux. Mais nul de ceux
qui ont été témoins de sa disparition merveilleuse ne
doit revenir parmi les hommes; surpris par une tour-
mente, tous périssent, ensevelis sous la neige.

Ce dénoûment semble une altération de la tradition
que rapporte Hérodote, et selon laquelle Cyrus aurait

péri au delà de l'Oxus, pendant une expédition contre les Massagètes. Dans ces contrées septentrionales, il a pu être enseveli sous la neige avec son armée. Seulement la vanité nationale du peuple aurait fait de ce désastre, d'où personne n'était revenu, le départ mystérieux de Khosrou pour l'autre monde.

Nous arrivons à des noms connus de l'histoire. A Khosrou, qui est bien vraisemblablement Cyrus, succède Lohrasp, dont le fils, Gustasp, porte certainement le même nom qu'Hystaspe, père de Darius; mais la vérité historique se borne presque aux noms et à quelques rares et incertaines allusions à des faits réels. Gustasp est, dans Firdousi, le héros d'une aventure des plus romanesques. S'étant brouillé avec son père, il fuit déguisé dans le pays de Roum, c'est-à-dire dans l'empire grec, plaît à la fille de l'empereur (Kaisar), l'épouse, tue un monstre, et revient dans son pays à la tête d'une armée. Je serais porté à croire que cette histoire romanesque, dans laquelle figure le *César* de Constantinople, est d'origine plus récente que le reste de la tradition, et ne se lie à aucun des souvenirs antiques de la Perse.

Mais à côté de cet épisode purement fictif se trouve mentionné un événement véritable et d'une haute importance historique, l'établissement de la religion de Zoroastre (Zerduscht). Tout porte à placer la venue de ce grand réformateur vers le temps d'Hystaspe ou de Darius, et c'est sous Gustasp que Firdousi fait apparaître le saint vieillard, pour abolir le culte des idoles et fonder ou plutôt renouveler le culte du feu, qui remonte à Djemschid [1]. Il apporte la flamme céleste du paradis, où il a conversé avec Dieu. Il vient montrer aux hommes la foi véritable, et leur enseigner la loi. Ces expressions sont remarquables; elles font voir à quel point l'empreinte de l'antique religion de la Perse sur la tradition subsistait encore au temps de Firdousi, après quatre siècles d'islamisme.

Le mahométan Firdousi fait parler Zoroastre à peu près comme l'eût fait parler un Guèbre. Dans plusieurs endroits de son poëme, ses personnages discourent et agissent suivant l'esprit de la religion de Zoroastre. Cependant, malgré les soupçons qui se sont élevés sur son orthodoxie, Firdousi était un musulman sincère. Ses professions de foi sont fréquentes et énergiques. Il n'a donc jamais pu introduire dans la tradition l'esprit du magisme; mais il l'y a souvent conservé : c'est une preuve de sa fidélité pour cette tradition, qu'il respectait et suivait encore, même quand elle s'écartait de sa croyance; c'est un mérite de plus qu'a pour nous son poëme.

La mort du vieux roi Lohrasp, massacré à Balkh avec quatre-vingts prêtres qui, le Zend-Avesta à la main, priaient devant le feu sacré, se rattache évidemment à la tradition ordinaire du massacre des

[1] Préface de M. Mohl, p. 57.

mages, immolés avec Zoroastre lui-même. Ce qui concerne ce législateur dans le *Livre des Rois* est ce qu'on possède de plus ancien sur sa vie et sur l'établissement de son culte, et le silence de Firdousi fait justice des fables contenues dans les ouvrages persans postérieurs, fables puériles et très-probablement imaginées plus tard.

Sous le règne de Gustasp paraît sur la scène son fils Isfendiar, le plus brillant héros de l'Iran après l'invincible Rustem.

Isfendiar est présenté dans le *Livre des Rois* comme le grand propagateur de la religion de Zoroastre. Ses conquêtes sont celles du culte nouveau. En outre, on incline à voir en lui Xerxès, fils de Darius Hystaspe, comme Isfendiar est fils de Gustasp. S'il en était ainsi, les expéditions du père et du fils contre les Grecs, ces expéditions dont l'immense appareil a été tant célébré, et probablement tant amplifié par les vainqueurs [1], ne seraient représentées dans la tradition persane que par la mention rapide et insouciante d'une expédition d'Isfendiar dans l'ouest. C'est que la tradition nationale n'enregistre pas volontiers les défaites, c'est que ces événements si importants pour les destinées de l'Occident se passaient loin du centre de l'empire

---

[1] Hérodote, et après lui Isocrate et Plutarque, portent le nombre des soldats de Xerxes à cinq millions environ ; mais Diodore de Sicile, Pline, Ælien, s'accordent pour en retrancher les quatre cinquièmes. (Malcolm, *Histoire de la Perse*, I, 347.)

persan, et n'y ont retenti que faiblement. Les luttes
ignorées des populations de la Perse contre les populations scythiques, et le rôle qu'ont joué dans
ces luttes quelques chefs militaires des provinces
du nord et de l'est, voilà ce qui a vécu dans la mémoire des masses, voilà ce qui a inspiré les chants
des poëtes. Il n'y avait point de place dans ces chants
pour une guerre qui intéressait la civilisation du
monde, mais qui ne touchait pas l'Orient. L'Orient a
célébré Rustem et Afrasiab, personnages inconnus à
l'Occident; il s'est tu sur Xerxès et sur Thémistocle.
Singulières vicissitudes de la renommée! Ce que Pascal
dit de la vérité, on peut le dire plus justement de la
gloire : Quelques degrés du méridien décident de l'il-
lustration des hommes, célèbres en deça, ignorés
au-delà!

Il y a un singulier rapport entre la destinée d'Isfendiar et celle du fils de Pélée; son corps est invulnérable, sauf en un point où la mort doit le frapper. Enchaîné impitoyablement par son père, quand on vient
le chercher pour aller guerroyer, il refuse; et on le
décide à combattre en lui apprenant la mort d'un ami
qui était le Patrocle de cet Achille. Mais ce héros, si
brillant qu'il soit, doit tomber sous les coups de Rustem. Le vieux roi a promis à Isfendiar de lui abandonner
le sceptre et la couronne; pressé par l'impatience de
son fils, il se décide à lui ordonner d'accomplir un
exploit périlleux, d'aller s'emparer de Rustem, et de

l'amener chargé de liens. Le héros, sous le poids d'un pressentiment sinistre, entreprend, malgré les craintes de sa mère, cette expédition, dont il comprend le vrai motif, et dont il prévoit le triste dénoûment.

Arrivé dans le Seistan, patrie de Rustem, Isfendiar envoie vers lui son fils Bahman et dix mobeds pour lui faire part des ordres du roi et l'engager à s'y soumettre. Le jeune envoyé arrive sur une montagne, au lieu où se plaisait à chasser le héros du Seistan, et de là découvre un homme « qui, par sa taille, ressemblait au mont Bisoutoun. Il tenait, en guise de massue, un tronc d'arbre, avec lequel il avait tué un âne sauvage ; il portait sa proie vers le feu sans effort, comme si c'eût été un oiseau. » Ce géant était Rustem. Rustem embrasse le fils d'Isfendiar, et, avant d'entendre son message, l'invite à manger avec lui. Ceci est dans les mœurs homériques et dans les mœurs de l'Orient.

Rustem mange comme un lion, et, quand Bahman a fait son message, il reçoit cette réponse : « Personne ne m'a jamais chargé de liens... Mais viens vers moi avec ton armée, nous passerons deux mois ensemble, vivant joyeusement ; nous chasserons et banquetterons ; je t'instruirai dans l'art de la guerre, car tu es jeune et je suis vieux (Rustem a déjà vécu sept siècles). Quand tu voudras me quitter, je t'ouvrirai mes trésors et t'accompagnerai moi-même vers le roi, afin que la haine s'éloigne de son âme. »

Isfendiar répond qu'il ne peut se dispenser d'obéir

à son père, mais il ajoute : « Dieu m'est témoin, ô homme pur ! que mon cœur saignera de te voir porter des liens. Le roi m'a promis la couronne ; dès que je l'aurai placée sur ma tête, je te renverrai avec des présents dans ta patrie. »

Aucun des deux ne peut céder avec honneur : il faut donc combattre. En attendant, Rustem s'assied à la droite d'Isfendiar sur un siége d'or, et ils se livrent ensemble à la joie du festin. Les deux guerriers se racontent mutuellement la longue histoire de leurs exploits, entremêlée de bravades cordiales et de gaietés héroïques.

« Isfendiar prit en souriant la main de Rustem, et dit : « Tu es plus fort qu'un lion, tu as la poitrine et « les épaules d'un dragon. » En même temps il lui serra la main, de sorte que le sang jaillit sous les ongles ; mais l'homme pur demeura immobile. Le vieillard rit du jeune homme, et, prenant sa main, il dit : « Heureux Gustasp ! d'avoir un fils tel qu'Isfen- « diar ! » En prononçant ces mots, il lui pressa si fortement la main, que le visage du brave devint rouge et que ses ongles ruisselèrent de sang. Isfendiar se prit à rire, et dit : « Bois à cette heure, je te com- « battrai demain ; quand je t'aurai terrassé, je te dé- « livrerai de tout souci et de tout mal, et je te com- « blerai de richesses. » Rustem répondit en riant : « Ainsi, demain, au lieu de vin, nous verserons du « sang. Homme contre homme, avec le glaive et la

« massue, nous accompagnerons le chant de guerre ;
« alors tu connaîtras ce qu'est le combat des héros.
« Je t'enlèverai de ta selle, je te porterai devant mon
« père Zal, je te placerai sur un trône d'or, et je dé-
« ploierai mes richesses devant toi, pour que tu choi-
« sisses ce qui te plaira. »

Voilà de la courtoisie héroïque, et, en lisant cet entretien des preux de l'Iran, on peut s'écrier comme
Arioste :

> O gran bontà dei cavalieri antichi.

Le lendemain, les deux champions brisent d'abord
leurs lances l'un contre l'autre, puis ils saisissent le
glaive et la massue, et s'attaquent avec fureur. Les
flèches d'Isfendiar percent la peau de tigre, vêtement
jusque-là impénétrable, de Rustem. Le héros et son
coursier sont couverts de blessures ; Isfendiar n'en a
reçu aucune, son corps est *fée*, comme disaient les
romanciers du moyen âge. Rustem, criblé de plaies,
n'en traverse pas moins à la nage le fleuve qui le sépare de sa demeure, et il échappe ainsi à son adversaire, qui croyait déjà triompher. Dans sa détresse, il
appelle le simurgh, l'oiseau qui a nourri son père et
qui protége sa race ; le simurgh vient guérir ses blessures et lui enseigner les moyens de vaincre Isfendiar.
Zoroastre avait enchanté les armes de ce guerrier ; il
avait aussi versé une eau magique sur sa tête pour le

rendre invulnérable ; mais, pendant cette opération,
Isfendiar avait fermé les yeux, et le charme n'avait
pu s'étendre à eux. Ainsi Achille, tenu par le talon
tandis qu'on le trempait dans les eaux du Styx,
était vulnérable seulement par cet endroit ; ainsi la
tradition germanique raconte que le sang du dragon
dans lequel se lava Sigurd produisit le même effet
sur toute sa personne, excepté sur l'espace qu'une
feuille de saule, tombée par hasard, couvrit pour son
malheur. La coïncidence et la diversité des trois récits
méritent d'être remarquées.

Le simurgh ne se contente pas d'apprendre à Rustem le secret de la faiblesse d'Isfendiar, il lui découvre
le moyen d'en triompher. A une branche d'orme est
attachée la vie du fils de Gustasp. Instruit par le simurgh, Rustem coupe le rameau fatal, le durcit au
feu, y adapte un fer de flèche, et lance le trait magique dans les yeux d'Isfendiar, qui tombe blessé mor-
tellement.

Ici encore on peut relever une singulière ressemblance de la tradition persane avec la tradition germanique. Quoi de plus semblable à la branche d'orme
par laquelle périt Isfendiar, que le rameau de Mistel-
stein qui tue Balder [1] ?

Le mourant parle à son vainqueur sans haine, et
lui confie son fils Bahman : Rustem pleure sur son

---

[1] Voyez sur ce mythe mon analyse des *Dieux du Nord*, poème
d'Œlenschlæger, *Littérature et Voyages*, p. 93, in-12. Didier et Cie.

ennemi tombé, et tous pleurent sur Rustem, car les
sages ont prédit que le lot de la mort doit échoir à celui qui aura tué Isfendiar. En effet, cette catastrophe
approche, et le héros contemporain des générations
écoulées, celui qui restait depuis sept siècles debout à
côté du trône occupé tour à tour par Kobad, Kaous,
Khosrou, Lohrasp, Gustasp, comme s'il eût été une
incarnation immortelle du génie héroïque de l'Iran,
Rustem doit tomber à son tour. Mais ce n'est pas la
force, c'est la trahison qui l'abattra : dernier rapport
de ce personnage avec le héros grec et le héros germanique, avec Achille et Sigefrid.

Un frère de Rustem, Schégad, concerte avec un
roi de Caboul la mort du héros. Le roi de Caboul invite, sous un semblant d'amitié, Rustem à venir le visiter dans ses États ; puis il fait creuser des fosses que
l'on remplit de lances, de glaives, de pieux aigus, et
qu'on recouvre avec soin de branchages. On sert à
l'hôte illustre un joyeux festin dans la forêt ; après le
festin, le roi de Caboul propose à Rustem une grande
chasse ; Rustem monte à cheval, et, guidé par le perfide Schégad, arrive au bord d'une des fosses creusées
pour le perdre. Raksch flaire la terre fraîchement re-
muée, se dresse et piétine sans vouloir avancer ; mais
Rustem, que sa destinée aveugle, le frappe du fouet :
la terre cède sous les pieds de Raksch : cheval et cavalier tombent ensemble et sont percés tous deux.

Le héros jette un profond soupir : «On t'a appelé le

fort, s'écrie-t-il, et maintenant tu es tombé là d'où tu ne peux revenir, et pour toi il n'est plus d'espoir de vengeance. » Cependant il rassemble toute sa vigueur, fait un immense effort, parvient à s'arracher aux pieux qui le transpercent et s'élance hors de la fosse. Là il trouve le traître Schégad, et, plein de ruse à son dernier moment, il lui dit : « Apporte-moi mon arc et place deux flèches devant moi ; il ne convient pas que je demeure ainsi désarmé : si un lion passait ici cherchant sa proie, je ne pourrais me défendre contre lui. » Schégad fut chercher l'arc, le banda, le plaça près du mourant, et il se réjouissait de la mort de son frère, quand le héros, faible et épuisé de sang, tendit l arc et y plaça une flèche. Schégad craignit le trait et la vengeance de son frère, et il s'élança derrière un arbre ; mais l'âge avait enlevé la moelle du tronc, et la flèche perça d un coup l'arbre et Schégad. »

Ainsi Rustem, tué comme Sigefrid, par trahison dans une chasse, comme lui, avant de mourir, a encore la force de se venger de son meurtrier. La ressemblance entre les destinées des deux héros se soutient jusqu'au bout.

A partir de la mort de Rustem, je suis privé du secours qui me soutenait jusqu'ici. M. Gœrres interrompt en cet endroit la version incomplète, mais pleine de vie et de couleur, qu'il a donnée du *Livre des Rois.* Pour le reste du poëme, il se borne à une analyse aride qu'il serait impossible d'analyser elle-même, à moins de tomber dans une extrême sécheresse. Je me contenterai d'indiquer, sans presque les tracer, les linéaments de la tradition. C'est ainsi qu'en géométrie on indique par des points certains contours qui ne font point partie de la figure, mais qui complètent la démonstration.

A mesure qu'on avance dans la série des siècles, la tradition épique se rapproche davantage de l'histoire, Artaxerxe Longuemain porte chez Firdousi le même nom, suivi de la même épithète (Ardeschir-Dirasdust); Darab est Darius, seulement on a confondu deux princes de ce nom, le cruel Darius Ochus et le prince débonnaire qui fut vaincu par Alexandre. Mais ces confusions sont dans la nature et dans le génie de la tradition populaire. Ainsi, au moyen âge, dans le Charles des romans carlovingiens, on a confondu la lutte de Charles-Martel contre les Sarrasins, la grandeur de Charlemagne et l'impuissance impériale de Charles-le-Chauve et de Charles le Gros.

Pour Alexandre, il a pris place parmi les rois de Perse ; il figure à son rang dans leur histoire. Ici la tradition est juste et la poésie est vraie. Le Macédonien ne s'était-il pas fait Persan après sa victoire? N'avait-il pas adopté le costume et les mœurs des vaincus? Ne voulait-il pas faire de Babylone le centre d'un grand empire d'Orient? Aussi l'Orient l'a adopté, et dans l'Arabie, dans la Perse et dans l'Inde, sous la tente de l'Afghan et jusqu'aux frontières de la Chine et aux

rives de Java, la renommée de Sékander est auss
grande qu'en Europe, et plus populaire. L'Alexandre
de Firdousi n'est pas celui de Quinte-Curce; c'est, a
peu de chose près, celui des *Gesta Alexandri Magni*
du moyen âge, biographies légendaires qu'ont suivies
les poëmes chevaleresques. Quand notre Alexandre de
Bernai écrivait le sien sous Philippe Auguste, il ne se
doutait guère que la plus grande partie des aventures
qu'il racontait dans ce vers alexandrin qu'il n'a pas
inventé, mais auquel il a donné son nom, avaient été
déjà traitées depuis deux siècles, par un poëte né dans
le pays qu'Alexandre traversa pour aller chez Porus.
Il est curieux de voir l'Homère persan et le trouvère
français se rencontrer aux pieds d'Alexandre.

La source à laquelle tous deux puisaient, à travers
différents intermédiaires, était la tradition grecque,
telle qu'elle était née spontanément dans les diverses
parties de l'empire d'Alexandre. Cette tradition, écrite
d'abord en grec, passa dans les langues orientales qui
devaient plus tard la rendre à l'Occident; d'autre part,
elle fut traduite en latin, et par cette voie tomba dans
la littérature vulgaire du moyen âge. Tel fut son pro-
digieux chemin à travers le monde et à travers les
siècles.

Bien que l'origine grecque de la tradition sur Alexandre soit prouvée[1], cette tradition n'en contient pas

---

[1] Voyez préface de M. Mohl, page 49 — M. Mohl cite un passage
décisif du *Modjmel-al-Tewarikh*

moins, chez Firdousi, certaines portions incontestablement orientales. Ainsi, ce n'est qu'en Perse qu'a
pu naître l'idée de faire d'Alexandre le fils d'un roi
du pays et le frère aîné de Darius, de sorte que la
victoire d'Arbèle se trouve n'être autre chose que
le triomphe de la légitimité. L'orgueil national ne
saurait mieux se tirer d'une défaite qu'en absorbant ainsi le vainqueur dans le peuple qu'il a conquis.

De temps en temps le récit de Firdousi s'écarte des
gesta et des poëmes de l'Occident, pour donner place
à quelques interpolations, surtout arabes; mais, dans
l'ensemble, ce récit et celui des *gesta* s'accordent : ce
sont deux échos du même retentissement.

Les successeurs d'Alexandre ne figurent point dans
le *Livre des Rois*. Les annales poétiques de la nationalité persane n'ont pas mentionné ces princes étrangers
qui n'héritèrent point de la politique d'Alexandre.
Alexandre s'etait fait Persan, eux demeurèrent Grecs.
La persistance incroyable de la civilisation grecque au
centre de l'Asie a été révélée de nos jours par les nombreuses médailles trouvées dans l'Afhganistan et dans
la Transoxane, sur lesquelles on voit le type hellénique se maintenir, même sous les rois scythes, des-
tructeurs des dynasties macédoniennes. Cette époque,
purement grecque, manque et devait manquer dans
l'épopée persane de Firdousi. Les rois arsacides ou
parthes, qui soutinrent de si glorieuses guerres contre

les Romains, en dépit de ces triomphes, ont peu occupé le chantre. de la tradition nationale ; c'est qu'eux-mêmes, bien que leur race fût alliée à celle de l'Iran, bien qu'ils eussent délivré le pays de la domination des conquérants grecs, n'ont jamais été considérés par les historiens persans comme ayant continué dans sa pureté l'ancienne civilisation du pays. Ils mêlèrent des superstitions étrangères aux doctrines de Zoroastre, l'unité du vieil empire n'existait plus ; la Perse était alors divisée en une foule de principautés. Firdousi dit en parlant des Arsacides : « C'était comme si aucun roi n'avait gouverné la terre ; ils n'accomplirent rien de grand. Alexandre, ajoute-t-il, l'avait ainsi ordonné, afin que *Roum* conservât sa splendeur. » Singulière extension de la puissance d'Alexandre à des dynasties qui ont renversé les dynasties fondées par ses successeurs.

L'avénement des Sassanides fut la résurrection de l'unité, de la religion et de la nationalité persane. Ici le poëte est sur le terrain de l'histoire. On retrouve chez lui à peu près complète la succession réelle des rois de Perse depuis Ardeschir Babekan jusqu'à Yezdejird. Mais dans cette série sont entremêlées bien des fables, bien des histoires merveilleuses et romanesques. En approchant des temps modernes, il semble que la tradition perd de sa naïveté, de sa simplicité, de sa grandeur. Mais, dans cette partie, la maigre analyse de Gœrres ne peut suffire, et, pour prononcer, il faut attendre que M. Mohl ait mis fin à sa vaste entreprise.

J'en ai dit assez pour qu'on ait une idée de ce qu'embrasse et contient l'immense poëme de Firdousi ; j'ai présenté, comme font les géologues, une coupe de la montagne dans laquelle l'œil peut compter toutes les couches et tous les âges de la tradition persane. Il est visible que le *Livre des Rois* est l'œuvre la plus nationale qui fût jamais. C'est par là qu'il est profondément épique, car la nationalité est l'âme de l'épopée. Le fonds des épopées les plus célèbres, c'est toujours la lutte de deux races, de deux civilisations, de deux mondes. Le monde grec et le monde asiatique combattent l'un contre l'autre au pied des remparts de Troie. Quel est le sujet des épopées carlovingiennes du moyen âge ? N'est-ce pas le combat des populations chrétiennes de l'Europe contre les populations musulmanes de l'Orient ? De même le *Livre des Rois* roule en très-grande partie sur la guerre des peuples de l'Iran, ou de la Perse proprement dite, contre les hommes du Touran, c'est-à-dire contre les tribus du Nord. Cette guerre est, en effet, presque toute l'histoire de la Perse depuis les anciennes expéditions contre les Scythes jusqu'à l'occupation de l'empire par la race turque des Cajars, qui le possède aujourd'hui. Le *Livre des Rois* est le récit de cette grande lutte durant l'ère qui précéda l'invasion mahométane. Inspiré par un sentiment pareil à celui qui a inspiré les poëtes épiques de l'Occident, Firdousi n'a pas procédé comme eux. L'épopée homérique, qui est le type de l'épopée occidentale, demande un grand fait à la tradition, et, dans ce grand fait, elle concentre, pour ainsi dire, toute la vie historique du peuple pour lequel elle est faite. L'*Iliade* montre la Grèce armée contre l'Asie, les dieux partagés entre les deux races qui sont aux prises, et tout cela au sujet d'un fait particulier, la colère d'Achille.

Quand on arrive à des époques moins naïves, on voit les poëtes employer des moyens détournés et ingénieux pour ramener au sujet déterminé du poëme les grandes phases de la destinée nationale. C'est ainsi que Virgile a fait dérouler par Anchise l'histoire future de Rome aux yeux d'Énée, et l'a gravée sur le bouclier du héros. C'est ainsi que Camoëns, qui a pour héros le peuple portugais (les *Lusiades*), a mis dans la bouche de Vasco de Gama une histoire du Portugal. Ce sont là des artifices plus ou moins heureux au moyen desquels on groupe autour d'un fait central les autres grands faits de l'histoire d'un peuple. Ces artifices sont motivés par le besoin d'unité qui est le principe de l'épopée classique. Il n'en est pas de même en Orient. Là, l'épopée n'a point recours à ces ruses de l'art, pour faire entrer dans un cadre étroit toutes les destinées d'une race. Là, elle se déroule librement dans son immensité, et ouvre son large sein à tous les siècles comme l'océan à tous les fleuves. Le *Livre des Rois* a pour sujet la naissance, les combats, la mort de la nationalité persane.

Il a pour héros des personnages qui représentent des dynasties et des époques. Le règne de Djemschid dure sept cents ans, et celui de Zohak en dure mille. Ce sont deux périodes de l'histoire. Rustem vit aussi longtemps que Djemschid; il est le contemporain d'une foule de rois et survit à tous. Rustem est sans doute le représentant d'une dynastie indépendante, établie dans le Seistan. L'unité du *Livre des Rois*, c'est donc l'unité même de la tradition persane. Il existe dans notre littérature du moyen âge un ouvrage dont la composition offre quelque rapport avec celle du *Schah-Nameh*; c'est le roman de *Brut* qui contient toute la série fabuleuse des rois bretons, depuis Brut, fils d'Hector, jusqu'à la fin de la nationalité bretonne.

Ce long poëme a été versifié par Wace d'après un original latin, comme le *Livre des Rois* a été écrit par Firdousi d'après un texte pehlwi. Il contient de même toute l'histoire légendaire d'un peuple. Hâtons-nous de dire que là se borne la ressemblance. A part l'incommensurable distance qui sépare un poëte, objet de la vénération des siècles, et un humble rimeur qui n'est lu que par les curieux, les récits puisés par Wace dans la chronique de Geoffroi de Monmouth offrent en général des fables forgées à plaisir ou nées de l'altération qu'a fait subir à l'histoire mal connue une érudition incomplète. La base de Firdousi, c'est la tradition vivante et populaire. Il y a entre les originaux, aussi bien qu'entre les auteurs, toute la différence qui sépare un pédant d'un poëte. J'aimerais mieux rapprocher du *Livre des Rois* ce que devait être le poëme de *Rome* par Ennius, et ce qu'aurait été celui de Virgile, s'il eût traité ce sujet comme il en avait conçu, dit-on, la pensée dans sa jeunesse.

Un fait prouve la popularité de la tradition qui sert de base au poëme de Firdousi, et la célébrité de ce poëme lui-même, c'est qu'un grand nombre de lieux présentent aujourd'hui de prétendues traces des personnages et des événements dont il est fait mention dans le *Livre des Rois*. On croit voir encore Zohak suspendu aux rochers du Mazenderan, et les ruines de Persépolis s'appellent le trône de Djemschid. Mais c'est Rustem qui, plus que tout autre personnage, a attaché des souvenirs et un nom à de nombreuses localités. De même qu'on montre dans les Pyrénées la brèche de Roland, de même qu'au moyen âge on appelait le golfe de Gascogne la mer de Roland, et grotte de Roland une caverne de l'Etna, de même dans le Mazenderan on nomme un tertre surmonté de quelques ruines le *Trône de Rustem*[1]. Dans cette province, où il accomplit une expédition célébrée par Firdousi, trois cents villages portent son nom[2]. On y a même placé, par une de ces confusions que la tradition se permet volontiers, le château d'Hamaveran, qui devait être fort loin de là, uniquement peut-être parce

---

[1] Ritter, *Géographie*, t. VIII, page 527.
[2] *Ibid.*, page 184.

que la conquête du Hamaveran vient, dans le *Livre
des Rois*, immédiatement après celle du Mazenderan.
Ailleurs, de grands blocs de pierre passent pour être
de gigantesques vestiges que le chameau de Rustem a
laissés derrière lui en traversant le désert. On appelle
sculptures de Rustem des figures gravées sur le roc dans
les environs de Persépolis, bien qu'elles ne remontent
pas plus haut que les Sassanides. Une vallée du Seistan, patrie de Rustem, porte encore le nom de son
fils Zohrab. Cette province, aujourd'hui peu habitée,
montre des restes frappants d'une ancienne splendeur. On y trouve d'immenses ruines. Celles qu'on voit
près d'Ielalabad, couvrent un aussi grand espace de
terrain que la ville d'Ispahan[1]. Ce sont là les traces
imposantes de cette dynastie du Seistan personnifiée
dans Rustem. D'autres monuments encore, au nombre
desquels était une digue, furent détruits au temps de
Tamerlan; la capitale du pays fut saccagée, et alors,
disent les historiens persans, il s'éleva un cri qui se
répandit à travers le Seistan et qui évoquait ainsi
l'ombre de Rustem : « Lève ta tête hors de ton sépulcre, et vois l'Iran tout entier aux mains de ton ennemi, aux mains des guerriers de Touran. » Bien plus,
dans les dernières guerres, les exploits de Rustem
étaient encore chantés avant l'action, comme la bataille de Roncevaux l'était sous le roi Jean. Dans ce

---

[1] Ritter, *Géographie*, t. VIII, page 152.

siècle, Malcolm trouva à Buschir un pauvre Arabe qui connaissait l'histoire de Zohak et savait le nom du *Schah-Nameh* de Firdousi. Sur la route de Schiras à Persépolis, un palefrenier, attaché à l'ambassadeur, récita tout en marchant un fragment du *Livre des Rois* [1]. Un autre jour, un personnage distingué de l'escorte en fit autant. Tous les assistants écoutaient ravis, car chaque parole de Firdousi est, pour un Persan, un article de foi. Un voyageur français, M. Eugène Boré, écrivait que l'envoi de la traduction de M. Mohl serait reçu avec reconnaissance par le roi régnant. Il n'y a pas d'autre exemple aujourd'hui d'un poëte qui fasse les délices des lettrés et des princes, et que sachent par cœur les palefreniers.

Partout où un poëme national a obtenu une grande vogue, il s'en est produit d'autres à son imitation. On a voulu compléter le récit principal par des récits accessoires, joindre à l'histoire des personnages les plus importants l'histoire des personnages secondaires, ou plutôt développer et traiter pour elle-même une partie de la tradition négligée d'abord. C'est ce qu'ont fait, pour les sujets homériques, les poëtes alexandrins auteurs de la *Prise de Troie* et de l'*Enlèvement d'Hélène*; c'est ce qu'ont fait pour les traditions germaniques dont les Niebelungen ont reçu le principal dépôt, les auteurs des diverses épopées contenues dans le re

---

[1] *Sketches of Persia*, vol. I, pages 204-219.

cueil intitulé le *Livre des Héros*. L'ensemble de tous
ces poëmes, qui se rapportent à un même centre
et dont chacun contient le développement particulier
de telle ou telle partie de la tradition, forme ce
qu'on appelle un *cycle*. Le cycle héroïque de la Perse
comprend, outre le *Livre des Rois*, un certain nombre d'ouvrages qui relèvent de lui. Firdousi est la
racine, dit un auteur persan; les autres sont les
branches.

M. Mohl, dans sa belle préface, sur l'analyse de laquelle je crois devoir anticiper ici, parle de quelques-
unes de ces compositions qui sont comme les satellites
de la grande composition de Firdousi, et il se réserve de
traiter plus à fond ce sujet dans un appendice qui
sera placé à la fin de l'ouvrage.

Le mètre de ces divers poëmes est toujours celui du
Livre des Rois: l'intention d'imiter Firdousi est évi-
dente. Quelquefois même les continuateurs de son
œuvre ont trouvé plus simple de reproduire, en changeant les noms des personnages, certaines histoires
déjà racontées par le grand poëte. Le touchant épisode de Zohrab a fourni matière à deux répétitions de
ce genre.

Pendant deux siècles environ, l'impulsion donnée
par Firdousi à la poésie épique subsiste et produit
des ouvrages d'une étendue considérable. L'un d'eux,
le *Barzou Nameh*, est plus long que le *Livre des Rois*;
il a au moins 150,000 vers. Dans tous ces poëmes,

qui appartiennent à l'école de Firdousi, M. Mohl reconnaît encore la présence de la tradition nationale ;
mais il la voit disparaître entièrement dans les poëmes
moraux et lyriques de Nizami et de ses imitateurs. Les
noms que la tradition héroïque avait rendus célèbres,
n'y paraissent que pour fournir aux auteurs une occasion de moraliser et de se livrer à la peinture de
sentiments romanesques. Le style, qui est très-recherché, et par suite très-obscur, ne peut convenir
qu'à des lettrés ; toute vie, toute inspiration populaire s'est donc retirée de cette poésie purement artificielle.

Mais le peuple, qui se souvenait confusément des
anciens héros du pays, bien qu'il ne connût plus
guère que leurs noms, a accumulé autour de ces noms
une foule d'historiettes banales et souvent ridicules.
Ainsi, la tradition épique expira en Perse sous le
double fléau du bel esprit et de la vulgarité : ce sont
les deux écueils entre lesquels marche toute poésie,
et contre lesquels, à la longue, toute poésie vient se
briser.

Enfin Firdousi a trouvé dans notre temps deux
émules qui, je pense, ne seront pas bien dangereux
pour sa gloire. L'un était le poëte lauréat du dernier
roi[1]. En 1821, il avait déjà composé, sur les exploits
de son souverain, un poëme de trois cent quarante

---

[1] *Fraser's Narrative of a journey in* ʾto *Khorasan*, page 157.

mille vers; c'est à peu près le double de celui que
Firdousi a consacré à tous les héros de la Perse antique. Aussi trouvait-on à la cour qu'il était à peine
inférieur à son modèle. Quelques-uns même le plaçaient bien au-dessus, sans doute à cause de l'intérêt
du sujet.

L'autre rival de Firdousi, mort il y a peu d'années,
a eu l'incroyable idée d'opposer au *Schah-Nameh* le
George-Nameh, c'est-à-dire une histoire de la conquête
des Indes par les Anglais, rédigée en l'honneur de
George III. J'ai sous les yeux une préface écrite à
Bombay, en 1836, par le neveu de l'auteur, dans laquelle il expose modestement que son oncle a désiré
lutter avec Firdousi, et que dans ce but il a choisi un
sujet qui, selon lui, était aussi digne d'être célébré
que les glorieuses actions des anciens monarques de
l'Iran. Après cela, l'éditeur, qui s'appelle *Rustem, fils
de Kei-Kobad*, invite les *gentlemen* d'Europe à sous-
crire, et pour les y engager donne une table des chapitres, qui serait merveilleusement placée à la fin de la
collection d'un journal anglais dans l'Inde,

Telle a été de nos jours la dernière contrefaçon de
cette poésie; on ne peut la suivre plus loin de son origine. Jusqu'ici je n'ai guère envisagé le *Schah-Nameh*
que dans son rapport avec la tradition qui l'a produit.
Il reste à l'étudier en lui-même, dans les sentiments
dont il contient l'expression, dans les mœurs dont il
offre le tableau, dans son caractère poétique; et d'a-

bord il faut, d'après M. Mohl, faire connaître le poë e, dont je n'ai pas encore parlé.

II

Après avoir vu se dérouler le cercle immense des annales héroïques de la Perse, telles qu'elles sont contenues dans le *Livre des Rois*, de Firdousi, on doit être curieux de savoir quelque chose de la composition du poëme et de la vie du poëte. Pour satisfaire le lecteur à cet égard, il faudrait pouvoir citer la préface de M. Mohl, morceau de sûre et haute critique, et l'un de ces ouvrages qui suffisent à marquer la place d'un homme au premier rang dans la science. Ne pouvant prendre ce moyen, qui serait le meilleur, je m'en rapprocherai le plus possible, en m'efforçant de reproduire les principaux résultats du grand et beau travail de M. Mohl avec toute la fidélité que comporte la nécessité où je suis d'abréger.

Le premier point à établir, c'est que le *Livre des Rois* a pour base, non l'invention capricieuse d'un homme, mais la tradition transmise et conservée par un peuple. C'est que le *Livre des Rois* est *épique* à la manière de l'*Iliade* et des *Niebelungen*, non pas à la manière de l'*Énéide* ou de la *Jérusalem délivrée*. Les traditions sur l'ancienne histoire de la Perse, que Fir-

dousi a recueillies, existaient antérieurement à lui.
Firdousi a écrit un peu avant l'an 100 de notre ère, et
Moïse de Korène, historien arménien du cinquième
siècle, connaissait déjà les histoires de Zohak et de
Rustem.

Au sixième siècle, le célèbre Nourschivan, qui fit
venir de l'Inde le recueil d'apologues et de contes tant
de fois traduits et connus en Occident sous le nom de
fables de Bidpaï, ne se montra pas moins empressé à
recueillir les récits indigènes que les fictions étrangères. Il ordonna de rassembler, dans les diverses
provinces, les souvenirs populaires concernant les anciens rois, et il voulut que cette collection fût déposée
dans sa bibliothèque. Enfin, le dernier roi de la dynastie des Sassanides fit revoir et compléter le recueil
de Nourschivan. Au moment où l'islamisme allait
renverser la religion de Zoroastre, où la monarchie
persane était prête à s'écrouler sous la main des
mangeurs de lézards, comme l'on appelait dédaigneu-
sement les compagnons d'Omar, à Ecbatane ou à Cté-
siphon, les derniers soutiens du culte antique, les
derniers défenseurs de la nationalité expirante, se rattachaient, se cramponnaient pour ainsi dire aux traditions de la patrie, comme on se cramponne dans un
naufrage aux débris d'un vaisseau qui va sombrer.

Firdousi lui-même nous atteste la formation de ce
second recueil. Selon lui, un grand personnage
nommé Danischwer, qui vivait sous le dernier Sassa-

nide, fit venir de chaque province les vieillards qui possédaient des parties *d'un livre où étaient contenues beaucoup d'histoires;* il écouta le récit des vieillards, et, à l'aide de ce récit, il composa un ouvrage qui portait le titre que porta depuis l'ouvrage de Firdousi. M. Mohl doute avec raison de l'existence d'une collection autre que celle de Nourschivan, collection dont les paroles de Firdousi semblent supposer l'existence.

« On peut remarquer, au reste, ajoute-t-il fort judicieusement, que, dans presque tous les pays, ceux qui les premiers réunissent en un corps d'ouvrage les traditions orales, tâchent de donner à leurs récits un peu plus d'autorité en les faisant remonter à des ouvrages imaginaires. »

Cela est parfaitement vrai, et la littérature épique du moyen âge en fournit plus d'une preuve. Les auteurs des poëmes chevaleresques affirment presque tous avoir tiré de quelque source respectable les aventures qu'ils racontent, des *Chroniques de Saint-Denis*, par exemple; ils citent si souvent *le livre, l'histoire,* que cette formule est devenue une manière de parler sans conséquence jetée dans le récit souvent pour la rime, ou même une plaisanterie que l'Arioste a imitée en ayant soin d'appuyer ses narrations les plus follement invraisemblables sur la grave autorité de Turpin.

On ne peut donc croire que le recueil de Danischwer fut puisé comme celui de Nourschivan dans la tradition orale, aidée tout au plus de quelques ma-nuscrits dont la même tradition était la source.

Ce Danischwer appartenait, dit Firdousi, à une famille de *Dihkans*, c'est-à-dire, comme l'a montré M. Mohl avec beaucoup de sagacité, il appartenait à l'aristocratie territoriale qui possédait le sol avant la conquête musulmane. « Les familles qui la composaient, dit M. Mohl, devaient rechercher curieusement les traditions de leurs localités et de leurs aïeux; car une grande partie d'entre elles se rattachaient aux anciennes maisons royales ou princières de l'empire persan, dont les hauts faits formaient la matière de ces traditions. » On conçoit, d'après cela, pourquoi Danischwer avait mis un si grand intérêt à faire sa collection. Il s'agissait de la gloire héréditaire des chefs militaires ou *pehlwans*, dont il était un des plus illustres. Voilà donc le sujet du *Livre des Rois*; c'était le recueil des antiquités poétiques de la Perse, transmis de génération en génération, arrivé jusqu'à l'époque fatale où devait s'accomplir la destruction de la monarchie persane. Il faut qu'il traverse encore trois siècles, et trois siècles de domination étrangère, avant de tomber dans les mains du grand poëte qui le mettra en œuvre sans l'altérer.

Le recueil de Danischwer, épargné, mais rejeté par Omar « comme un mélange de bon et de mauvais qu'on ne pouvait approuver, » méprisé par les mu-

sulmans zélés, parce qu'il contenait des futilités dan-
gereuses et anathématisées par le prophète, fut pourtant traduit en arabe, dans le second siècle de l'hégire,
par un Guèbre converti à l'islamisme, mais dont la
conversion fut suspecte. L'attachement à des souvenirs qui se rapportaient au *temps d'ignorance* [1] suppo-
sait presque nécessairement une certaine tiédeur
d'orthodoxie, et plus tard Firdousi, malgré les professions de foi musulmane dont son livre est semé, ne
put échapper lui-même à quelques soupçons sur la
pureté de ses opinions religieuses.

Mais ce fut surtout dans le nord de la Perse, loin
du centre de la domination des kalifes, que se conserva
le mieux le goût des antiques traditions du pays. Plusieurs des chefs dont la puissance s'éleva dans ces
contrées au-dessus du kalifat, s'efforcèrent de ranimer dans un but politique le vieil esprit local
de leurs principautés pour l'opposer à l'autorité des
kalifes. Cette résurrection de l'ancienne nationalité,
soulevée dans un intérêt d'ambition particulière contre
la domination arabe, amena dans le nord de la Perse
une suite de tentatives littéraires, dont la plus brillante produisit le *Livre des Rois*, de Firdousi. Je vais
laisser parler ici M. Mohl; je ne veux pas priver le
lecteur d'un morceau historique également remarquable par la netteté des vues et la fermeté du style.

---

[1] C'est ainsi que les musulmans appellent le temps qui a précédé
la venue de Mahomet

« Le succès de la conquête arabe avait été très-grand et très-rapide ; peu d'années avaient suffi pour détruire l'empire persan ; l'ancienne religion avait été abolie, la plus grande partie de la population s'était convertie à l'islamisme ; la littérature persane avait disparu presque entièrement, et avait fait place à la littérature arabe, et le kalifat paraissait assis d'une manière inébranlable sur son double trône spirituel et temporel. Mais il s'en fallait bien que l'influence arabe, quelque grande qu'elle fût, reposât sur une base également solide dans toutes les provinces ci-devant persanes, ce qui tenait à l'état artificiel où les Arabes avaient trouvé la Perse au moment de la conquête. Le pehlwi était alors la langue officielle de tout l'empire persan. C'était un dialecte né en Mésopotamie, du mélange des races sémitique et persane, une langue des frontières, comme son nom nous l'indique : il était devenu langue officielle, parce que les événements politiques avaient fixé depuis des siècles le siége de l'empire dans des provinces dont il était la langue usuelle ; dans les provinces orientales, au contraire, on parlait des dialectes purement persans.

« Après la conquête, les Arabes s'établirent naturellement en plus grand nombre que partout ailleurs dans les provinces de la Perse les plus voisines de l'Arabie, précisément celles où l'on parlait pehlwi, ils y placèrent le centre de leur empire, fondèrent Bagdad, Koufah, Mosoul, et autres grandes villes toutes arabes, laissèrent périr les anciennes capitales des provinces, et agirent sur les populations par tous les moyens que donnent le nombre, le pouvoir politique, le fanatisme religieux, l'influence d'une nouvelle littérature, et les changements des lois et des institutions. Ils réussirent si complétement à s'assimiler cette population, qu'ils parvinrent à lui faire adopter peu à peu leur langue, et à la substituer au pehlwi dans toute l'étendue des provinces occidentales, à l'exception de quelques districts montagneux. Dès ce moment, la conquête arabe n'eut plus rien à craindre dans la Perse occidentale.

« Les circonstances étaient bien différentes dans les provinces orientales. L'arabe, il est vrai, se substitua facilement au pehlwi, et devint à sa place la langue de l'administration, de la littérature et de la religion; et à la couche artificielle de pehlwi, si je puis parler ainsi, succéda une couche d'arabe aussi étendue, mais presque aussi superficielle. Les Arabes étaient en trop petit nombre dans la Perse proprement dite, pour pouvoir apporter un changement radical dans la langue; on écrivait en arabe, mais le persan restait la langue parlée; et dès lors la conquête n'était pas définitive, car avec les langues se conservent les souvenirs qui donnent un esprit national aux peuples.

« Aussitôt que le kalifat, qui s'était étendu avec une rapidité beaucoup trop grande relativement à sa base réelle, commença à montrer des signes de faiblesse,

il se manifesta une réaction persane, d'abord sourde,
et bientôt ouverte. La plus grande partie des anciennes
familles persanes avaient conservé leurs propriétés
foncières, et avec elles leur influence héréditaire, qui
ne pouvait que gagner au relâchement de l'autorité
centrale. Les gouverneurs des provinces orientales
commencèrent à devenir plus indépendants de Bagdad ;
on parlait persan à leur cour, et ce que la domination
du pehlwi n'avait pas fait, la domination d'une langue
tout à fait étrangère, comme l'arabe, le fit : elle pro-
voqua la création d'une littérature persane. Toutes
les cours se remplirent de poëtes persans, et les princes
encouragèrent de tout leur pouvoir ce mouvement
littéraire, soit qu'ils fussent eux-mêmes entraînés par
un instinct aveugle vers cette manifestation de l'esprit
national, soit que la protection qu'ils lui accordèrent
fût le résultat d'un calcul politique. Ce qui pourrait
faire admettre cette dernière supposition, c'est que
ces princes étaient les premiers à rechercher les traditions nationales, dont la popularité devait leur être
d'un si grand secours contre la suprématie politique
des kalifes, et que cette politique fut suivie avec une
ténacité remarquable par toutes les dynasties qui se
succédèrent. »

M. Mohl poursuit dans le détail la preuve de ce qu'il
a énoncé d'une manière générale. Il voit Jacoub Leis,
le fondateur de la famille des Soffarides, de potier et
de voleur devenu maître de la Perse, faire traduire

en persan ce que Danischwer avait écrit en pehlwi.
Les noms des traducteurs ont été conservés, et montrent que cette tâche fut confiée à des hommes de pure
race persane. Ainsi, la dynastie nationale, que venait
de fonder le potier persan en présence du fantôme
sacré de Bagdad, s'inaugurait elle-même, en faisant
passer dans l'idiome vivant et populaire les souvenirs
de la Perse antique.

Il en fut de même de la dynastie des Samanides qui
remplaça bientôt la famille de Jacoub Leis. Cette
dynastie, qui descendait des anciens rois de Perse, fit
mettre en vers la traduction de l'ouvrage de Danischwer, qui avait été écrite en prose par ordre du fondateur des Soffarides, et l'on choisit pour cette œuvre
un poëte guèbre, Dakiki. Celui-ci n'eut le temps d'exécuter qu'une bien petite partie de sa tâche : il écrivit
deux mille vers que Firdousi a conservés, tout en traitant fort mal Dakiki sous le rapport poétique. Cela n'en
prouve que mieux, comme le remarque M. Mohl, que
les deux poëtes connaissaient et suivaient la même tradition, car Firdousi « ne lui reproche rien à ce sujet,
malgré l'amertume avec laquelle il critique en lui
l'homme et le poëte. — Enfin Mahmoud, le second
roi de la dynastie des Ghaznévides, se sépara encore
plus du kalifat, dit M. Mohl, que n'avaient fait ses prédécesseurs, et, quoique musulman fanatique, il ne
négligea rien de ce qui pouvait fortifier son indépendance politique. La langue persane fut cultivée à sa

cour avec une ardeur jusque-là inouïe; elle pénétra même dans l'administration où son visir abolit l'usage de l'arabe. La cour du prince le plus puissant et le plus guerrier de son temps était une véritable académie, et tous les soirs il se tenait au palais une assemblée littéraire, où les beaux esprits récitaient leurs vers et en discutaient le mérite, en présence du roi qui y prenait un vif plaisir. Mahmoud, comme les princes ses prédécesseurs, s'intéressait avant tout aux poésies nationales et historiques, et ne se lassait pas de se faire raconter les traditions concernant les rois et les héros de la Perse ancienne. »

Ce prince avait conçu le désir de faire mettre en vers une collection complète de ces traditions; il s'adressa, dans ce dessein, à plusieurs poëtes de son temps, sans en trouver un qui lui parût complétement propre à ce grand travail. Enfin il en chargea Aboulkasim Firdousi.

Nous voici donc arrivés à Firdousi lui-même. Firdousi fut choisi par Mahmoud le Ghaznévide, comme d'autres l'avaient été, avant lui, par les Soffarides et les Samanides. Il fit à son tour un *Livre des Rois*, comme d'autres avaient composé le leur; il le fit avec les mêmes matériaux, dans le même esprit. La beauté de son imagination et de son langage, l'harmonie que les Persans trouvent dans ses vers, ont fait vivre son poëme, tandis que les essais qui l'avaient précédé ont presque entièrement péri. Son nom est de nos jours l'objet de la plus profonde

vénération, et celui de ses devanciers est à peu près
oublié. Telle est la distance infinie que l'exécution met
entre les ouvrages du même genre. Mais, évidemment,
l'intention de Firdousi a été semblable à celle de ses
prédécesseurs : il a voulu, comme eux, raconter la
tradition. Il le dit positivement en une foule d'endroits;
il cite l'autorité du *livre* ou celle des *dihkans*. M. Mohl
cite dans sa préface ce passage décisif : « Maintenant,
dit Firdousi, je vais conter le meurtre de Rustem, selon
un livre écrit *d'après les paroles des siens :* Il y avait un
vieillard nommé Agad Zerv, qui demeurait à Merv,
chez Ahmed, fils de Sahl ; il possédait le *Livre des Rois;*
il avait le cœur plein de sagesse, la tête pleine de
souvenirs, et la bouche remplie de vieilles traditions.
Il tirait son origine de Sam, fils de Heriman, et parlait
souvent des combats de Rustem. *Je vais conter ce
que j'ai appris de lui.* »

On voit par ce qui précède comment la tradition
qui fait la base du *Schah-Nameh,* née des souvenirs et
de l'intérêt populaires, a survécu à la nationalité persane, et s'est suscité des organes et des interprètes
partout où quelque chose de cette nationalité survivait
encore ou tentait de renaître. Passons maintenant à
l'histoire de celui qui était destiné à immortaliser ce
qu'avaient conservé jusqu'à lui les siècles.

Firdousi naquit à Thous, vers le milieu du dixième
siècle[1], à une époque où l'Occident était plongé dans

---

[1] La date précise de la naissance de Firdousi n'est indiquée nulle

une profonde barbarie. A Paris, quelques moines écrivaient en mauvais latin des *proses rimées*, et pendant
ce temps vivait dans la ville de Thous, aujourd'hui
détruite, celui qui devait être un des plus grands
poëtes de l'univers.

Né d'une famille de dihkans, Firdousi semblait
voué par sa naissance au culte des traditions nationales; une éducation littéraire, la connaissance de
l'arabe, celle du pehlwi, rare alors dans la Perse
orientale, le préparèrent aux compositions et aux
succès poétiques. De bonne heure il s'était exercé à
composer des chants héroïques, et il avait environ
trente ans quand mourut Dakiki, celui que le sultan
Mahmoud avait chargé de mettre en vers l'ancien *Livre
des Rois* écrit en pehlwi par Danischwer. Firdousi
éprouvait un ardent désir de continuer cette œuvre
interrompue. Lui-même nous a raconté avec naïveté
l'agitation que lui causait ce noble désir, et le bonheur
qu'il éprouva dès qu'il se sentit en mesure de le réaliser. « Je désirais obtenir ce livre (celui de Danischwer)
pour le traduire dans ma langue; je le demandais à
un grand nombre d'hommes, craignant que, si ma
vie n'était pas longue, je ne fusse obligé de le laisser
à un autre.... Ainsi se passa quelque temps pendant
lequel je ne fis part à personne de mon plan, car je
ne vis personne qui fût digne de me servir de confident

part; M. Mohl, par un calcul très-habile, l'a fixée à l'an 329 de l'hégire.

dans cette entreprise. » Bientôt il obtint le trésor qu'il convoitait. « J'avais, ajoute-t-il, dans ma ville, un ami qui m'était dévoué; tu aurais dit qu'il était dans la même peau que moi. Il me dit : « C'est un beau « plan, et ton pied te conduira au bonheur. Je t'ap- « porterai ce livre pehlwi; ne t'endors pas, tu as de « la jeunesse et le don de la parole; tu sais faire un « récit héroïque. Raconte donc de nouveau le *Livre* « *des Rois*, et cherche par lui de la gloire auprès des « grands. » Puis il apporta devant moi ce livre, et ma tristesse se convertit en joie. »

Appelé à la cour de Gaznin, on ne sait pas trop bien à quelle occasion, notre poëte eut d'abord quelque peine à triompher de la jalousie de ses rivaux et à fixer l'attention du sultan. Enfin, un quatrain impro-visé par ordre sur un favori de Mahmoud fit pour l'Homère persan ce que n'avait point fait la portion de son grand ouvrage qu'il avait déjà exécutée; dès ce moment, bien en cour, le poëte de Thous reçut, de la bouche même du souverain, le surnom de Firdousi, *Paradisiaque*, parce *qu'il avait converti l'assemblée en paradis;* bientôt après, il fut chargé officiellement par Mahmoud d'accomplir la grande œuvre nationale du *Schah-Nameh*. Le prince entoura le poëte de tous les secours et de toutes les facilités qu'il pouvait désirer; il lui fit préparer un appartement attenant au palais et qui avait une porte de communication avec le jar-din privé du roi. Les murs de son appartement furent

couverts de peintures représentant des armes de toute
espèce, des chevaux, des éléphants, des dromadaires,
des tigres, les portraits des rois et des héros de l'Iran
et du Touran. Mahmoud pourvut à ce que personne ne
pût l'interrompre dans son travail, en défendant la
porte à tout le monde, à l'exception de son ami Ayaz
et d'un esclave chargé du service domestique.

Les diverses portions dont se compose le poëme de
Firdousi furent récitées au roi à mesure qu'elles étaient
achevées par l'auteur ; et, à en juger par une vignette
curieuse d'un des plus anciens manuscrits du *Livre
des Rois*, cette récitation fut accompagnée de musique
et de danses, comme l'était souvent la poésie des
Grecs, celle de Pindare en particulier.

Le sultan avait fixé, dans sa magnificence, à une
pièce d'or le prix de chaque distique de Firdousi. Celui-ci préféra ne recevoir qu'à la fin du poëme la
somme qui lui serait due. Il avait, pour demander ce
renvoi, un touchant motif. « Dans son enfance, son
plus grand plaisir était de s'asseoir sur le bord du
canal d'irrigation qui passait devant la maison de son
père. Or, il arrivait souvent que la digue qui était établie dans la rivière de Thous, pour faire affluer l'eau
dans le canal, et qui n'était bâtie qu'en fascines et en
terre, était emportée par les grandes eaux, de sorte
que le canal demeurait à sec ; l'enfant se désolait de
ces accidents, et ne cessait de souhaiter que la digue
fût construite en pierre et en mortier. » Devenu grand

et célèbre, Firdousi se rappela le vœu de ses premières années, et son souhait le plus cher fut d'accumu-
ler une somme assez considérable pour le réaliser. On
verra bientôt que ce souhait généreux ne devait point
s'accomplir de son vivant ; on éprouve une sorte de
consolation à penser qu'il le fut au moins après sa mort.

Firdousi travailla douze ans à terminer son poème.
Au bout de ce temps, il le fit présenter à Mahmoud.
Le sultan, dans un premier mouvement de générosité,
ordonna d'envoyer au poëte autant d'or qu'en pouvait
porter un éléphant ; mais, persuadé par un de ses
ministres ennemi de Firdousi, il fit porter à ce dernier, non les soixante mille pièces d'or qui lui avaient
été promises, mais soixante mille pièces d'argent. Firdousi était au bain ; il donna un tiers de la somme au
messager du sultan, un tiers au baigneur, et des vingt
mille pièces qui restaient il paya un verre de bière
(fouka). Plein de honte et de fureur, le sultan s'em-
porta contre ceux qui lui avaient conseillé une bassesse, et menaça de jeter le hardi poëte sous les pieds
des éléphants. Firdousi l'ayant appris, brûla quelques
milliers de vers qu'il avait composés, et un bâton à la
main, vêtu en derviche, partit de Gaznin. Mais, en
partant, il laissa à son protecteur Ayaz un papier
scellé, le priant de le remettre, dans vingt jours, au
sultan. C'était une satire terrible contre Mahmoud ; le
redoutable conquérant de l'Inde était outragé sans ménagement par le poëte irrité. Faisant allusion à la nais-

sance du sultan, dont le père avait été esclave, Firdousi s'écriait : « S'il avait eu un roi pour père, il aurait mis sur ma tête une couronne d'or ; s'il avait eu
une princesse pour mère, j'aurais eu de l'or et de l'argent jusqu'aux genoux ; mais, comme il n'y avait pas
eu de grandeur dans sa famille, il ne peut pas entendre
prononcer le nom des grands. »

Le mépris ne saurait être plus poignant ; tout en se
vengeant, le poëte n'oublie pas de se louer : l'injustice
en donne le droit. Un beau mouvement de colère et de
fierté a dicté les paroles suivantes, dont quelques-unes
rappellent d'une manière frappante les célèbres vers
d'Horace, ainsi imités par Lebrun :

> Enfin, grâce au Dieu qui m'inspire,
> Il est fini, ce monument
> Que jamais ne pourront détruire
> Le fer ni le flot écumant.

Et Firdousi ne connaissait pas Horace.

« O roi ! je t'ai adressé un hommage qui sera le souvenir que tu laisseras dans le monde ; les édifices que
l'on bâtit tombent en ruine par l'effet de la pluie et
de l'ardeur du soleil ; mais j'ai élevé, dans mon poëme,
un édifice immense auquel la pluie et le vent ne peuvent nuire. Des siècles passeront sur ce livre, et quiconque aura de l'intelligence le lira..... Pendant trente
ans, je me suis donné une peine extrême ; j'ai fait re-
vivre la Perse par cette œuvre persane, et, si le roi

n'était un avare, j'aurais une place sur le trône. » La
satire se terminait ainsi : « Et voici pourquoi j'écris
ces vers puissants ; c'est pour que le roi y prenne un
conseil, qu'il connaisse dorénavant la force de la parole, qu'il réfléchisse sur l'avis que lui donne un vieillard, qu'il n'afflige plus d'autres poëtes, et qu'il ait soin
de son honneur; car un poëte blessé compose une satire, et elle reste jusqu'au jour de la résurrection. Je
me plaindrai devant le trône du Dieu très-pur en re-
pandant de la poussière sur ma tête et en disant :
« O Seigneur ! brûle son âme dans le feu et entoure de
lumière l'âme de ton serviteur qui en est digne ! »

Telle est la marche et le mouvement de ce morceau
remarquable qui commence par une glorification du
poëte et finit par l'ironie et l'anathème. Il est d'autant
plus important de le noter, que la satire est rare en
Orient, où l'hymne abonde. L'Orient est trop grave
pour la raillerie légère, et, dans le pays du despotisme,
l'invective libre et hardie ne saurait être commune,
mais il n'est rien qui puisse contenir la fierté blessée
d'un poëte.

Le fugitif fut partout poursuivi par la haine de son
formidable ennemi. Bagdad même ne lui fut pas un
sûr asile ; l'autorité du chef des croyants était faible
en présence de ces dynasties guerrières qui s'élevaient
sur l'écroulement du kalifat. Une lettre menaçante de
Mahmoud força le kalife Kader-Billah à congédier le
poëte. Celui-ci, chassé de pays en pays par la haine de

Mahmoud, au lieu de s'humilier, s'apprêtait à composer un livre où il voulait éterniser l'injustice du sultan. Le vieux lion, traqué sans merci, allait se retourner et mordre le chasseur, avant de succomber. Un ami prudent lui persuada de n'en rien faire, et s'interposa entre lui et le sultan pour amener une réconciliation. Mahmoud reconnut ses torts, et envoya au poëte les pièces d'or jadis promises, et qu'il n'était pas destiné à recevoir. Au moment où les chameaux chargés d'or arrivaient à une des portes de la ville de Thous, patrie de Firdousi, où il s'était hâté de revenir, le convoi funèbre du grand homme, toujours malheureux, sortait par la porte opposée. Réparation tardive et vaine, qui rappelle les couronnes triomphales déposées sur le cercueil du Tasse.

La noblesse de sentiments dont Firdousi fit preuve lorsqu'il distribua à ceux qui l'entouraient une récompense indigne de lui, avait passé à sa fille, car elle ne daigna pas accepter cet or qui avait causé le malheur de son père ; elle refusa en disant : « Ce que j'ai suffit à mes besoins, et je ne désire point les richesses. » Alors une sœur du poëte se rappela qu'il avait désiré, depuis son enfance, bâtir en pierre la digue de Thous, et le vœu de toute sa vie fut du moins accompli.

La destinée de l'Homère persan ne manque donc point d'intérêt et d'une sorte de poésie mélancolique ; elle a droit de prendre place à côté de celle de Dante,

de Camoens, de Torquato, ses émules en malheur et
en génie.

Jusqu'ici j'ai suivi pas à pas le savant traducteur de
Firdousi. Tout ce qui précède est tiré de la préface de
M. Mohl, dans laquelle on trouve à la fois un modèle
de critique historique et littéraire, et une excellente
biographie.

Maintenant que, grâce à cette préface, et grâce à la
traduction de M. Mohl, complétée par l'abrégé de
Gœrres, j'ai pu faire connaître au lecteur la vie du
poëte et la matière du poëme, je vais terminer cette
étude par un petit nombre de considérations sur le caractère de l'œuvre de Firdousi, sur les rapports qui la
rapprochent et les différences qui la séparent de quelques autres grands monuments du génie épique chez
différents peuples ; car, en même temps que Firdousi
fut l'écho fidèle de la tradition persane, il fut aussi
l'artiste puissant qui sut imprimer à cette tradition le
sceau de son propre génie ; il n'en altéra nullement
le fond, mais il en détermina la forme. Après avoir
apprécié le *Livre des Rois* comme œuvre historique,
on ne saurait donc faire abstraction de son caractère
comme œuvre d'art, et c'est sous ce dernier aspect
qu'il nous reste à l'envisager.

Le *Livre des Rois* offre les caractères généraux de
la poésie orientale, qui sont l'éclat et la grandeur.
Les mœurs dont Firdousi présente le tableau sont empreintes de cette magnificence qu'on a coutume d'at-

tribuer à l'Orient, et qui avait dû frapper les yeux
du poëte à la cour de Mahmoud, de ce conquérant qui
avait dépouillé de leurs trésors les temples de l'Inde.
Le palais de Feridoun est le palais agrandi et idéalisé
de Mahmoud le Ghaznévide : il y a un incroyable éclat
dans les peintures qui nous montrent le roi des rois
assis sur son trône, entouré de ses grands tout bro-
dés d'or de la tête aux pieds, avec des massues d'or et
des ceintures d'or, et *toute la terre qui a pris la couleur du soleil*. L'imagination de Firdousi se complaît
dans ces descriptions étincelantes. Il faut l'avouer,
par moments la vue se trouble et se baisse devant tant
de flamme. Le lecteur, ami de la beauté sereine,
voudrait qu'un nuage vînt amortir cet éclat qui l'é-
blouit : mais ici, comme au désert, le soleil brille in-
cessamment dans le ciel. La poésie de l'Occident n'a
point de telles splendeurs, elle éclaire les objets d'un
jour plus doux et plus tempéré. L'Occident a ses nuages
et ses brumes ; mais ce sont les brumes qui produisent les accidents de lumière les plus variés, ce sont
les nuages qui font les reflets.

Le style grandiose du dessin n'est pas moins remarquable que la vivacité du coloris. Quel plus grand
spectacle que celui de cet empire primitif de Djemschid qui s'étend, non-seulement sur le genre humain,
mais encore sur les génies, sur les bêtes des forêts et
les oiseaux du ciel ; c'est que, selon les notions orientales, l'idée de *l'empire* se confond avec l'idée de l'u-

nivers. La Chine et la terre s'appellent d'un même nom, *le dessous du ciel* ; cette prétention à l'empire universel a été celle des grands peuples de l'antique Orient, des Chinois, des Babyloniens, des Persans. Puis, du *fils du ciel*, du *grand roi*, elle a passé un jour à un peuple, le peuple romain ; plus tard elle s'est incarnée de nouveau dans un homme. Chez les Césars, chez les empereurs modernes, c'était toujours, mais restreinte et moins absolue, la conception orientale du souverain empire. Il y a plus : la nature elle-même est soumise, en Orient, au pouvoir suprême qui régit l'humanité. On reproche à l'empereur de la Chine les tremblements de terre et les inondations, comme des désordres et des abus dont il est responsable ; de même le fondateur et le type vivant de la royauté persane, Djemschid, commande à tous les êtres : « Il était ceint de la splendeur royale, et l'univers entier se soumit à lui ; le monde était calme et sans discorde, et les divs, les oiseaux, les péris, lui obéirent. » Quand Kaïoumors marcha contre le div noir, « il rassembla les péris, et, parmi les animaux féroces, les tigres, les lions, les loups et les léopards ; c'était une armée de bêtes fauves, d'oiseaux et de péris, sous un chef plein de bravoure. » Rien n'est plus majestueux que cette royauté primitive, dont l'autorité, égale et semblable à celle de Dieu même, commande à la création tout entière.

Le gigantesque, trait dominant de l'imagination

orientale, est un caractère fréquent de la poésie de
Firdousi. Il dira des approches d'une bataille : « D'un
côté était le feu, de l'autre l'ouragan ; l'étendard de
Kaweh était porté devant eux, et le monde en reçut
un reflet jaune, rouge et violet. La face de la terre,
couverte de cette multitude, était agitée comme un
vaisseau quand s'élèvent les vagues dans la mer de la
Chine. Les boucliers couvraient les boucliers dans les
plaines et sur les montagnes, et les épées étincelaient
comme des flambeaux ; le monde entier était devenu
comme une mer de suie au-dessus de laquelle auraient
flotté cent mille lampes. On aurait dit que le soleil s'é-
tait écarté de sa voie, effrayé du son des clairons et
du bruit de l'armée. » Et, pour exprimer la grandeur
du carnage : « Le sang rejaillit jusqu'à la lune. »

Ces métaphores colossales dégénèrent souvent en
exagérations tellement démesurées, qu'elles appro-
chent du ridicule. Les héros élèvent leurs tentes jusqu'aux nuages ; le butin entassé occupe tant de place
que la flèche d'un archer ne pourrait passer par-dessus. D'autres fois leur bizarrerie n'est pas sans grâce :
« Toute l'armée, avec ses lignes de combat et avec le
bruit de ses timbales, était ornée comme une fiancée...
Tu aurais dit que c'était un banquet, tant résonnaient
les clairons et les trompettes. La plaine devint comme
une mer de sang ; tu aurais dit que la face de la terre
était couverte de tulipes. » On ne peut exprimer l'ef-
fusion du sang par une image à la fois plus hardie et

plus gracieuse. Ailleurs on trouve ces paroles : « La nuit vint, le ciel fut comme un jardin dont les roses étaient des étoiles. » Il semble qu'on lit des vers *cultos* de Caldéron, tant la poésie castillane a été fidèle au génie de la poésie orientale.

Dans certains passages on retrouve un délire d'hyperboles que peut seule enfanter l'imagination effrénée de l'Orient : « Les épées qui étincelaient comme des diamants, les lances qui s'échauffaient dans le sang paraissaient au milieu de la poussière comme des ailes de vautour sur lesquelles le soleil aurait versé du vermillon. L'intérieur du brouillard retentissait du bruit des timbales, et l'âme des épées se rassasiait de sang rouge. » Mais il ne faut pas oublier que cette richesse poétique, qui nous semble à bon droit surabondante, ne coûte aucun effort aux imaginations qui la répandent ; que cette recherche même est naturelle, on pourrait presque dire naïve. Les expressions qui nous paraissent les plus étranges et quelquefois les plus forcées font souvent partie du langage usuel et journalier. Dans le *Livre des Rois*, tout beau jeune homme est un cyprès ou un palmier, toute femme une lune, et quelquefois un palmier au visage de lune. Il n'y a dans cette manière de dire rien d'extraordinaire. Malcolm raconte qu'un Persan amusa beaucoup les Anglais de son escorte, en appelant l'un d'eux *palmier (you date tree)*. Ce Persan faisait de la poésie héroïque sans le savoir.

En Orient, les dépêches diplomatiques ne sont pas écrites dans un style beaucoup moins figuré que les passages les plus fleuris du *Livre des Rois*. Je le répète, tout cela n'est guère qu'une habitude de langage qui ne change rien au fond des choses, et on peut juger des sentiments, des mœurs, des caractères qu'invente ou dépeint Firdousi, aussi bien que s'ils étaient exprimés à la manière européenne, en faisant seulement la part d'un certain convenu, dont il faut tenir compte; souvent même on n'a pas à prendre ce soin : l'héroïsme et la passion introduisent, comme malgré le poëte et le peuple pour lequel il écrit, une certaine simplicité dans le langage. On a pu le remarquer dans diverses citations que j'ai faites, et entre autres dans tout ce qui se rapporte au pathétique épisode de la mort de Zohak.

Ce qui appartient bien en propre à Firdousi, ce sont les réflexions religieuses et morales qu'il jette quelquefois avec un peu de profusion au travers du récit. Elles sont, en général, empreintes d'une gravité douce et d'une tristesse sérieuse. On n'entend pas sans un certain recueillement la parole désabusée d'un sage s'élever parmi la fureur des orages, le choc des populations, l'écroulement des empires.

« O monde ! que tu es méchant et de nature perverse ; ce que tu as élevé tu le détruis toi-même. Regarde ce qu'est devenu Feridoun, le héros qui ravit l'empire au vieux Zohak. Il a régné pendant cinq

siècles, et à la fin il est mort, et sa place est restée
vide ; il est mort et a laissé à un autre ce monde fra-
gile, et de sa fortune il n'a emporté que des regrets.
Il en sera de même de nous tous, grands et petits,
que nous ayons été bergers ou que nous ayons été
troupeau. » Il y a une grande mélancolie dans ces
contemplations rapides par lesquelles le poëte interrompt un moment la course des événements. Ailleurs
il dit : « Au commencement, la vie est un trésor; à
sa fin est la peine, et puis il faut quitter cette demeure
passagère. »

Linquenda tellus et domus...

Cette mélancolie se mêle singulièrement à des images gracieuses dans le passage suivant qui précède
le récit de la mort de Zohrab, et que je traduis d'a-
près Gœrres : « O jeune homme qui m'écoutes, ne
détourne pas ton visage de l'amour et de la joie, car
l'amour et la joie conviennent à la jeunesse; après
nous, bien souvent encore doit revenir la saison où la
rose brille, où le printemps se renouvelle. Beaucoup
de nuages passeront, beaucoup de fleurs se fermeront,
ton corps se dissoudra et se mêlera avec la terre noire. »
Je trouve un grand charme de tristesse à ce morceau
qui commence comme Anacréon et finit comme Job.

Pour achever de faire connaître au lecteur le grand
ouvrage dont je viens de l'entretenir, je rapprocherai
de la poésie héroïque persane quatre autres poésies

de même nature : je comparerai successivement l'épopée de Firdousi à l'épopée chevaleresque, à l'épopée germanique, à l'épopée homérique et à l'épopée indienne.

J'ai déja fait remarquer, en passant, certains incidents du *Livre des Rois*, qui sont de véritables *aventures* fort analogues à celles des romans de chevalerie. On pourrait pousser ces rapprochements beaucoup plus loin. Les mœurs guerrières des héros de l'Iran offrent de grandes analogies avec les mœurs chevaleresques.

Il y a dans Firdousi de véritables défis et de véritables joutes entre les deux armées. On se livre à des exercices militaires fort semblables à nos tournois. Les guerriers, montés sur des chevaux couverts de fer comme eux, se précipitent l'un sur l'autre, brisent leur lance sur l'écu d'un adversaire et cherchent réciproquement à s'enlever de la selle. Un jeu guerrier, qui consiste à frapper un bouclier avec la lance ou le javelot, ressemble beaucoup à la *quintaine*. L'usage des armoiries est universel ; chaque guerrier porte son insigne : c'est un lion, un léopard, un soleil. Les chevaux et même les éléphants sont caparaçonnés de fer. Les vignettes des manuscrits de Firdousi semblent empruntées à nos poëmes du moyen âge, tant l'accoutrement des héros est pareil à celui de nos chevaliers. L'une d'elles, publiée par Gœrres, montre un guerrier aux genoux d'une belle. On croirait voir un

de ces preux qui prient sous leur armure, agenouillés
au marbre d'un tombeau. Il y a même un certain rapport entre le rang du chevalier et le titre de *pehlwan*,
originairement l'homme de la frontière (*marchio*, d'où
marquis). Behram jette dans la poussière la tête de
Kebadeh, parce que cette tête n'est pas celle d'un
pehlwan.

La féodalité est intimement liée à la chevalerie, et
c'est une sorte de féodalité qui régit la Perse héroïque.
Les terres conférées par investiture sont de véritables
fiefs ; et les chefs, dans leurs châteaux, placés à la
cime des montagnes, sont de véritables barons sous la
suzeraineté du grand roi.

Un état social, assez analogue à celui de l'Europe
au moyen âge, a dû nécessairement produire des mœurs
en partie pareilles; mais cette parité est loin d'être complète, elle est plus apparente et superficielle que réelle
et fondamentale. La différence entre la chevalerie de
l'Orient et celle de l'Occident, entre la chevalerie musulmane et la chevalerie chrétienne, se fait sentir principalement dans ce qui touche les sentiments et avant
tout le sentiment de l'amour.

Il y a bien çà et là dans le *Livre des Rois* quelques
expressions éparses qui pourraient convenir à l'amour
chevaleresque ; mais en y regardant de près on reconnaît bientôt le caractère différent qu'elles présentent.

J'ai cité, dans des études sur la chevalerie qui ont

été insérées dans la *Revue des Deux Mondes*, cette maxime tirée du *Livre des Rois :* « Quiconque est issu d'une race puissante, resterait farouche s'il n'avait une compagne. » Mais là où elles sont placées, ces paroles semblent se rapporter au mariage. Or, rien, on le sait, n'était plus antipathique, selon la jurisprudence galante du moyen âge, que le mariage et l'amour chevaleresque. En général, ce que peint Firdousi chez les femmes, c'est la passion orientale dans sa fougue et son délire, cette passion de l'épouse de Putiphar, la Leila des poëtes persans et arabes, de la Sunamite du Cantique des cantiques ; cette passion qui fait dire à Roudabed : « Sachez que je suis ivre d'amour comme la mer qui jette ses vagues vers le ciel ; »,cette passion qui conduit la belle Tehminé près de la couche de Rustem. Elle n'a d'analogue dans nos romans que les amours hardies et nullement chevaleresques des filles de sultans, qui, comme Floripar, dans *Ferabras*, et Luziane dans *Aiol de Saint-Gilles*, s'éprennent subitement et violemment pour les héros chrétiens d'un sentiment que les troubadours et les trouvères ne prêtent qu'à des héroïnes musulmanes, sentiment qui est évidemment d'origine orientale et non chrétienne, et qu'on peut citer parmi le très-petit nombre de traits de vérité locale conservés dans les romans de chevalerie.

Quant aux hommes, on ne voit pas que l'amour soit jamais pour eux le principe de la valeur et des belles actions. L'estime qu'ils font de la femme est médiocre. Rustem préfère évidemment son cheval Raksch à la séduisante fille du roi de Touran. Le malheur d'avoir une fille au lieu d'un fils est exprimé fort crûment par ces paroles : « Sachez qu'il a une bonne étoile celui qui ne possède pas de fille, et que celui qui en a ne connaîtra pas le bonheur. » Voici une réflexion de Firdousi au sujet des machinations perverses de la belle-mère de Siavesch : « Telle est la femme. Aussi le schah Keïkobad dit : Que les femmes et les dragons soient maudits ! la terre est meilleure que cette engeance. Si tu loues les femmes, loue plutôt les chiens ; ils le méritent mieux que ces impures. »

Dans tout cela je ne saurais voir l'adoration de la femme, adoration qui fut l'âme de la chevalerie en Occident. Au contraire, l'idée orientale de l'infériorité de la femme est énergiquement proclamée. Partout où règne l'islamisme, il doit tendre à fortifier cette fausse et dégradante idée, qui, du reste, se retrouve en Orient dans les cosmogonies, où le sexe féminin est attribué au principe matériel, et jusque dans le dogme juif, d'après lequel c'est par une femme que le mal s'introduisit dans le monde. Quant aux pays mahométans, la polygamie et la clôture, quelque restreintes qu'elles soient par l'usage, témoignent au fond d'un mépris réel pour les femmes ; et rien ne le déclare plus insolemment que la doctrine musulmane selon laquelle elles ne peuvent, dans l'autre vie, rece-

voir que la moitié des peines et des récompenses ré-
servées pour les hommes. Dans son indulgence insul-
tante, la législation du Coran réduit aussi de moitié la
pénalité qu'elle inflige en ce monde aux esclaves. L'as-
similation est remarquable, et nous voilà bien loin de
la galanterie chevaleresque.

En revanche, plusieurs portions du *Livre des Rois*
offrent les rapports les plus frappants avec la principale des traditions héroïques conservées dans l'*Edda*
et les *Niebelungen*. On ne doit pas beaucoup s'en
étonner. Dans la famille des langues indo-germaniques
la branche persane et la branche germanique se tiennent de près. Parmi les idiomes parlés par cette famille de peuples, les langues germaniques se rapprochent plus qu'aucune autre de l'ancienne langue de la
Perse. C'est l'opinion de M. Eugène Burnouf, qui,
avec une si admirable sagacité, a retrouvé cette langue.
L'idée fondamentale de la religion persane, l'idée de la
lutte du bien et du mal, représentés, l'un par les
puissances de lumière, l'autre par les puissances de
ténèbres, cette idée est la base de la mythologie scandinave. Enfin, en parcourant les histoires racontées
dans le *Schah-Nameh*, j'ai déjà rencontré plusieurs
analogies frappantes entre quelques-unes de ces histoires et des événements retracés par la poésie germanique du moyen âge. Je vais reprendre les traits principaux de ce rapprochement.

Le combat de Rustem et de Zohrab offre la plus

giande ressemblance avec le combat d'Hildebiand et
de son fils Hadebrant, tel qu'il se trouve dans la *Wil-
kina-Saga*, dans les chants populaires du Danemark,
et sous une forme plus ancienne dans le précieux fiag-
ment de Cassel [1].

Le combat d'un guerrier et d'un dragon, qui est le
point de départ des récits accumulés autour du héios
germanique S gurd ou Sigefrid, se reproduit plusieurs
fois dans le *Schah-Nameh*. J'ai signalé entre la mort
de ce personnage du Nord et celle de Rustem des rapports vraiment extraordinaires, et qui s'étendent jusqu'à des circonstances minutieuses et telles qu'on ne
les invente guère deux fois. On pourrait poursuivre la
ressemblance des deux traditions dans de nombreux
détails. L'épreuve amicale que font de leur force réciproque Isfendiar et Rustem, en se serrant chacun la
main de manière à ce que le sang ruisselle sous les
ongles, ressemble à la lutte de Brunhilde et de Sige
frid, dans le récit de laquelle des expressions analogues sont employées ; et de même que la vaillante
reine d'Islande attache avec sa ceinture les pieds et les
mains de l'époux qu'elle juge indigne d'elle, dans un
poëme du cycle persan, la fille de Rustem, « mariée
à Guis, l'un des plus braves des Iraniens, lie son mari
avec sa ceinture et le jette sous son siége. » Remarquez
que c'est surtout dans ce qui concerne Rustem que

---

[1] J. Grimm. *Die Beyde ælteste*, etc ; les deux plus anciens monuments de la poesie allemande

les ressemblances de l'épopée persane et de l'épopée
germanique sont fréquentes. Le caractère général de
cette portion du *Livre des Rois* est singulièrement rude
et sauvage. On y sent la tradition locale d'un pays
guerrier souvent en opposition et en lutte avec le pouvoir central de l'Iran. Ce pays est le Seistan ; il est
placé non loin de ce qu'on nomme la *route royale*, route
que suivent les caravanes, et qu'ont suivie toujours
les expéditions des conquérants et les migrations des
peuples. Est-il surprenant que les races germaniques
venues du plateau central de l'Asie aient emporté
quelques souvenirs d'une région par où elles ont dû
passer ?

Toutes les fois que l'on compare une poésie quelconque aux poëmes d'Homère, de fortes restrictions
sont nécessaires ; car il y a une distance considérable,
il faut le dire, entre tous les autres monuments de
l'épopée primitive et ces monuments merveilleux qui
ont été un objet d'admiration et une source d'enthousiasme pour les peuples civilisés de l'Occident. Les progrès de l'érudition littéraire ne découvrent pas des
Iliades et des Odyssées dans tous les coins du monde.
Seulement, par leur formation et leur nature, ces mé-
morables produits de l'âge héroïque de la Grèce peuvent être mis dans un certain rapport avec d'autres
produits de l'esprit humain nés dans des circonstances
à peu près pareilles. Voir dans la poésie homérique
une œuvre individuelle que rien n'avait préparée, voir

dans Homère le *père de l'Olympe*, c'était méconnaître
la marche des choses, et refuser sa part à la tradition
orale, dont les poëtes primitifs sont toujours les organes; c'était dépouiller un peuple au profit d'un
homme, et grandir l'individu au détriment de l'humanité. D'autre part, ne voir que la tradition dans l'œuvre du poëte, qui l'a reçue sans doute, mais qui l'a
disposée, l'a coordonnée, se l'est appropriée par l'art; ne
pas tenir compte de son action personnelle, nier d'une
manière absolue la possibilité de son existence, ce serait tomber dans une autre exagération non moins
outrée et non moins fausse que la première. Il faut les
éviter toutes deux, et, après avoir élevé la statue d'Homère sur son véritable piédestal, qui est la tradition
nationale, il faut replacer la lyre ordonnatrice dans
ses mains inspirées.

D'après ce qui précède, on doit s'attendre à trouver
entre l'*Iliade* et le *Livre des Rois*, à côté d'une analogie fondamentale, des différences profondes. L'analogie consiste surtout dans le point de départ et le but
du poëte. Pour Firdousi comme pour Homère, il s'agit
de raconter la tradition du pays transmise et non inventée, reçue et non créée. De plus les deux poèmes
ont un certain air de parenté ; la simplicité de la composition, la largeur et la rapidité de la narration, les
récits de batailles nombreux et animés, les comparaisons fréquentes, les discours au milieu de la mêlée,
rappellent l'*Iliade* ; mais la diversité des temps, des

lieux, du génie des auteurs, introduit de notables différences, même dans ces éléments communs aux deux
poëmes. La composition est simple dans tous deux ;
mais on ne saurait nier que cette simplicité ne soit
plus savante chez Homère. Homère, ou si l'on veut les
diaskevastes, c'est-à-dire les *arrangeurs* qui ont mis
en ordre la poésie homérique, ont distribué les différentes portions du récit avec un art naturel ou une
ingénieuse adresse, de telle sorte que ce récit, tout en
suivant fidèlement la marche des événements tradi-
tionnels, pût soutenir, suspendre et ranimer sans effort l'intérêt des auditeurs. Il ne s'agit que d'un fait,
au lieu d'une série immense de faits. Le récit peut
donc être beaucoup plus développé, et le poëte, qui
n'a point inventé l'ensemble, peut du moins mettre
infiniment plus d'invention dans les détails.

On ne saurait nier qu'il n'y ait une habileté calculée,
inspirée peut-être, soit dans l'incertitude ou le succès
alternatif et longtemps balancé des Troyens et des
Grecs, le partage des dieux, l'hésitation de Jupiter et
l'absence d'Achille laissant flotter les destinées d'Ilion
et d'Argos, soit dans les contrastes, souvent reproduits
par Homère, entre les scènes turbulentes des combats
et des scènes d'un charme voluptueux ou domestique,
comme la séduction de Jupiter par Junon ou les adieux
d'Hector. Rien de pareil chez Firdousi ; il raconte les
événements à mesure qu'ils se présentent. Il a la marche de l'histoire avec le langage de la poésie ; il dé-

roule un panorama plutôt qu'il ne compose un tableau.

Firdousi ne sait guère que suivre les événements
qu'il raconte; il ne sait pas se transporter librement
d'un point à un autre et donner au récit plusieurs
centres indépendants. Enchaîné à ses personnages, il
va là où ses personnages le mènent, il ne marche et
n'arrive qu'avec eux. Homère, au contraire, se meut
au sein de sa narration avec une pleine liberté. Il n'a
pas besoin qu'un de ses personnages suive une certaine
route pour faire le même chemin. Le poëte persan ne
parle du pays de Touran que lorsqu'un héros iranien
y est conduit par une aventure ; mais Homère va sans
cesse du camp des Grecs aux remparts de Troie, sans
que personne marche devant lui; le théâtre de la narration se déploie et se déplace chaque fois, et, sur ce nouveau terrain où le poëte vient s'établir, il attend pour
ainsi dire les événements et les personnages qu'il y
appellera. Chez Firdousi, la scène est immobile ou elle
est portée pour ainsi dire à la suite des faits ; chez Homère, la scène est mobile, il la déploie à volonté, tour
à tour au milieu de la mêlée, près du foyer, sous la
tente, sur la plage, aux sommets de l'Olympe.

Les batailles sont multipliées dans le *Livre des Rois*,
comme dans l'*Iliade*, les *Niebelungen*, les poëmes chevaleresques, où les coups de lance, de massue et de glaive ne
font pas défaut. Notre goût trouve quelques longueurs et
quelques redites dans tous ces belliqueux récits, en y

comprenant, si nous sommes francs, ceux même d'Homère. Mais il faut se souvenir que ce n'est pas pour nous, lecteurs pacifiques, qu'ils ont été composés, mais bien pour un auditoire guerrier, dans des temps passionnés pour la guerre. Pour cet auditoire et pour ces temps, la mêlée avec tous ses sanglants détails, tous ses incidents de meurtre et de carnage, la mêlée est le spectacle le plus fait pour intéresser. On ne se lasse point de ce qu'on aime ; la passion n'a que faire de la variété. Chaque époque a ses répétitions favorites : tantôt ce sont les coups de glaive et de lance, tantôt les enlèvements, les rencontres, les beaux sentiments, les princes accomplis et les princesses incomparables ; dans de certains temps, les détails de mœurs, les analyses subtiles de l'âme. Nul siècle ne se plaint de la monotonie des peintures qu'il affectionne, et les âges héroïques se laissent redire d'interminables récits de batailles aussi volontiers que les enfants entendent raconter, pour la centième fois, des histoires de palais enchantés, de bonnes fées et de méchants génies.

Du reste, ici encore la supériorité d'art est du côté d'Homère. Les combats de l'*Iliade* ont toute la variété que peut admettre l'uniformité inhérente à ce genre de récit. Souvent l'histoire d'un guerrier qui succombe, rappelée en quelques vers, contraste heureusement avec l'horreur de sa mort. Les comparaisons offrent un autre moyen de distraire et de reposer le lecteur. On a remarqué qu'elles sont fréquemment empruntées à la vie rustique, comme pour délasser l'imagination par un riant souvenir. Ces oppositions ne semblent point avoir été ménagées par Firdousi, il développe moins qu'Homère les sujets de ses comparaisons. Dans l'*Iliade*, ce sont parfois des paysages complets suspendus parmi des tableaux guerriers ; dans le *Livre des Rois*, ce ne sont que quelques coups de pinceau rapides jetés à la hâte au travers d'une immense composition, comme un lointain agreste à peine indiqué dans un tableau d'histoire. Les caractères sont moins nuancés : on ne trouve pas ces types admirables de la vaillance, de la majesté, de la sagesse, de la ruse, personnifiées dans Achille, dans Agamemnon, dans Nestor, dans Ulysse. Rustem est le seul héros qui ait une physionomie bien tranchée. Ceci tient, en partie du moins, à la nature de l'ouvrage. Les personnages de Firdousi, à mesure que le temps les amène devant lui, passent pour ne plus revenir. Ceux d'Homère tournent autour d'une action centrale, et demeurent, pour ainsi dire, sous le regard de la poésie, tandis que la poésie n'a pas le temps de fixer les traits des premiers, comme le daguerréotype ne peut retracer les objets en mouvement. Les eaux qui fuient ne déposent point les cristaux, qui se forment dans les eaux tranquilles.

Le résultat de cette comparaison, c'est que, venu à une époque littéraire plus avancée, à une époque où le palais de Mahmoud était le théâtre de concours et de combats poétiques, à une époque où lui-même fit sa

fortune par une rime difficile trouvée à propos, Firdousi a mis dans son œuvre moins d'art que le vieil
Homère ; tant l'art était naturel au génie et même au
génie primitif de la Grèce.

Pour que l'on pût comparer l'épopée persane à l'é-
popée indienne, il faudrait que celle-ci fût mieux
connue. Quelques épisodes seulement du *Mahabarat* et
le quart environ du *Ramayana* ont été traduits. Cependant ces courts extraits suffisent pour qu'on soit
dès à présent en mesure d'indiquer, entre les grandes
compositions de Valmiki et de Vyasa et celle de Firdousi, un certain nombre de rapports importants et de
différences essentielles.

Leur étendue est à peu près la même ; le *Mahabarat*
peut avoir cent mille vers, c'est deux fois plus que
l'*Iliade* et l'*Odyssée* réunies. Les figures des cavernes
d'Éléphanta ont treize pieds, c'est plus de deux fois la
hauteur de l'Apollon du Belvédère. Les dimensions de
l'art sont dans l'Inde égales à celles de la poésie.

On reconnaît une commune origine dans la tradition primitive de l'Inde et de la Perse. Cette lutte entre
le bien et le mal armés sans relâche l'un contre l'autre, cette lutte incessante que les héros de Firdousi
soutiennent contre les mauvais génies, se retrouve
dans les luttes des dieux et des guerriers contre les
rakchasas : ceux-ci sont les divs de l'Inde. J'ai déjà remarqué que la même division en castes se montrait au
berceau des deux civilisations. Le monde est en paix

sous Dascha-Rata comme sous Djemschid ; de même,
encore à cette époque primordiale, les hommes sont
mêlés par la poésie aux animaux et aux génies : les
singes, les serpents, interviennent dans l'action avec les
rakchasas et les dieux ; de même Firdousi conduisait une
grande armée d'hommes, d'animaux sauvages, d'oiseaux et de péris: souvenirs antiques d'un temps où
l'homme ne s'était pas encore distingué nettement de
ce qu'il connaissait d'inférieur et de ce qu'il imaginait
de supérieur à lui, vestiges obscurs d'un panthéisme
primitif, qui s'est maintenu dans l'Inde, mais qui s'est
effacé devant le génie de l'Iran.

En effet, si les deux races ont indubitablement une
souche commune, elles ont eu, de bien bonne heure,
des tendances entièrement diverses, et la tradition a
réfléchi fidèlement cette diversité. L'Indou, opiniâtré-
ment panthéiste, est resté sous le joug de ses brahmanes ; le dualisme a prévalu chez les Persans, peuple
énergique et guerrier : aussi le *Livre des Rois* est un
poëme héroïque ; le *Mahabarat* et surtout le *Ramayana*
sont des poëmes théocratiques. Les personnages, purement humains dans le premier, sont, dans les deux
autres, des manifestations de la Divinité. Le sujet principal du *Mahabarat* paraît être l'histoire de Krichna,
incarnation du dieu Vichnou. Le même Vichnou descend dans le sein des quatre épouses du roi Dascha-
Rata et s'incarne à la fois dans le personnage de Rama
et dans ceux de ses trois frères. Tout dans ces épopées

est surhumain comme les héros eux-mêmes. Des récits cosmogoniques et mythologiques y sont fréquemment introduits, et y tiennent une place considérable.

Le rapport des brahmanes et des kchatriyas (guerriers) marque assez que les premiers sont les auteurs de cette poésie[1] ou du moins lui ont donné son caractère.

L'idéal poétique, c'est le renoncement au monde. Rama lui-même mène la vie d'un pénitent, et c'est là sa plus insigne gloire. Les expressions dont se servent les rois en s'adressant aux brahmanes, expriment toutes une profonde humilité et une dévote adoration. Le langage des brahmanes respire au contraire la plus hautaine arrogance. La lutte du sage Vaschichta et du roi Visvamitra peint parfaitement l'attitude réciproque des deux castes[2]. On y trouve des paroles comme celles-ci : « O kchattriya, *vil comme la poussière !* » Ailleurs, en parlant d'un prince accompli, on a soin de dire que le modèle des rois, à l'occasion d'un sacrifice, donna dix millions aux brahmanes.

Le pouvoir du brahmane est présenté comme supérieur à celui des dieux mêmes. L'ermite Gautama traite avec le dernier mépris Indra, dieu du ciel, qui avait

---

[1] Valmiki, auteur du *Râmâyana*, est représenté comme un anachorète *(mouni)* qui a reçu la tradition de Narada, personnage divin. Lui-même dit d'une histoire qu'il raconte . « Elle était contenue dans une ancienne chronique qui m'a été racontée par un vénérable prêtre. » (*Râmâyana*, édit. de Sérampore, in-4°, t. I, page 117.)

[2] *Ibid.*, 428.

tenté de séduire son épouse, et qui joue devant lui le rôle le plus honteux. Un autre ermite, voulant donner une fête à Rama, ordonne aux dieux, aux fleuves, aux plantes, de concourir aux enchantements qu'il prépare, et tout dans le ciel et dans la nature obéit à la parole du brahmane.

Rien ne ressemble moins à l'épopée persane, dans laquelle le merveilleux tient si peu de place, dans laquelle on dit en passant quelques mots de Zoroastre, dans laquelle enfin les mobeds occupent un rang assez modeste auprès des rois et des chefs guerriers, dont ils sont souvent les conseillers, jamais les maîtres.

L'action est presque tout dans le *Livre des Rois*, comme dans les épopées occidentales ; mais, dans les épopées de l'Inde, il y a une part pour la contemplation et pour la science. Un système complet de panthéisme a été introduit sous forme d'épisode dans le *Mahâbhârata* ; un système d'athéisme s'est glissé plus singulièrement encore dans le *Râmâyana*. De longues digressions politiques montrent que ceux aux mains desquels est cette poésie, ne veulent pas seulement raconter pour plaire, mais instruire pour gouverner.

Enfin, si la poésie persane, comparée aux poésies européennes, nous a paru gigantesque parfois et démesurée, elle semble modeste et contenue à côté de la poésie indienne. La narration de Firdousi, bien qu'abondante, est rapide ; ses descriptions, bien que parfois éblouissantes, sont précises en comparaison des

récits et des tableaux de Vyasa ou de Valmiki. Le génie
même de la langue sanskrite, de cette langue qui
pousse plus loin qu'aucune autre l'audace dans la composition des mots, en accumulant toutes les circonstances accessoires autour de l'idée principale, donne
au récit une lenteur majestueuse, une ampleur traî-
nante, qui rappelle les eaux calmes et débordées du
Gange; la paresseuse mollesse, la fertilité luxuriante
que produit le climat de l'Inde, se peignent dans la richesse des détails et la lenteur indolente du récit. Souvent la description d'une montagne ou d'une rivière
emploie plusieurs pages du *Râmâyana*. La solitude de
la ville d'Ayodhya, privée de son héros, Rama, n'est pas
exprimée par moins de vingt et une comparaisons.
Auprès de cet excès, la poésie de Firdousi est, je le
répète, sobre et tempérée; tout y est sur une échelle
beaucoup moindre. Que sont les sept cents ans de la
vie de Rustem à côté du règne de Dvilipa qui dure
trente mille années? Qu'est-ce que Kaweh, avec ses
dix-neuf fils, à côté de l'épouse du roi Sagara, qui met
au monde, en une fois, quatre-vingt mille enfants?

La poésie épique des Persans est donc intermédiaire
entre celle de l'Occident et celle du haut Orient, comme
la Perse elle-même s'appuie d'un côté à la chaîne de
l'Himalaya et de l'autre au Caucase. La Perse est le pays
qui a eu le plus de rapports avec le monde grec et romain. Dans l'histoire grecque, Marathon et Alexandre;
les Parthes, dans l'histoire romaine, témoignent de

ette vérité. D'autre part, les origines du langage rattachent la Perse à l'Inde, tandis que des analogies non moins certaines de langue et de traditions la rapprochent des nations germaniques. Ce pays est donc le lien de l'Asie centrale et de l'Europe, et aujourd'hui encore sa destinée en fera bientôt, ce semble, le théâtre d'une lutte formidable entre deux grandes puissances qui, parties l'une du Nord, l'autre de l'Ouest, semblent appelées à se rencontrer près des Indes.

Le poëme de Firdousi n'a pas besoin, pour attirer l'attention, de l'intérêt qui s'attache maintenant à la scène antique des exploits de Rustem. Il n'arrive pas tous les jours que le plus grand monument de la poésie d'un peuple soit, pour la première fois, publié dans son intégrité et mis dans la circulation des intelligences. C'est un événement qui compte beaucoup plus dans l'histoire littéraire d'un siècle que la naissance bruyante d'une foule de productions destinées à mourir.

Les orientalistes dignes de ce nom, porté avec tant d'éclat par plusieurs de nos illustres compatriotes, apprécieront la valeur philologique de l'immense travail de M. Mohl, qui a consulté, pour la publication de son texte, trente-trois manuscrits conservés à Londres et à Paris. On a pu juger du mérite de la traduction et de la préface par les morceaux que j'ai cités. Pour un homme tel que M. Mohl, des citations sont les meilleures louanges.

Je me bornerai à dire que celui qui a consacré une vaste science, des facultés supérieures et une partie de sa vie à faire passer dans notre langue une des plus importantes productions du génie humain, mérite la reconnaissance du pays qu'il a choisi et qui l'a adopté.

LE BHAGAVATA-PURANA

TRADUIT PAR M. E. BURNOUF

On peut distinguer au sein de la littérature indienne
plusieurs âges marqués par des monuments dont le
caractère poétique diffère autant que la langue dans
laquelle ils ont été rédigés. Pour apporter de si graves
changements au fond et à la forme des produits succes-
sifs de la littérature indienne, il a fallu beaucoup d'années et même de siècles. Combien de temps a dû s'é-
couler depuis les Védas, ces hymnes d'une simplicité
primitive, d'un style presque lapidaire, composés dans
un langage dont les formes attestent une haute antiquité; depuis les Védas, socle majestueux et brut sur
lequel repose la pyramide de la littérature indienne,
jusqu'aux grandes épopées sanskrites, le *Râmâyana*
et le *Mahâbhârata*, dans lesquelles la langue des Védas a fait place à une langue moins concise, plus
travaillée, plus souple; dans lesquelles d'ailleurs
l'austérité primordiale du culte védique a été rem-

placée par la richesse et la complication excessive d'une
mythologie surabondante! Il y a loin aussi de ces
grandes épopées elles-mêmes à la poésie fleurie, sentimentale du siècle de Vikramaditaya, aux chefs-d'œuvre
délicats de cet ingénieux théâtre qu'ont fait connaître
si avantageusement le charmant drame de *Çakountalâ*
et les pièces traduites par M. Wilson.

Ici on trouve, ce qui est rare dans l'Inde, une date
à peu près certaine, le premier siècle de notre ère.
Après ce triple développement, cette triple métem-
psycose d'une littérature dans laquelle semble s'être
réalisé le dogme indien de la succession des existences,
la vie poétique n'est pas encore tarie dans l'Inde; pareille à la vie des dieux de la mythologie brahmanique,
elle se manifeste par une dernière incarnation, un
dernier *avatar*. Ce produit suprême du génie indien,
né après tous les autres, et les résumant tous dans
une confusion puissante, dans un désordre qui a sa
grandeur, ce sont les *Purânas*. Cosmogonie et théogonie, mythologie et métaphysique, hymnes et légendes,
tels sont les principaux éléments des Pouranas. Ces
éléments sont entassés pêle-mêle ; nul ordre logique
entre les diverses parties d'un Pourana, nulle narration
suivie qui rattache les événements par un fil continu,
ou les enferme dans un cadre commun ; la forme de
ces poëmes est, en général, un dialogue entre deux personnages sacrés qui répètent d'anciens enseignements
et se livrent à des digressions infinies dans lesquelles

ils font entrer des systèmes cosmogoniques ou philosophiques, des récits légendaires [1] ou des mythes. Le
seul lien qui unisse ces portions incohérentes, et en
forme un tout, c'est la dévotion enthousiaste de l'auteur à l'un des trois dieux qui se partagent l'adoration des diverses sectes de l'Inde, Brahma, Vichnou et
Siva. Parmi les Pouranas, il n'en est presque point
qui ne soient consacrés à la glorification de l'une de
ces trois grandes divinités. On pourrait les appeler des
cantiques immenses, des litanies gigantesques développées à l'infini par l'inépuisable fécondité de l imagination hindoue.

La lecture des Pouranas est très-populaire dans
l'Inde, beaucoup plus que celle des monuments ante-
rieurs, et surtout des Védas, réservés aux brahmanes.
Les femmes et les castes inférieures des Soudras s'instruisent par les Pouranas [2]; ils ont été traduits dans
plusieurs idiomes vulgaires de l'Inde, et offrent un rema-
niement des textes antiques, comme une bible accom-
modée aux besoins du vulgaire. L'intérêt que leur
donne cette popularité même, les trésors de mytho-

C'est là ce qui constitue le fonds commun des Pouranas; mais
d'autres matières encore y trouvent place. Le *Vichnou-Purâna*, par
exemple, contient, dans le sixième livre, une description géographique de l'univers, un système astronomique, une sorte de chronique
racontant l'histoire de l'établissement de la race hindoue dans le
Pendjab. Le *Padma-Purâna* est une espèce d'encyclopédie qui contient
jusqu'à des chapitres dans lesquels il est traité de la médecine et de
l art sagittaire.

[2] *Vishnu-Purâna*, translated by Wilson, pref., pag xv.

logie, de métaphysique, de poésie lyrique et légendaire qui sont enfouis dans ces immenses recueils de la tradition, les débris antiques, reconnaissables encore parmi les alluvions modernes dans lesquelles ils sont enfouis et comme *empâtés*, pour parler le langage des géologues, ont, dans ces derniers temps, attiré sur les Pouranas l'attention des indianistes. M. Eugène Burnouf a publié les trois premiers livres du *Bhâgavata-Purâna*, avec la traduction en regard du texte. La littérature orientale offrait peu de tentatives plus difficiles. Un langage qui n'a plus la simplicité et la clarté de l'époque épique, une incroyable subtilité métaphysique, de perpétuelles allusions à la mythologie, il y avait là de quoi tenter l'ardeur et exercer l'habileté du savant académicien. Enfin, il fallait savoir manier notre langue et l'appliquer aux questions les plus abstraites, aux matières les plus difficiles, pour pouvoir traduire dans un français dont la pureté et l'harmonie ne laissassent rien à désirer, un poëme sanskrit où l'auteur use jusqu'à l'excès de la faculté que lui donne sa langue de composer des mots, et par là d'exprimer directement ce que le traducteur est obligé de rendre par des incises et des périphrases.

Cette publication, d'une haute importance, est précédée d'une préface qui est elle-même un morceau considérable, et sera accompagnée de notes[1] dans les-

[1] Ces notes n'ont point paru. M. Burnouf n'a pu mettre la dernière main à son travail.

quelles on est bien certain d'avance de retrouver la
science et la sagacité qui distinguent les travaux nombreux de M. Eugène Burnouf.

Par une rencontre singulière, M. Wilson faisait paraître à Londres la traduction anglaise d'un autre
Purâna, le *Vichnou-Purâna*. On peut donc, dès à présent, se former une idée de ce genre de monuments,
qui n'étaient connus jusqu'ici que par des analyses et
des extraits.

Les Pouranas sont au nombre de dix-huit, en tout
seize cent mille vers. M. Wilson, qui les a énumérés
dans sa préface, donne quelques renseignements sur
chacun de ces poèmes. Ces renseignements, bien que
succincts, font voir que les Pouranas roulent sur des
sujets du même ordre, et offrent une assez grande
analogie de composition.

La première question qui se présente et qui a été
débattue par la critique indienne avant de l'être par la
nôtre, c'est la question de la date qu'on peut assigner
aux Pouranas. Colebrooke et M. Wilson s'accordent à
rapporter le *Vichnou-Purâna* au douzième siècle de
notre ère. C'est dans le siècle suivant que M. Burnouf
place le *Bhâgavata-Purâna*, dont l'auteur s'appelait
Vopadeva. Une origine si récente a paru aux fanatiques
adorateurs de Vichnou indigne de l'œuvre révérée qui
raconte les aventures et célèbre la gloire de leur dieu
favori. Ils ont donc fait remonter la rédaction de ce
Pourana à ces temps d'une antiquité fabuleuse où le

personnage douteux de Vyasa a, dit-on, présidé à la composition ou du moins à l'arrangement des Védas. Cette question a été dans l'Inde le sujet d'une controverse assez vive, dans laquelle la passion religieuse se mêlait à l'intérêt bibliographique.

C'était à la fois pour les brahmanes vichnouvites engagés dans cette lutte ce qu'est pour nos érudits la question de l'authenticité des poésies homériques, et pour nos théologiens la question de l'authenticité des livres saints. Cette controverse a donné naissance à des pamphlets sanskrits. M. Burnouf nous fait connaître ces curieux échantillons de la critique indienne. Les raisonnements du défenseur de l'antiquité des Pouranas font plus d'honneur à sa dévotion qu'à son jugement en matière de littérature ; les arguments de son adversaire ne sont pas tous de la nature de ceux que nous emploierions en pareil cas ; quelques-uns, cependant, ne seraient pas désavoués par la méthode occidentale. Ainsi il remarque que le style du Pourana en question est très-différent du style des grandes épopées indiennes. La thèse soutenue par l'auteur des deux petits traités qui portent les titres bizarres de *un Coup de sandale sur la face des méchants* et *un Soufflet sur la face des méchants*, cette thèse est démontrée par M. Burnouf, qui, en resserrant l'époque possible de la rédaction du *Vichnou-Purâna* entre deux limites extrêmes, prouve fort habilement que Vopadeva, auteur du *Bhâgavata-Purâna*, a vécu entre le douzième et le

quatorzième siècle, et par là confirme l'opinion de Colebrooke et de M. Wilson, qui le plaçaient au treizième.

Mais cette époque tardive de la rédaction des Pouranas n'empêche pas qu'ils ne contiennent des idées
et des traditions d'une époque beaucoup plus ancienne.
Le personnage dans la bouche duquel on place les
enseignements que plusieurs de ces poëmes renferment
est un barde guerrier, ce qui, pour emprunter les paroles de M. Burnouf, nous reporte aux premiers âges
de la société indienne, « lorsqu'elle conservait encore
ce caractère martial qui brille d'une splendeur si vive
dans le *Mahâbhârata*, malgré les efforts que paraît avoir
faits le génie brahmanique pour l'éteindre dans le
calme et dans le silence des spéculations de la plus
profonde théosophie. » Sous leur forme actuelle, il est
vrai, les Pouranas sont beaucoup plus religieux que
guerriers; mais il se pourrait que la suite des temps
eût changé le caractère de ces compositions. Il y aurait eu des Pouranas vraiment anciens, comme leur
nom l'indique (*Purâna* veut dire antiquité); même
dans leur état actuel, ils contiennent des légendes auxquelles il est fait allusion dans les Védas. Les Pouranas
sont nommés dans un de ces livres sacrés, dans le
Rig-Veda; ils le sont plusieurs fois dans les commentaires des Védas, appelés *Oupanichads*. Ces faits portent M. Burnouf à penser que l'existence des Pouranas dans leur état primitif est aussi ancienne que
la littérature sanskrite, bien que dans leur état ac-

tuel ils soient une de ses plus récentes productions.

En outre, ces ouvrages si modernes se rattachent encore à l'antiquité par des emprunts faits aux Védas et aux Oupanichads. M. Burnouf en cite deux très-remarquables : le premier est la peinture de Pouroucha, l'homme-monde, ou plutôt l'homme-dieu-monde, car il est dit de lui : « La totalité des créatures n'est que la quatrième partie de son être; les trois autres sont immortelles dans le ciel. » Pouroucha est comme un corps idéal de l'univers et de la divinité personnifiés dans l'homme primitif, dont l'immolation produit la création universelle. Cette conception étrange se retrouve à la fois dans un des Védas, et dans le *Bhâgavata-Purâna* publié par M. Burnouf, exprimée dans des termes fort semblables [1]. Mais ici se rencontre un luxe de développements métaphysiques et d'extravagances subtiles entièrement étranger aux Védas [2]. Il en est de même de l'apologue métaphysique *des sens et de la vie*. « Les sens disputaient entre eux en disant : C'est moi qui suis le premier, c'est moi qui suis le premier ! Ils se dirent : Allons! sortons de ce corps; celui qui en sortant fera tomber le corps, sera le premier. La parole sortit; l'homme ne parlait plus, mais il mangeait et buvait, il vivait toujours. La vue sortit; l'homme ne voyait plus, mais il mangeait, il buvait et vivait toujours ; l'ouïe sortit, l'homme n'entendait plus

---

[1] Préf., pag. cxxi; liv. II, cap. v, pag 235

[2] *Bhâgavata Purâna*, pag 555.

mais il mangeait, il buvait et vivait toujours. Le *manas*
sortit; l'intelligence sommeillait dans l'homme, mais
il mangeait, il buvait et dormait toujours. Le souffle
de vie sortit; à peine fut-il dehors, que le corps tomba,
le corps fut dissous, il fut anéanti. Les sens disputaient
encore en disant : C'est moi, c'est moi qui suis le premier! Ils se dirent : Allons, rentrons dans le corps
qui est à nous; celui d'entre nous qui en y rentrant
mettra debout le corps, sera le premier. La parole
rentra, le corps gisait toujours; la vue rentra, il gisait toujours; l'ouïe rentra, il gisait toujours ; le *manas*
rentra, il gisait toujours; le souffle de vie rentra : à
peine fut-il rentré, que le corps se releva. » C'est la
fable de l'estomac et des membres, si célèbre dans
l'histoire romaine; mais il y a, comme le dit spirituellement M. Burnouf, « entre l'hymne du brahmane et
l'apologue de Ménénius Agrippa, la différence de l'Himalaya aux sept collines; » j'ajoute, la différence du
bon sens pratique du peuple de l'action au génie abstrait de la nation métaphysique par excellence. Du
reste, dans ce morceau, la rédaction moderne des
Pouranas est bien inférieure à l'antique version des
Védas; c'est une imitation tronquée et prosaïque; il
semble voir un beau cantique hébreu qui s'est transformé en un hymne grossier du moyen âge.

Les Pouranas sont principalement consacrés à servir
d'organes aux sectes religieuses de l'Inde. Il faut se
souvenir que les trois personnes de la trinité indienne

ne tiennent pas le même rang dans la croyance de tous ceux qu'on a coutume de confondre sous le nom d'adorateurs de Brahma. Brahma n'est le dieu principal que pour une secte bien moins nombreuse que celles dont le culte s'adresse surtout, soit à Siva, soit à Vichnou. Il en a été des Pouranas, expression de la dévotion hindoue, comme de cette dévotion elle-même; ils se sont partagés entre Brahma, Siva, Vichnou [1]. Le *Brahma-Purâna* est consacré à la gloire de Brahma et surtout au culte qu'il reçoit sous le nom du soleil, dans la pagode de Jagernat. Le *Linga-Purâna* est énergiquement sivaïte ; le *Vamamsa-Purâna*, l'un des plus modernes, est plus tolérant que ne le sont en général les ouvrages à la classe desquels il appartient. Vichnou et Siva y sont réunis dans un singulier éclectisme. Le plus grand nombre des Pouranas, et entre autres les deux publiés, sont vichnouvites.

Le nom même du *Vichnou-Purâna* indique assez ce qu'il doit être sous ce rapport ; en effet, ce Pourana n'est guère qu'un long commentaire sur les perfections de Vichnou. Brahma, à la tête de tous les dieux, l'adore et célèbre les louanges [2] du dieu suprême *que*

---

[1] Un passage du *Padma-Purâna* les divise en trois classes, selon qu'ils se rapportent à Vichnou, à Siva ou à Brahma. Les premiers seulement sont vraiment purs, les seconds sont pleins d'ignorance, et les derniers pleins de passion. Cela prouve que l'auteur du *Padma-Purâna* était vichnouvite et n'aimait ni Siva ni Brahma. (*Vishnu-Purâna*, Wilson, pref., pag. xiii.)

[2] *Vishnu-Purâna*, pag. 72.

lui-même ne peut comprendre; les dieux, battus par les démons, se prosternent aux pieds de Vichnou, et implorent sa protection contre leurs ennemis. Tel est le rôle supérieur que joue Vichnou dans le Pourana qui porte son nom. Mais le vichnouvisme qui domine dans ce Pourana n'en exclut pas absolument l'ascendant de Siva ; cet ascendant s'y manifeste avec une grande puissance dans un passage où l'on voit Indra, le roi du ciel, et les trois mondes auxquels il préside, frappés de langueur, parce qu'un personnage nommé Durvâta, qui est une incarnation de Siva, a maudit Indra. C'est une espèce d'interdit jeté sur l'univers par l'anathème du dieu destructeur [1].

Le *Bhâgavata-Purâna*, publié par M. Burnouf, n'est pas marqué d'un caractère de vichnouvisme moins évident que celui qui éclate dans le *Vichnou-Purâna*. Presque à chaque pas, l'auteur se répand en transports d'adoration pour Vichnou, le dieu, l'être par excellence ou plutôt le seul dieu, le seul être, celui qui est *en tout, bien que distinct de tout,* et hors duquel il n'y a qu'apparence et illusion. Il faut l'implorer pour parvenir à être réuni à lui, se reposer sur le lotus de ses pieds divins, et s'affranchir par cette ineffable union du supplice mille fois renouvelé de l'existence. S'occuper de Vichnou est le seul but raisonnable de la vie. C'est ce qu'expriment avec une énergie bizarre les distiques suivants :

[1] Wilson, *Vishnu-Purâna*, liv. I, cap. VIII.

« Ne vivent-ils pas aussi les arbres ? Ne respirent-ils pas aussi les soufflets ? Ne mangent-ils pas, ne se reproduisent-ils pas aussi, les autres animaux du village ?

« C'est une brute comparable au chien, au chameau, à l'âne et au pourceau qui vit dans la fange, que l'homme dont les oreilles n'ont jamais été frappées par l'histoire du frère aîné de Gadal [1]....

« C'est un cadavre vivant que l'homme qui ne recueille pas la poussière des pieds des sages dévoués à Bhâgavata [2]; c'est un cadavre respirant que celui qui ne connaît pas le parfum de la plante *tulasi*, qui s'attache aux pieds du divin Vichnou. »

Ici, comme dans le *Vichnou-Purâna*, Brahma lui-même proclame Vichnou l'essence pure, absolue, bienheureuse, dont l'univers n'est qu'une manifestation décevante. Par cet hommage, l'auteur prosterne les sectateurs de Brahma devant la secte à laquelle lui-même appartient. Ailleurs [3] Brahma est nommé la cause des causes; mais alors il est l'*essence suprême de Vichnou*, il est Vichnou lui-même.

Certaines légendes racontées dans les Pouranas semblent même faire allusion à d'anciennes luttes qui auraient eu lieu entre les brahmanes et des rois ou des populations vichnouvites. Telle est la curieuse histoire

---

[1] Nom de Vichnou
[2] Autre nom de Vichnou
[3] *Bhâgavata-Purâna.* pag 385, v 41

de Pralada [1]. Ce jeune fils du roi de l'univers a voué,
dès ses premières années, une piété sans bornes à
Vichnou. Son père et les brahmanes qui l'entourent
sont représentés comme les ennemis de ce dieu. Plusieurs fois Pralada est exposé à la mort à cause de son
culte, mais toujours il est sauvé par la protection du
grand Vichnou. Un jour, les brahmanes ont allumé
contre lui une flamme magique; mais, par la puissance
de Vichnou, elle se retourne contre eux et les dévore.
Alors Pralada demande au dieu qui les a exterminés
de les rendre à la vie. Les brahmanes ressuscitent pour
s'incliner devant celui qu'ils ont persécuté. Dans cette
légende, les brahmanes sont appelés les prêtres des
démons (*asuras*). On voit qu'elle n'a point été destinée
à célébrer les triomphes de la caste aujourd'hui dominante; elle semble plutôt attester d'antiques défaites
que les sectateurs de Brahma auraient éprouvées à
une époque inconnue.

Il en est de même d'un passage du *Vichnou-Purâna*,
dans lequel Siva, exclu d'un sacrifice où avaient été
admis les autres dieux, crée un être terrible qui renverse le sacrifice, disperse les officiants et met en dé-
route les divinités. Auparavant, Siva s'est écrié : « Que
m'importe d'être exclu de ce sacrifice? Mes prêtres
m'honorent dans le sacrifice de la vraie sagesse, où
l'on se passe de l'aide des brahmanes [2]. » Ne s'agit-il

---

[1] *Vishnu-Purâna*, pag. 126 et suiv.
[2] *Ibid.*, pag. 65-67.

pas ici des prétentions du culte sivaïte et de quelques triomphes de ce culte sur celui de Brahma ?

Dans un autre passage du *Vichnou-Purâna* se montre un vague souvenir d'une religion en dehors du brahmanisme, une religion de la nature, qui semble avoir été professée par les habitants des campagnes, et qui était peut-être un reste de l'ancien culte indigène, réfugié dans les lieux écartés, parmi les tribus nomades; un *paganisme* indien, dans le sens étymologique du mot, *paganica numina*. Le dieu Krichna, parlant au nom des pasteurs parmi lesquels il habite, dit [1] : « Les esprits de ces montagnes parcourent, dit-on, les bois sous la forme qu'il leur plaît de choisir, ou, sous leur forme naturelle, se jouent au bord de leurs abîmes. S'ils sont mécontents de quelque habitant de la forêt, transformés en lion ou en bête de proie, ils le mettent à mort. *C'est pourquoi* nous devons adorer les montagnes et offrir des sacrifices aux troupeaux. *Qu'avons-nous à démêler avec Indra* (le dieu du ciel)? Les troupeaux et les montagnes, voilà nos dieux ; laissons les brahmanes faire l'adoration par la prière. » Enfin, on peut voir une trace d'ancienne rivalité entre le culte de Vichnou et le culte de Siva dans la destruction de Bénarès, ville de tout temps, et encore aujourd'hui, sivaïte, que consume le disque enflammé de Vichnou. Ces indications sont peu positives ; mais, quand il s'agit

---

[1] *Vishnu-Purâna*, pag. 525.

d'un pays où l'histoire manque presque entièrement, on est heureux de trouver quelques documents précieux de la tradition conservée par les Pouranas.

Tout émane de Vichnou dans le poëme composé pour glorifier sa puissance, même l'ennemi de la religion orthodoxe, le grand hérésiarque, le grand réformateur, le Bouddha. Le Bouddha n'est autre chose qu'une forme illusoire émanée de Vichnou et envoyée par lui sur la terre pour égarer les ennemis des dieux [1]. D'autres hérétiques venus après le Bouddha avouent hardiment ici le scandale de leurs doctrines, selon lesquelles les brahmanes ne sont dignes d'aucun respect, et qui proclament qu'*il n'y a point de texte divin ou révélé*. On voit que le rationalisme a pénétré aussi dans le brahmanisme à la suite de la réforme.

Le principal intérêt qu'ont les Pouranas, c'est de présenter au milieu du désordre, de l'incohérence, de la bizarrerie, qui les caractérisent, un tableau frappant des idées et de l'imagination hindoues. Plus ils sont composés d'éléments hétérogènes, plus ils sont curieux à cet égard ; car la variété même des matières qu'ils renferment rend plus complet l'enseignement qu'ils peuvent fournir. Je vais tâcher de tirer de ce chaos quelques passages propres à faire connaître le génie religieux, métaphysique, moral et social des Hindous.

---

[1] *Vishnu-Purâna* pag 557 et suiv

Le panthéisme est l'idée dominante des religions et des philosophies de l'Inde, et se retrouve sans cesse dans les Pouranas. Elle y est exprimée sous mille formes, reproduite sous mille aspects, et on peut dire que la poésie hindoue est la manifestation multiple d'une même pensée, comme l'univers, selon la croyance hindoue, est lui-même la manifestation infiniment variée d'un même principe.

On ne saurait se figurer les tours de force de langage, les métaphores, les comparaisons, par lesquels l'imagination du poëte métaphysicien s'efforce de rendre sensible ce qu'il y a de plus difficile à comprendre dans le dogme du panthéisme. Quelquefois elle appelle à son secours une gracieuse similitude : « Comme l'air qui s'exhale par les trous d'une flûte produit la distinction des notes qui composent la gamme, ainsi la nature du grand esprit, simple dans son essence, devient multiple par les conséquences de son action. » Tantôt c'est par les peintures les plus étranges que l'auteur du *Vichnou-Purâna* cherche à faire entrer dans les esprits cette idée fondamentale de sa foi, savoir, que Vichnou est tout, que tout est Vichnou. « Comme créateur, dit-il, il se crée lui-même [1]; comme destructeur, il se détruit lui-même, à la fin de chaque période de la vie de l'univers. »

L'idée panthéiste appliquée à la mythologie produit

[1] *Vishnu-Purâna*, pag 20

les conceptions les plus bizarres. Ainsi, quand Krichna, qui est une incarnation de Vichnou, a décidé les bergères, au milieu desquelles s'écoule sa folâtre jeunesse, à sacrifier aux montagnes, Krichna se présente sur le sommet de l'une d'elles, en disant : « Je suis la montagne, » tandis que sous une autre forme il gravissait la montagne avec les bergères et adorait son autre moi [1].

Ce panthéisme a deux formes, l'une grossière, l'autre plus épurée ; l'une empreinte d'un épais matérialisme, l'autre d'un idéalisme raffiné. Dans le premier point de vue, Vichnou est le monde. Les divers membres de son grand corps sont les diverses portions de l'univers ; ses os sont les montagnes, les fleuves sont ses veines, son souffle est le vent, sa vue est le soleil. Mais la méditation qui le contemple ainsi comme un dieu-monde ne doit être qu'un degré pour s'élever à le considérer, non plus comme la collection des êtres, mais comme le principe qui, uni aux choses et cependant distinct d'elles, existe partout et toujours [2].

Ainsi on passe du point de vue matérialiste au point de vue idéaliste ; mais le besoin d'unité, ce besoin inhérent aux spéculations métaphysiques du génie hindou, le ramène au panthéisme par une étrange voie. S'étant élevé à concevoir le principe unique des êtres comme quelque chose de supérieur aux êtres, qui n'en

____

[1] *Vishnu-Purâna*, pag. 525.
[2] *Bhâgavata-Purâna*, pag. 275.

a point les qualités, quelque chose d'absolu, pour me servir du langage occidental, le génie métaphysique de l'Inde tranche la grande difficulté philosophique, celle qui est au fond de tous les systèmes, le rapport de l'absolu au relatif, de l'infini au fini, de Dieu au monde ; il la tranche par un coup d'audace que les plus grandes hardiesses de la spéculation n'ont jamais surpassé ; il déclare que le monde n'est pas, que la pensée n'est pas, que Dieu seul existe dans son incompréhensible unité, que tout le reste est produit par une illusion (*mâyâ*), par un reflet fantastique de l'être invisible. Tout est donc un produit des *jeux de Vichnou*. On comprend maintenant comment le dieu était à la fois la montagne qu'on adorait, et ceux qui adoraient la montagne. On conçoit comment le poëte peut s'écrier : « Essentiellement unique, tu te doubles, à l'aide de ta mystérieuse *mâyâ*, ce désir de créer que tu conçois en toi-même ; et, semblable à l'araignee, tu produis et conserves, à l'aide de ton énergie, cet univers que tu feras rentrer un jour dans ton sein [1]. »

Ce système, dans lequel l'univers est le produit de la *mâyâ*, de l'illusion née de Vichnou. est particulièrement développé dans le *Bhâgavata-Purâna* traduit par M. Burnouf, et donne un grand prix à cet ouvrage, qui devient par là l'exposition souvent très-énergique des idées philosophiques de deux écoles célèbres dans l'Inde, l'école Sankhya et l'école Védanta.

[1] *Bhâgavata-Purâna.* pag. 475.

La philosophie indienne est arrivée à l'idéalisme comme la philosophie grecque avec Parménide[1], la philosophie anglaise avec Berkeley, la philosophie allemande avec Fichte et Schelling; mais nul de ces hardis penseurs n'a égalé la hardiesse de l'Indien Kapila, qui, dans le *Bhâgavata-Purana*, rempli par l'exposition de sa doctrine, figure comme une incarnation de Vichnou. Au point de vue de l'idéalisme indien, tout naît de la pensée divine, tout n'existe que par cette pensée et dans cette pensée. Les qualités des êtres sont le produit de l'illusion, car la substance absolue, considérée en elle-même, n'a point d'attributs.

« Pénétrant au sein des qualités manifestées par *maya* comme s'il avait des qualités lui-même, l'être apparaît au dehors, poussé par l'énergie de sa pensée[2].

« Car, de même que c'est un seul et même feu qui brille dans tous les bois où il se manifeste, ainsi l'esprit, unique, âme de l'univers, enfermé dans chacun des êtres où il réside, apparaît comme s'il était multiple. »

Non-seulement l'esprit divin produit l'apparence des êtres par la manifestation de sa pensée, mais encore il est leur pensée, il perçoit en eux[3]. Ainsi la percep-

---

[1] M. Cousin. dans un remarquable morceau sur Zénon d'Élée, a exprimé avec une grande vigueur ce point de vue de l'unité absolue qui est commun à l'école d'Élée et aux Pouranas: «unité sans nombre, éternité sans temps, immensité sans forme, intelligence sans pensée, pure essence sans qualité. »

[2] *Bhâgavata-Purâna*, pag. 17

[3] *Ibid* . verset 52

tion, l'être percevant, l'objet perçu, ne sont que des reflets divers de l'être unique, de l'esprit absolu, de Vichnou ; Vichnou seul existe, il est tout, il est au-dessus et au delà de tout. L'essor métaphysique devait être entraîné par le besoin d'unité jusqu'à ces conclusions, extrêmes limites des spéculations humaines.

On s'étonnera moins, d'après ce qui précède, des diverses cosmogonies que contiennent les Pouranas, et dans lesquelles se retrouve toujours, à travers les jeux d'une imagination gigantesque, le principe de l'idéalisme indien.

« D'abord était l'être absolu, l'être divin (*Bhâga-vat*). Cet être existait seul, sans qu'aucun attribut le manifestât [1]..... Alors il regarda et ne vit rien qui pût être vu, parce que lui seul était resplendissant, et il songea qu'il était comme s'il n'était pas, parce que son regard était éveillé et que son énergie sommeillait.

« Or, l'énergie de cet être doué de vue, énergie qui est à la fois ce qui existe et ce qui n'existe pas, c'est là ce qui se nomme *mâyâ*, et c'est par elle que l'être qui pénètre toutes choses créa l'univers. »

Puis les diverses manifestations de l'être divin par *mâyâ* (l'illusion) s'engendrent l'une l'autre. Ici s'ouvre un champ illimité pour la subtilité et la richesse de la fantaisie indienne. L'énumération des êtres créés,

---

[1] *Bhâgavata-Purâna,* pag. 527.

l'ordre de leur création, changent dans les divers systèmes cosmogoniques contenus dans le même Pourana; mais certaines idées se reproduisent dans plusieurs de ces poëmes. Telle est cette conception
essentiellement idéaliste qui fait naître les objets
extérieurs du moi interne. Ainsi de la personnalité
transformée naissent le cœur et les organes des sens [1].
D'autre part, le génie hindou est également propre à
réduire la réalité en abstraction et à donner aux abstractions de la réalité. Il en résulte que tout se mêle
dans les cosmogonies, et il arrive, ce qui est tout à
fait extraordinaire pour nous, que les qualités, devenues des êtres réels, enfantent les substances. Ainsi
la molécule du son produit la molécule de l'éther; de
l'attribut tangible naissent le vent et la peau, l'objet
et l'instrument du toucher. De la forme naît la lumière; la molécule de la saveur produit l'eau et le
goût qui perçoit la saveur. Ce procédé de l'esprit hindou
est entièrement opposé au procédé du nôtre; à peine
est-il compréhensible pour nous. On dirait que cet
esprit, qui proclamait la réalité des apparences sensibles et niait celle des substances, a fini par perdre
tout sentiment de réalité.

Ce qui achève de caractériser le génie hindou, c'est
le luxe d'imagination qui vient se répandre pour ainsi
dire sur les subtilités et les aridités métaphysiques.

____

[1] *Bhâgavata-Purâna*, pag. 329, 529.

Au milieu des abstractions les plus minutieuses, on
se trouve tout à coup en présence de la splendide nature de l'Inde ; on est ébloui de l'éclat de la lumière
et des couleurs, de la profusion et de la vivacité des
images. Les peintures les plus voluptueuses viennent
se poser à côté des argumentations les plus sèches.
Telle est l'Inde : partout la mollesse à côté de l'austérité ; c'est le pays de la poésie et de l'algèbre, des
contes merveilleux et des systèmes de métaphysique,
des bayadères et des pénitents. La mythologie vient
mêler aux systèmes philosophiques ses créations infiniment variées et capricieuses, ses ères qui se comptent par millions d'années, tous ses mondes, tous ses
ciels, tous ses enfers, toutes les classes d'êtres distribués sur une immense échelle depuis le Dieu suprême jusqu'aux êtres inanimés, qui, pour l'Hindou,
vivent de la vie universelle, font partie de l'immense
corps qui est tout, sont animés par l'esprit unique qui
est Dieu.

Ce contraste entre la métaphysique et la mythologie,
perpétuellement entrelacées, donne aux Pouranas un
caractère que ne présente, je crois, nulle autre production du génie poétique humain. Il faudrait, pour
obtenir quelque chose de semblable dans notre Occident, fondre ensemble Kant et Homère ; ou plutôt, au
lieu de Kant, supposez un mystique indien dont la
subtilité soit infiniment plus pénétrante et la spéculation infiniment plus hardie que celle d'aucun méta-

physicien de l'Occident ; au lieu d'Homère, supposez un poëte oriental dont l'imagination follement luxuriante soit à l'imagination divinement tempérée du poëte grec ce qu'est l'Himalaya aux aimables collines de l'Attique, ce que sont les flots débordés et mugissants du Gange aux flots murmurants du Céphise, les gigantesques sculptures d'Ellora aux chastes sculptures du Parthénon. On en peut juger par cette peinture de Vichnou avant la création [1] : « Solitaire, couché sur un lit, blanc comme les fibres de la tige du lotus, formé par le corps du serpent Sécha, porté sur l'Océan qui submerge l'univers à la fin de chaque période de la vie des êtres, et dont l'obscurité était dissipée par les feux des joyaux placés sur les têtes du serpent qu'ornaient les ombrelles de ses crêtes,

« Il effaçait la splendeur d'une montagne d'émeraude à la ceinture de chaux rouge et aux nombreux pics d'or, ayant pour guirlande des joyaux, des lacs, des végétaux, des parterres de fleurs, pour bras des bambous, et pour pieds des arbres. . . . .

« Entourés des plus beaux joyaux et des plus riches bracelets, ses bras étaient comme des milliers de rameaux, sa racine était le principe invisible, les mondes formaient l'arbre vigoureux dont les branches étaient environnées des crêtes du roi des serpents. »

---

[1] *Bhâgavata-Purâna*, pag. 555

Voilà la cause insondable de toutes choses, l'être
sans forme et sans attribut personnifié dans une figure
mythologique bizarre et grandiose ; voilà toutes les
richesses de la poésie indienne jetées comme un voile
éblouissant de broderies sur la conception abstraite
de la substance absolue. Au milieu de ces images
colossales et accumulées, le sentiment métaphysique
se trahit par cette phrase : *Sa racine était le principe
invisible*.

Les mêmes associations de l'idée philosophique et
de l'imagination poétique poussées toutes deux à l'extrême, se retrouvent dans le récit de la lutte que l'être
des êtres, transformé en un guerrier terrible, soutient contre un géant, en présence de tous les dieux,
de tous les génies, de toutes les créatures, qui suivent avec anxiété les chances du combat qui doit détruire ou sauver le monde [1]. Les diverses phases du
combat et les injures qui le précèdent, rappellent,
dans des proportions surhumaines, les combats homériques ; mais celui qui frappe le géant, c'est *le
créateur de toutes choses*. Pendant la lutte, *il dépose la
terre à la surface de l'Océan ;* il est plein de dieux
engendrés dans son sein. Ces exemples, qu'on pourrait multiplier sans peine, suffisent à montrer comment la poésie et l'abstraction se mêlent dans les
Pouranas. Passons aux idées qu'ils renferment sur la

---

[1] *Bhâgavata-Purâna.* pag 449

vie humaine, sur son but véritable, enfin sur la morale et sur la société indienne.

Au point de vue du *Bhâgavata-Purâna*, la vie est une illusion douloureuse et comme un songe pénible. Vivre, penser, agir, c'est être séparé du principe unique et absolu, c'est se trouver en rapport avec ce néant agité qu'on appelle le monde. L'existence humaine est un supplice imposé à l'esprit tombé dans le monde inférieur à cause de ses fautes. De là cette énergique peinture des misères de la condition humaine que nous offre le *Bhâgavata-Purâna*. Après nous avoir fait entendre les gémissements de l'âme dans l'embryon, l'auteur montre la misère de la créature condamnée à vivre, tombant à terre au milieu du sang où elle s'agite comme un ver, dépouillée de la mémoire, dépouillée de la connaissance, ne pouvant se faire comprendre. Au point de vue indien des existences successives, l'homme naissant est bien plus réellement que chez le poëte latin un passager rejeté par les flots :

> Sævis projectus ab undis
> Navita.   (Lucrèce.)

Le tableau de notre condition que Pline a tracé n'égale pas en mélancolie quelques vers du *Bhâgavata-Purâna*, parce que ce n'est pas un vague scepticisme, mais une triste croyance, qui inspire le poëte. Pour

---

[1] Page 575

lui, la vie est une chute, une peine, une dégradation.

Comment l'homme se dérobera-t-il à tant de misère? comment échappera-t-il à son humiliante et douloureuse condition? En résistant à ses désirs, en s'élevant au-dessus des sens, en se livrant à la contemplation et en fuyant les œuvres, car les œuvres nous plongent dans le monde de l'illusion et nous écartent du principe invisible. Telle est la base du quiétisme indien, dont l'expression se retrouve sans cesse dans les Pouranas, et dont il est dit : « La contemplation de Vichnou [1] est comme un glaive avec lequel les hommes sages franchent le lien de l'action qui enchaîne la conscience. »

La contemplation est un état particulier qui a ses règles. Les Hindous appellent *yoga* l'extase par laquelle ils prétendent s'élever au-dessus de l'action, de la science, de la vie, s'unir à la Divinité même en s'absorbant dans son sein. Il existe une méthode et des procédés techniques, dont quelques-uns sont assez ridicules, pour parvenir à cette extase contemplative, à cet état d'impassibilité suprême, au moyen duquel les ascètes arrivent à se perdre en Dieu :

« Que l'ascète qui veut abandonner ce monde [2], assis sur un siége solide et commode, ne s'occupe ni du temps ni du lieu, et que, maître de sa respiration, il contienne son souffle en son cœur.

----

[1] *Vishnu-Purâna*, pag. 15.
[2] *Bhâgavata-Purâna*, pag. 209.

« Absorbant son cœur dans son intelligence purifiée, celle-ci dans le principe qui voit en nous, celui-ci dans sa propre âme, identifiant son âme avec l'âme universelle, que le sage, plein de fermeté, en possession du repos absolu, s'abstienne de toute action. »

La perfection de l'état d'*yoga* est décrite ainsi [1] :

« Quand, éloigné de tous les objets, le cœur ne connaît plus rien où se porter, et qu'il s'est détaché de tout, il disparaît aussitôt, semblable à la flamme qui s'éteint ; dans cet état, l'homme, désormais à l'abri du courant des qualités, voit sous son regard même son esprit qui est unique et dont il ne se distingue plus.

« Ainsi absorbé par cet anéantissement final du cœur au sein de la suprême majesté, l'homme, placé en dehors du plaisir et de la peine, rapporte l'origine de cette double imperfection à la personnalité, à cette cause d'action qui n'existe réellement pas, parce qu'il a saisi dans son propre sein la substance de l'esprit suprême.

« Étant ainsi parvenu à reconnaître ce qui le constitue lui-même, le Siddha parfait ne fait plus aucune attention à son corps ; soit que, sous l'empire du destin, ce corps vienne de se lever, et qu'il soit debout, soit qu'il ait quitté ou repris sa place, il ne le distingue pas plus qu'un homme aveuglé par les vapeurs d'une liqueur enivrante ne remarque l'état du vêtement qui enveloppe ses reins.

[1] *Bhágavata-Purána*, pag. 551.

« Le corps cependant, agissant, sous l'empire de la destinée, continue de vivre avec les sens tant que dure l'action qu'il a commencée ; mais l'homme qui, parvenu au terme de la contemplation, a reconnu la réalité, n'a plus de contact avec ce corps, qui, comme tout ce qui en dépend, n'est pour lui qu'un vain songe. »

On conçoit qu'à un tel point de vue la suprême félicité pour l'âme soit d'être délivrée de l'existence, du moins de l'existence individuelle qui l'emprisonne dans un corps, et de se réunir intimement au principe divin. Cette résorption de l'âme dans son principe porte le nom sacramentel de *nirvâna*, qu'il ne serait pas très-exact de traduire par anéantissement ; il exprime l'acte mystérieux par lequel l'âme s'affranchit de l'existence temporelle, du monde sensible, de l'illusion des choses, et s'identifie à l'être absolu.

Cette identification est le degré le plus élevé de la béatitude à laquelle l'homme puisse aspirer ; c'est le plus grand bienfait que Vichnou accorde à ses favoris. Le *Vichnou-Purâna* ne se contente pas de retracer, dans une peinture hideuse de vérité, les misères de l'enfance, les abaissements de la vieillesse, les agonies de la mort ; il fait l'histoire des douleurs humaines au delà de cette vie, dans les autres existences, dans les enfers et même dans le ciel, séjour précaire dont les habitants sont torturés par la perspective de redescendre sur la terre [1]. A cette condition douloureuse de l'homme,

____
[1] *Vishnu-Purâna*, pag. 641.

qui se continue d'un monde dans l'autre, il n'y a qu'un
remède et qu'un terme, c'est la grande émancipation
finale par laquelle il se soustrait aux maux qu'il est destiné à subir, tant qu'il *tourne dans la roue de l'existence*.
Quel peut être l'effet d'opinions pareilles à celle que je
viens d'exposer sur la conduite des hommes et sur les
formes de la société? C'est ce qui nous reste à examiner.

Par plusieurs côtés, la morale des Pouranas rappelle
celle de l'Évangile. Elle défend non-seulement les
actes, mais même les pensées coupables [1]; elle prescrit le jeûne, la prière, les austérités. Nulle part la
vertu de pénitence n'a reçu un aussi magnifique hommage que dans les croyances indiennes. Les macérations des solitaires ont tant de puissance, qu'elles
peuvent leur donner droit à remplacer les dieux.
Ceux-ci tremblent quand ils entendent parler des austérités inouïes de quelque ermite, et n'ont d'autre ressource que de lui envoyer une nymphe chargée de
sauver à tout prix le trône des immortels. La pénitence
peut tout; elle a même la puissance de créer. Dans le
Bhâgavata-Purâna, il est dit que Brahma, par une pénitence de seize mille années, a créé le monde [2]. Le
sentiment des misères de la vie humaine, le sentiment
de la dégradation de notre nature, la notion de la chute
entendue comme l'entendait Origène, enfin, ce qui en

[1] *Let him not think incontinently of another's wife*. Vishnu-Purâna,
pag. 59.
[2] *Bhâgavata-Purâna* pag 269.

résulte, le besoin d'un sauveur, les incarnations dont le
but est, comme celle de Vichnou, de *soulever le fardeau
de la terre* [1], tout cela est assez analogue au christianisme; j'ai trouvé même dans le *Bhâgavata-Purâna*
un passage où il semble être question de la grâce [2] :
« Donne-nous, ô Dieu, ta propre vue avec ton énergie,
afin que, soutenus par ta faveur, nous puissions accomplir notre tâche. »

Quant à la charité universelle, bien que l'esprit de
caste, tout-puissant aux Indes, lui soit contraire, on
en trouve çà et là quelques lueurs dans les Pouranas.
Il faut recevoir l'hôte dont le nom, la parenté, la race,
sont inconnus, dit le *Vichnou-Purâna* [3]. Brahma est
présent dans la personne d'un hôte. Le père de famille doit répandre sur la terre de la nourriture pour
les personnes dégradées de leur caste. Enfin, comme
pour donner un exemple de miséricordieuse bonté,
appliquée aux dernières des créatures humaines, les
Tchandalas, rebut de toutes les castes, sont bénis par
Vichnou [4]. Mais le panthéisme donne à la morale hindoue un caractère qui la distingue profondément de
la morale chrétienne, et la place bien au-dessous.

D'abord il résulte de la croyance au panthéisme que
la charité se perd et se dissout, pour ainsi dire, dans

[1] *Vishnu-Purâna*, pag. 437.
[2] *Bhâgavata-Purâna*, pag. 525.
[3] Pag. 505.
[4] *Bhâgavata-Purâna*, pag. 105.

un sentiment plus général : l'amour de tous les êtres, émanations d'une même substance, manifestations d'un même principe. Là où n'est pas marquée fortement la distinction entre l'homme et les choses, entre l'esprit et la matière, entre ce qui est libre et ce qui est soumis à la fatalité, la fraternité des hommes est remplacée par la fraternité des êtres. L'humanité ne compose plus à elle seule tout notre prochain, il faut l'étendre aux animaux, aux plantes, à toute la nature. Il en résulte, il est vrai, une gracieuse délicatesse de sentiment. La religion prescrit de répandre sur le sol la nourriture destinée aux oiseaux et aux chiens errants; il ne faut pas couper sans raison les arbres, car ils vivent comme nous de la vie universelle. Mais il résulte aussi de cette égalité morale faussement établie entre la nature et l'homme, que l'on perd le sentiment des vrais devoirs en les associant à des devoirs imaginaires.

Dans le précepte qui ordonne de répandre sur le sol de la nourriture pour les animaux, *les rejetés (out cast)* sont placés entre les chiens et les oiseaux, et couper légèrement un arbre est mis sur la même ligne que haïr son père. Ailleurs [1] il est dit : « Aurais-tu abandonné un brahmane, un enfant, *une vache*, un vieillard, un malade, une femme? » Ces confusions partielles tiennent à la grande confusion que le panthéisme éta-

____

[1] *Bhâgavata-Purâna*, pag. 208

blit entre tous les êtres membres d'un même tout, accidents d'une même substance. On en vient ainsi, après avoir mis les animaux sur la même ligne que les hommes, à sacrifier les hommes aux animaux, et à livrer durant toute une nuit un malheureux aux insectes pour les repaître de son sang [1].

Enfin l'opinion d'après laquelle cet univers n'est qu'une apparence décevante, et la vie humaine une illusion douloureuse, l'opinion qui voit dans les œuvres un piége qu'il faut fuir, et dans l'indifférence le terme le plus haut de la sagesse, est peu propre à faire des hommes énergiques, à produire les vertus du citoyen et du guerrier. Aussi depuis bien des siècles l'Inde, sous le poids de ces doctrines énervantes comme le climat qui les inspire, a-t-elle baissé la tête sous la tyrannie d'une caste ou sous l'oppression de l'étranger.

La supériorité des brahmanes, la haute opinion qu'on a de leur importance, sont écrites à chaque page des Pouranas. On voit que les brahmanes gouvernent les rois eux-mêmes. Plusieurs légendes en font foi, entre autres celle qu'on va lire [2] :

« Dans le royaume sur lequel régnait Santana, il n'avait pas plu depuis douze années. Craignant que le pays ne devînt un désert, le roi assembla les brahmanes et leur demanda pourquoi la pluie ne tombait pas,

<hr>

[1] *Bhâgavata-Purâna*, pag. 137.
[2] *Vishnu-Purâna*, pag. 458.

23

et quelle faute il avait commise. Ils lui répondirent que c'était comme si un frère plus jeune se mariait avant son frère aîné ; car il était en possession d'un royaume qui de droit appartenait à son frère Dévapi.

« Que dois-je faire ? dit le radja. Il lui fut répondu : Jusqu'à ce que Dévapi déplaise aux dieux en s'écartant du sentier de la justice, le royaume est à lui, et c'est votre devoir de le lui abandonner. Asmarisarin, ministre du roi, ayant entendu cela, réunit un grand nombre d'ascètes qui enseignaient des doctrines contraires à celles des Védas, et les envoya dans la forêt. Là, ayant trouvé Dévapi, ils pervertirent le prince, qui était simple d'esprit, et l'amenèrent à partager leurs opinions hérétiques. Pendant ce temps, Santana, étant très-affligé d'avoir commis le péché que lui avaient reproché les brahmanes, les envoya devant lui dans la forêt, puis s'y rendit lui-même pour restituer la couronne à son frère aîné. Quand les brahmanes arrivèrent à l'ermitage de Dévapi, ils l'informèrent que, conformément aux doctrines des Védas, la succession au trône était le droit du frère aîné ; mais il entra en discussion avec eux, et il mit en avant divers arguments qui avaient le défaut d'être contraires à la doctrine des Védas. Ayant ouï ces choses, les brahmanes retournèrent vers Santana, et lui dirent : O radja, tu n'as plus à t'inquiéter de tout ceci ; la sécheresse touche à sa fin. Cet homme est dégradé de son rang, car il a prononcé des paroles irrespectueuses contre l'autorité des Védas, incréés, éternels ; et quand le frère aîné est dégradé, il n'y a pas de péché à ce que le frère puîné se marie (ou règne). Alors Santana retourna dans sa capitale, et son frère aîné Dévapi fut dégradé de sa caste pour avoir répété des doctrines contraires aux Védas. Indra (le dieu du ciel) répandit une pluie abondante qui fut suivie de riches moissons. »

Rien ne saurait mieux que ce récit donner une juste idée de la société indienne. On y voit les brahmanes arbitres souverains de la conscience, et, par là, de l'autorité royale. À leur voix, Santana va déposer la couronne ; mais le prince légitime est atteint d'hérésie. Dès ce moment, il est déchu du trône, comme il est dégradé de sa caste, et le ciel, de concert avec les brahmanes, rend hommage au droit de Santana, fondé sur son orthodoxie. Le gouvernement théocratique n'a jamais été pratiqué avec cette rigueur dans notre Occident.

Les sentiments de la nature doivent se taire devant l'ascendant suprême de la caste sacrée. Une mère pardonne au brahmane qui a tué ses enfants pendant leur sommeil, *parce qu'un brahmane a toujours un maître spirituel*. Le coupable qui est consumé par la malédiction d'un brahmane, est-il dit aussi dans le *Bhâgavata*[1], ne trouve de pitié ni dans l'enfer, ni parmi les êtres, quels qu'ils soient, au milieu desquels il vient à renaître.

On trouve dans le même Pourana l'histoire suivante

Pag. 415

qui fait bien voir la puissance de cette malédiction. Un brahmane était assis dans son ermitage, retenant sa respiration, les yeux fermés, dans l'état d'extase (*yoga*). Le roi Parikchit, qui s'est égaré, arrive à l'ermitage. Le brahmane, absorbé dans sa contemplation, n'offre au roi ni le siége de gazon, ni l'offrande de l'eau, ni les paroles bienveillantes. Le roi, irrité, voyant auprès du brahmane un serpent mort, le prend, de colère, avec l'extrémité de son arc, et le lui jette sur l'épaule, puis regagne sa capitale. L'injure était grave. Cependant le brahmane, qui s'était élevé à l'*indifférence*, ne l'aurait point ressentie ; mais son fils, jeune enfant qui jouait avec d'autres enfants, ayant appris l'outrage fait à son père, s'emporte en ces termes contre le roi et contre la caste guerrière des kchattriyas à laquelle ce roi appartient :

« Ah ! la conduite outrageuse de ces radjas, nourris, comme les corbeaux, de ce qu'on leur jette, ressemble à celle des chiens et des esclaves gardiens de la porte qui insultent leur maître.

« Un misérable kchattriya est le gardien de la porte des brahmanes. Comment celui qui se tient à la porte serait-il admis à manger la nourriture du maître ? »

Puis l'enfant du brahmane prononce cette imprécation :

« Dans ce jour, un serpent suscité par moi anéantira ce contempteur des lois, ce brandon de sa race qui nous a fait injure. »

Bientôt le roi se repent de son crime, et désire l'expier par la mort ; il va sur les bords du Gange attendre, entouré de pieux solitaires, que la malédiction qu'il a méritée s'accomplisse, et il s'écrie : Adoration en tous lieux aux brahmanes !

Plusieurs passages des Pouranas n'expriment pas moins que la malédiction de l'enfant citée plus haut un sentiment d'aversion et même de mépris pour la caste guerrière des kchattriyas ; quelquefois même certains passages semblent faire allusion à d'anciennes luttes entre les kchattriyas et les brahmanes, luttes oubliées par l'histoire, mais qui semblent obscurément indiquées dans la tradition par celles de différents dieux et de différents cultes ; tel est ce passage :

« La race des kchattriyas, que le destin avait multipliée pour le malheur du monde [1], cette race qui opprimait les brahmanes et qui avait abandonné la vraie voie, devait sentir les douleurs de l'enfer ; le héros magnanime aux forces terribles déracina vingt et une fois, avec sa hache au large tranchant, cette épine de la terre. »

Rien ne donne une plus haute idée de la grandeur et de la puissance des brahmanes que le récit suivant [2]. Des brahmanes se présentent à la porte du palais des dieux. Deux personnages divins (*devas*), gardiens du seuil, les repoussent avec injure. Les brah-

___

[1] *Bhâgavata-Purâna*, pag. 253.
[2] *Ibid.*, pag 421 et suiv.

manes condamnent ces dieux à descendre sur la terre. Ceux-ci se reconnaissent coupables, et acceptent le châtiment qui leur est infligé. Ce n'est pas tout. Vichnou, le dieu suprême, va trouver les brahmanes et leur fait, on peut le dire, les plus humbles excuses. « Je regarde, leur dit-il, comme faite par moi-même l'injure que vous avez reçue de mes serviteurs... Je me couperais moi-même le bras si ce bras s'était opposé à vous[1]... Qui donc, ajoute-t-il, ne supporterait pas les brahmanes, quand moi je porte sur mon aigrette la poussière de leurs pieds? » L'imagination la plus complaisante ne saurait faire davantage, pour l'apothéose des brahmanes, que de prosterner le créateur à leurs pieds.

Tels sont les principaux traits qui peuvent caractériser les Pouranas, et par eux les Hindous; mais le travail nécessaire pour donner l'intelligence de ces curieux monuments, si l'on n'y prenait garde, tromperait sur leur nature. Afin de faire connaître les Pouranas, j'ai considéré successivement dans les deux qui étaient à ma disposition les différentes matières qu'ils traitent, les différents aspects philosophiques et poétiques qu'ils présentent. On est bien obligé de faire ainsi, de décomposer ce qu'on étudie; mais, ce travail accompli, il faut se retourner vers l'œuvre patiemment analysée, et l'embrasser dans son ensemble; car

---

[1] *Bhâgavata-Purâna* pag. 455

jamais tous les éléments de la pensée ne furent à ce point fondus et soudés les uns dans les autres. La poésie des Pouranas a tous les caractères du panthéisme qui l'inspire, une profonde unité de laquelle tout émane, et à laquelle tout revient aboutir, et en même temps une variété infinie de formes toujours changeantes, toujours renouvelées.

Cette poésie, comme le panthéisme indien, est tour à tour et presque en même temps empreinte d'un grossier matérialisme et d'un idéalisme raffiné. L'idée et le symbole, la réflexion et l'imagination, l'abstraction et les images sensibles, sont amalgamés dans cette composition désordonnée. On croit entendre parler tour à tour, ou plutôt tous ensemble, un métaphysicien, un poëte et un prêtre, et quelquefois un enfant. Les peintures théologiques sont employées pour exprimer des idées philosophiques ; les conceptions les plus hautes interviennent dans des récits fantastiques ou même puérils. Rien ne saurait, je crois, donner du génie indien une idée plus complète que la lecture d'un Pourana.

Si je voulais revenir, en terminant, sur les diverses phases de la littérature sanskrite que j'indiquais au commencement de cet article, je pourrais trouver dans l'Inde elle-même l'image des produits littéraires qu'elle a enfantés. L'austère simplicité et l'immuable durée des Védas seraient figurées par les rochers de l'Himalaya, qui dominent tout, indestructibles, immobiles,

et ne portant sur leur tête nue que le ciel étoilé. Les
deux grands fleuves qui roulent parallèlement leurs
eaux à travers la terre indienne offriraient une image
assez ressemblante des deux vastes épopées, le *Râmâyana* et le *Mahâbhârata*, fleuves aussi, au large sein,
à la source mystérieuse comme celle du Gange, au
cours majestueux et parfois embarrassé, aux affluents
nombreux, aux sinuosités infinies. La poésie de Kali-
dasa, par les parfums dont elle semble imprégnée, par
l'éclat éblouissant dont elle rayonne, rappelle les forêts embaumées de Ceylan et les mines de Golconde
Enfin les Pouranas offrent l'image de l'Inde tout entière. A l'horizon l'Océan sans bornes et des sommets
qui touchent le ciel, au centre ces impénétrables *jungles* où le voyageur s'égare à chaque pas, mais où la
vie, sous toutes les formes, bruit et scintille sur sa tête
et à ses pieds; où le cri de mille oiseaux, le murmure
de mille insectes, le craquement des vieux troncs et le
frôlement des herbes sous les pas des éléphants, remplissent l'oreille de bruits confus, tandis que l'œil
contemple le plumage des perroquets et l'éclat des
fleurs, s'amuse au balancement des lianes, s'éblouit
enfin et se fatigue aux innombrables reflets de cette
lumière qui ne se voile et ne se tempère jamais.

TROISIÈME RELIGION

DE LA CHINE

LAO-TSEU

Autrefois l'Orient était loin de nous; le voyage de Constantinople était un voyage considérable; l'Inde apparaissait comme une terre presque inconnue dont on ne savait guère autre chose, sinon qu'elle produisait les bayadères et les cachemires. La Chine se montrait aux extrémités du monde comme un pays ridicule et invraisemblable, bon à nous envoyer du thé, de la porcelaine et des magots. Qui avait ouï parler de l'Afghanistan? Qui connaissait Caboul autrement que par les *Mille et une nuits?* Aujourd'hui, grâce aux deux puissances de notre époque, la politique et la vapeur, tout a bien changé. On va de Paris à Constantinople en huit jours, et dans l'Inde en trente. La *question d'O-rient* est devenue la grande question de l'Occident. Le théâtre des affaires humaines se déplace ; elles ne se décideront peut-être plus, comme par le passé, en Italie ou en Allemagne, mais en Syrie ou en Perse. Le sort du monde peut dépendre du siége d'Hérat ou de Gizni. La bourse de Londres est très-occupée de la prise de Pékin. A l'heure où j'écris, peut-être les steamers anglais sont-ils sous les murs de cette capitale. Peut-être la Chine va-t-elle être ouverte, le voile qui cachait son antique et curieuse civilisation soulevé et arraché pour toujours[1]. Peut-être dans quelques années les touristes européens iront-ils visiter les lacs et les montagnes du Céleste Empire ; les hôtels de la rue de Rivoli seront encombrés de mandarins à boutons bleus et à boutons jaunes, et de jeunes bacheliers chinois compléteront leur éducation par un voyage en Suisse ou en Italie.

Jusqu'à ce moment, qui pourrait bien se faire attendre encore, le meilleur moyen de connaître les habitants du Céleste Empire, c'est de traduire leurs livres d'histoire ou de philosophie, leurs romans et leurs drames. Aujourd'hui que la Chine semble se rapprocher de nous, que la guerre entreprise par les Anglais donne à tout ce qui concerne le peuple chinois ce mé-

---

[1] [Depuis que ceci a été écrit l'Empire du Milieu a vu plusieurs révolutions intérieures, et nos armes, réunies à celles de l'Angleterre, ont bien réellement ouvert une partie de la Chine.]

rite d'*actualité*, comme on dit, auquel le public est si
sensible, peut-être consentira-t-on volontiers à entendre parler d'une des trois doctrines qui se partagent
les croyances dans l'Empire du Milieu. Il faut bien
connaître ce que pense ce peuple de deux ou trois
cents millions d'âmes, ce peuple dont le visage et le
costume sont, j'en conviens, fort différents des nôtres, qui a les yeux obliques et porte les cheveux nat-
-tés, mais chez lequel nous devons nous accoutumer à
trouver des hommes comme nous, puisque nous sommes à la veille, j'espère, de fraterniser avec ce mem-
bre récalcitrant de la famille humaine.

On sait qu'en Chine les lettrés, qui forment toute
l'administration de l'empire, ne reconnaissent d'autre
doctrine que le déisme vague et la morale pratique
du législateur Confucius. La masse de la nation se partage entre deux sectes religieuses, les bouddhistes et
les *tao-ssé*, ou sectateurs du *tao*.

.Personne n'ignore que le bouddhisme est une réforme du brahmanisme, laquelle, née et persécutée
dans l'Inde, s'est répandue à Ceylan, à la Chine, au
Japon, au Tibet, chez les nations tartares, etc. J'ai
déjà eu plusieurs fois occasion de parler du bouddhisme, je n'y reviendrai pas. Aujourd'hui, je veux
entretenir mes lecteurs du philosophe qui a fondé la
troisième doctrine ayant cours et comptant des partisans nombreux dans l'empire chinois. Cette doctrine
est celle du *tao* ; ce philosophe est Lao-tseu.

M. Stanislas Julien, qui a donné à l'enseignement du chinois tant de rigueur et de sûreté, vient de publier de l'ouvrage de Lao-tseu, intitulé le *Livre de la Voie et de la Vertu*, une traduction au moyen de laquelle on peut essayer de pénétrer dans la pensée subtile et souvent extraordinaire de ce philosophe. On peut se faire une idée des opinions qui sont populaires parmi les sectateurs du *tao*, avec le secours d'un livre également traduit par M. Julien, le *Traité des Récompenses et des Peines*, espèce de morale en action à l'usage des *tao-ssé*.

La doctrine des *tao-ssé* participe à la fois du système philosophique et du dogme religieux. « Lao-tseu, dit M. Julien, ouvre la série de dix philosophes célèbres qui ont fleuri en Chine avant l'ère chrétienne, et dont les œuvres, presque aussi inconnues en Europe que leurs noms, forment une collection de trente-quatre volumes petit in-folio. » En même temps, les sectateurs de Lao-tseu composent une société religieuse ayant ses chefs, son culte, ses superstitions particulières, et autorisée par la tolérance de l'État. .

La religion du *tao* paraît plus ancienne que Lao-tseu lui-même. Celui-ci vivait en même temps que Confucius, au sixième siècle avant notre ère. Bien longtemps auparavant, il y avait en Chine des sectaires qui s'attribuaient, comme les *tao-ssé* d'aujourd'hui, la puissance de deviner l'avenir, de procurer l'immortalité, de s'élever au rang des génies, etc. Le P. Amyot, parlant d'après les idées reçues à la Chine, voit là les devanciers des *tao-ssé* actuels. S'il en était ainsi, Lao-tseu aurait tiré sa doctrine d'une tradition antérieure, et eût été un réformateur dans son genre, comme Confucius dans le sien ; mais ce que les missionnaires, et en particulier le père Amyot, disent touchant les dogmes des *tao-ssé* avant Lao-tseu, me semble trop différent des opinions de ce philosophe, telles qu'elles sont contenues dans le *Livre de la Voie et de la Vertu*, pour qu'il soit bien démontré que les anciens sectaires du temps des *Tcheou* (1122 avant Jésus-Christ) aient pu offrir une grande analogie d'opinion avec les *tao-ssé* des temps postérieurs. Négligeant donc les antiquités de la secte, je ne la ferai dater que de celui qui est regardé généralement par les Chinois comme son fondateur, de Lao-tseu.

Il en est de Lao-tseu comme de la plupart des fondateurs de sectes ou de religions ; tout ce que l'on raconte de lui se borne à un petit nombre de faits certains entourés de beaucoup de fables. Son histoire est plus courte que sa légende. La première ne nous apprend presque rien des circonstances de sa vie, et pas même le lieu de sa mort. Les légendes en disent davantage. Si l'on en croit celle dont nous devons la traduction à M. St. Julien, Lao-tseu fut conçu par sa mère, comme le Bouddha par la sienne, sans le secours d'un époux, et, encore comme le Bouddha, il naquit successivement dans plusieurs siècles et dans diverses conditions. Ces imaginations semblent indiennes; le bon sens chinois se montre dans les réflexions qu'elles suggèrent à l'auteur qui les rapporte : « Tous ces récits, dit-il, ont été inventés par des disciples ignorants, épris des choses rares et extraordinaires, qui ont voulu exalter Lao-tseu aux dépens de la vérité[1]. »

C'est dans cette source suspecte que M. A. Rémusat, infidèle cette fois à la sagesse ordinaire de sa critique, avait puisé l'indication des voyages de Lao-tseu vers l'Occident[1], indication très-vague qui lui avait suffi pour assurer que le sage Chinois avait pu aller jusqu'en Syrie et peut-être même visiter Athènes. La conséquence était hardie et les prémisses bien incertaines. M. A. Rémusat avait besoin de cette hypothèse pour rendre raison, par des communications avec l'Occident, de la ressemblance qu'il croyait apercevoir entre les idées de Lao-tseu et celles de Platon, et pour expliquer comment le nom de Jehovah avait pu passer de la Bible dans le livre du philosophe chinois, où, par une incroyable préoccupation, il s'imaginait le retrouver. M. Julien, appuyé sur le texte et les commentateurs, démontre jusqu'à la dernière évidence que ce rapprochement est illusoire et dénué de tout fondement. M. A. Rémusat raisonnait un peu ce jour-là à la manière de certains missionnaires, hommes du reste dignes du plus grand respect, mais qui voulaient abso-

---

[1] Voyez son Mémoire sur la vie et les opinions de Lao-tseu. (*Mélanges asiatiques*, t. I, p. 88).

lument retrouver les patriarches dans les anciens rois de la Chine.

L'idée de la trinité chrétienne n'a non plus rien à démêler avec ce passage du livre de Lao-tseu : « Le *tao* a produit un, un a produit deux, deux a produit trois, trois a produit tous les êtres. » Quand les commentateurs n'indiqueraient pas l'idée d'émanation, on reconnaîtrait facilement ici un développement *successif* de l'unité absolue sortant d'elle-même et tombant dans la pluralité féconde qui produit les êtres, c'est-à-dire une conception analogue aux conceptions indiennes et entièrement opposée au mystère chrétien des trois personnes coéternelles créant l'univers sans sortir de leur insondable unité. Je ne puis concevoir, je l'avoue, le zèle qui a porté des esprits bien intentionnés pour le christianisme à le confondre avec ce qui lui ressemble le moins. Sa gloire n'est-elle pas de contenir seul la véritable idée de Dieu ? Pourquoi vouloir à tout prix retrouver partout ce qui n'appartient qu'à lui ?

Après Lao-tseu, la secte qu'il avait fondée ou renouvelée alla toujours croissant tant que dura la dynastie des *Tcheou*. Le dernier de ses empereurs, le célèbre *Hoang-ti*, qui, jaloux du pouvoir chaque jour plus grand de l'école de Confucius, la voulut anéantir, qui fit tuer tous les lettrés et brûler tous leurs livres, *Hoang-ti*, sans doute pour achever de les écraser, s'efforça d'élever à leur place et sur leur ruine, les sectateurs du *tao*, les disciples de Lao-tseu ; mais la dynastie suivante, celle des *Hans*, probablement par hostilité contre les *Tcheou*, s’empressa de relever la doctrine de Confucius et d’humilier la secte de son rival. Alors les *tao-ssé* cherchèrent à rapprocher leurs idées de celles de Confucius, à peu près comme les druides, quand la Gaule eut été soumise, donnaient à leurs dieux indigènes les noms des dieux romains. Les *tao-ssé* dirent que Confucius avait été disciple de Lao-tseu, quoique rien ne soit plus loin de l’histoire et de la tradition, qui nous présentent Lao-tseu et Confucius comme ne pouvant s’entendre. Le premier, perdu dans les spéculations métaphysiques, était comparé par le second, ami du positif en philosophie, à *un dragon* qu’il ne pouvait atteindre dans la région des vents et des nuages. Lao-tseu, de son côté, répondait aux questions de Confucius avec un profond dédain pour les vertus pratiques, constant objet de l’enseignement moral et politique de celui-ci. « Cultivez le *tao*, élancez-vous vers lui de toute votre âme, disait Lao-tseu ; mais à quoi bon l’humanité, à quoi bon la justice? La justice et l’humanité d’aujourd’hui ne sont plus qu’un nom…. Maître, vous ressem blez à un homme qui battrait le tambour pour chercher une brebis égarée. » On voit que Lao-tseu et Confucius étaient loin d’être d’accord, et que l’harmonie que voulurent établir leurs disciples entre des tendances non-seulement diverses, mais opposées, dut être commandée par les circonstances.

Une conciliation était plus facile à opérer entre le

bouddhisme et les idées de Lao-tseu, lesquelles, comme nous le verrons, offrent une grande ressemblance avec les idées indiennes. Aussi, quand le bouddhisme s'introduisit à la Chine, les *tao-ssé* et les sectateurs de *Fo* (Bouddha) se rapprochèrent tellement, qu'il est plus difficile de dire en quoi leurs deux religions se ressemblent que de montrer en quoi elles diffèrent.

Le commentaire du livre *des Récompenses et des Peines* fournit plusieurs preuves de la bonne intelligence dans laquelle vivent les trois doctrines admises comme légitimes dans l'empire chinois, et de l'espèce de fusion en vertu de laquelle elles se pénètrent et s'amalgament mutuellement. L'auteur de ce commentaire a tous les sentiments d'un lettré de l'école de Confucius, et, dans un grand nombre des miracles légendaires qu'il raconte, le dénoûment est une promotion littéraire qui vient récompenser l'homme vertueux dans sa personne ou dans celle de ses descendants. Tantôt il cite l'*Invariable Milieu*, un des livres classiques de l'école de Confucius, tantôt il invoque l'autorité des livres bouddhistes; les livres de Fo disent : « Les hommes qui ne tuent point les êtres vivants obtiennent en récompense une longue vie. » Enfin il conclut par cette remarquable maxime : « Lorsqu'on compare les paroles des saints hommes qui appartiennent aux trois religions, on dirait qu'elles sont sorties d'une seule et même bouche. »

On reconnaît là l'esprit de tolérance inhérent à cette

race tartare dont les Chinois me semblent être la portion civilisée. On sait que les descendants de Gengis-Khan s'entouraient de docteurs musulmans, bouddhistes et chrétiens, qu'ils se plaisaient à mettre aux prises, également favorables et indifférents à tous les cultes, et que l'un d'eux, après une longue discussion entre les champions de ces diverses croyances, montra sa main à un bon franciscain en lui disant : « Combien ai-je de doigts? — Cinq. — Et cependant c'est la même main; il en est ainsi de vos religions. »

On ne voit rien ni dans les conquêtes des Tartares, ni dans l'histoire de la Chine, qui ressemble aux persécutions religieuses si fréquentes par toute la terre. Bien longtemps avant que la tolérance fût proclamée en Europe, elle régnait au fond de l'Orient. Cette disposition tolérante aida certainement à l'introduction de la religion chrétienne dans l'empire. Plus tard le christianisme fut persécuté par un motif de jalousie et de défiance politique, et non par un motif de foi. S'il pouvait de nouveau mettre ouvertement le pied sur le sol de la Chine, il n'aurait à rencontrer et à vaincre rien de semblable au fanatisme des pays musulmans, et, favorisé par le déisme des lettrés, par la douceur de la morale des bouddhistes et des *tao-ssé*, il ferait, je n'en doute pas, de rapides progrès dans le royaume du milieu, le pays de la terre, je crois, le mieux disposé à devenir promptement chrétien.

L'histoire de la secte des *tao-ssé* offre l'exemple d'une

religion populaire née d'une simple philosophie. Les
sectateurs du *tao* sont à Lao-tseu ce qu'étaient à Platon
certains enthousiastes et charlatans qui se vantaient,
comme les *tao-ssé*, de prévoir l'avenir et d'enseigner
les moyens d'acquérir l'immortalité. Seulement les
sectaires d'Alexandrie n'eurent jamais d'importance
et ne formèrent jamais un corps considérable comme
les sectaires chinois. A cela près, on observe chez les
uns et les autres la même différence entre des idées
métaphysiques très-abstraites chez les fondateurs et
des imaginations grossières et matérielles chez les
croyants. Pour mesurer cette différence, il est curieux
de comparer le livre de Lao-tseu et le *Traité des Récompenses et des Peines*. Ce dernier ouvrage est attribué par les *tao-ssé* à Lao-tseu lui-même ; mais cette
assertion est tout à fait insoutenable. Il y a évidemment
plusieurs âges d'hommes et d'opinions entre les deux
ouvrages ; il y a aussi loin de l'un à l'autre, littéraire-
ment parlant, que de l'Évangile à la *Légende dorée*.

Le *Traité des Récompenses et des Peines* se compose
de préceptes d'une morale très-pure. A propos de chacun de ces préceptes, les commentateurs ont recueilli
des anecdotes parfois puériles, souvent touchantes,
dans lesquelles sont racontées les récompenses où les
punitions miraculeuses qui ont été le partage des ob-
servateurs ou des infracteurs de la loi. Si l'on est peu
fondé à comparer les idées tout orientales, tout indiennes de Lao-tseu avec les dogmes chrétiens, on peut

signaler quelques rapports assez frappants, et qui n'excluent pas de notables différences entre la morale des
tao-ssé et la morale contenue dans l'ancien ou le nouveau Testament. Les solutions métaphysiques et les
conceptions théologiques, bien que condamnées à tourner dans un cercle assez étroit, sont encore plus variées que les préceptes et les inspirations morales.
Les hommes diffèrent plus par la pensée que par le
cœur.

La longévité est la récompense le plus ordinairement promise à la vertu chez les *tao-ssé* comme elle
l'était chez les Hébreux. — Honorez votre père et votre
mère, afin de vivre longuement, dit le livre *des Récom-*
penses et des Peines, relatant sans cesse les prolongations
d'existence accordées à ceux qui ont bien vécu et les
retranchements d'années et de jours destinés à punir
les méchants. L'idée de l'immortalité arrive elle-même
comme à la suite de l'idée de longévité. Si les bonnes
actions sont suffisamment nombreuses, la vie finira
par se prolonger et s'allonger indéfiniment ; enfin l'on
deviendra immortel. Tel est l'enchaînement par lequel
on parvient ici à cette notion sublime de l'immortalité,
vers laquelle la pensée humaine a toujours tant de peine
à s'élever, et qu'ailleurs elle a saisi par différents efforts et à l'aide de tâtonnements divers dans l'idée confuse des mânes, dans celle des existences successives
ou de la perpétuité du corps.

J'ai parlé plus haut des rapports de la morale bouddhiste et de la morale chrétienne[1], et je n'y reviendrai pas; mais j'indiquerai quelques ressemblances qu'offre avec cette dernière la doctrine des *tao-ssé*. La chasteté y est recommandée par de nombreux exemples, parmi lesquels figure une histoire fort semblable à celle de Joseph, et la rigueur du précepte s'étend, comme dans le christianisme, jusqu'à la pureté de l'âme et de la pensée. « Quand vous apercevez une belle femme dans la maison d'autrui, vous la dévorez des yeux, un trouble subit vous agite, et vous ne pouvez la bannir de vos pensées. Dès ce moment vous avez commis un adultère dans le fond de votre cœur. » C'est, comme on voit, littéralement la sentence portée dans l'Écriture contre ceux *qui mœchantur in corde suo*. La charité est prescrite à toutes les pages du livre des *tao-ssé*, et souvent avec des inventions et on pourrait dire des recherches assez touchantes; « payez les impôts pour les pauvres gens, rachetez les prisonniers même coupables d'un léger larcin, achetez des terres dont le produit aidera les pauvres étudiants. »

Comme chez les bouddhistes et en général chez les Hindous, la charité s'étend aux animaux, partout où respire la vie universelle, elle doit être respectée. Les préceptes donnés à ce sujet sont d'une minutie à la fois enfantine et touchante : « Laissez toujours du riz pour les rats; par pitié pour les papillons, n'allumez pas la

---

[1] Voyez p. 185 et suivantes.

lampe... » C'est un acte méritoire de délivrer les animaux destinés à être immolés par la main du boucher, ou à tomber sous les coups du chasseur, d'ouvrir aux oiseaux les portes de leur cage et de les mettre en liberté.

. Quelle que soit l'origine de la doctrine philosophique de Lao-tseu, des idées indiennes se sont certainement mêlées aux opinions de ses sectateurs. C'est a l'Inde qu'appartient ce respect religieux pour la vie de tous les êtres, lequel fait une loi de les épargner et un mérite de les sauver de la mort. Dans le livre *des Récompenses et des Peines*, on invoque positivement sur ce point l'autorité des livres de Fo, c'est-à-dire de la théologie bouddhique.

Cette morale, en même temps qu'elle offre la trace de quelque influence étrangère, est cependant profondément chinoise. On le reconnaît à deux signes : avoir des enfants est toujours présenté comme le plus grand des bonheurs, et la piété filiale est magnifiquement célébrée. Une légende expressive raconte qu'un fils, allant voir son père malade, trouva un tigre sur son chemin. Il continua courageusement sa route, et le tigre recula, désarmé par l'accomplissement de ce devoir sacré.

Certaines superstitions, qui paraissent très-anciennes et indigènes sur le sol de la Chine, sont entrées dans le corps d'idées morales propres aux *tao-ssé*. Telle est l'intervention des génies, et en particulier celle du *génie du foyer*, génie natif d'un peuple où toute la société repose sur la pierre du foyer domestique.

Les astres, qui avec les génies semblent s'être partagé les hommages religieux des Chinois aux époques les plus anciennes, à ces époques primordiales dont les *Kings* offrent le tableau ; les astres, pris apparemment pour les génies qui leur sont attachés, figurent d'une manière bizarre dans la morale des *tao-ssé* : les *trois conseillers* et le *boisseau du nord* inscrivent sur un livre, y est-il dit, les crimes et les fautes des hommes. Or, les *trois conseillers* et le *boisseau du nord* sont des étoiles de la grande ourse.

Le livre, *des Récompenses et des Peines* montre à quel point la doctrine philosophique de Lao-tseu a passé à l'état de religion. Le philosophe est devenu pour ses sectateurs un personnage divin, un dieu [1]; il est parlé des sacrifices offerts par des *tao-ssé;* enfin la publication et la propagation de l'ouvrage lui-même ont eu lieu au moyen de souscriptions pieuses inspirées par un zèle analogue à celui que mettent les méthodistes à répandre leurs traités religieux. M. Julien donne sur ce sujet de curieux détails : « Dès qu'une édition est épuisée, les personnes qui en possèdent les planches ouvrent une souscription qui se trouve promptement remplie. Les uns donnent de l'argent,

---

[1] « Lao-tseu a *ordonné aux esprits de parcourir le monde* et d'examiner l'une après l'autre les actions des hommes. » (*Traité des Récompenses et des Peines*, pag. 28)

les autres du papier, d'autres, qui savent imprimer,
se chargent volontairement du tirage. Si les planches
sont usées, on trouve sans peine une foule d'artistes
qui offrent de les graver sans frais. Les exemplaires
sont en grande partie distribués aux indigents qui
n'auraient pas le moyen de les acheter. »

Passons maintenant de la doctrine populaire des
tao-ssé, contenue dans le *Traité des Récompenses et
des Peines*, à la doctrine abstraite et métaphysique
renfermée dans le livre de Lao-tseu qui a pour titre
Livre de la Voie et de la Vertu.

La traduction d'un pareil ouvrage offrait d'immenses difficultés, et, disons-le hautement, seul en
Europe, M. Julien était en état de les vaincre. Sa version est d'une exactitude tellement littérale, que toute
personne tant soit peu initiée à la lecture du chinois
peut facilement retrouver dans le texte original chaque
mot traduit. En outre, M. Julien a joint à cette interprétation consciencieuse et fidèle un commentaire perpétuel tiré des commentateurs chinois, qui depuis
plus de deux mille ans s'exercent à pénétrer le sens
mystérieux du philosophe. Les commentateurs que
mentionne M. Julien sont au nombre de soixante-
quatre; parmi eux, on compte trois empereurs. Sur
cette liste figurent vingt *tao-ssé*, sept bouddhistes et
trente-quatre lettrés de l'école de Confucius. On doit
donc s'attendre à de grandes diversités entre les interprètes de Lao-tseu ; mais ces diversités sont un fait

très-curieux pour l'histoire des opinions chinoises :
là même où les commentaires ne nous révèlent pas
le véritable sens du texte philosophique, ils nous intéressent encore en nous apprenant quel sens on lui
a prêté. Ceux qui s'écartent le plus de la pensée véritable de Lao-tseu et s'efforcent de se rapprocher des
opinions reçues parmi les lettrés, ne sont pas les
moins instructifs et ceux pour lesquels nous devons
le moins d'actions de grâces à l'habile sinologue qui
nous les a fait connaître. Ce n'était pas trop de sa
connaissance aussi sûre qu'approfondie de la langue
chinoise, de toute sa sagacité et du secours de soixante-
quatre commentateurs, pour parvenir à l'intelligence
du langage concis, énigmatique, qui enveloppe les
pensées extraordinaires et subtiles de Lao-tseu. Après
tout ce travail du traducteur, il est difficile de se rendre bien compte du système d'idées exposé ou plutôt
caché dans le livre du philosophe chinois.

Dès le temps de Lao-tseu, il était malaisé de l'entendre. Ceux qui me comprennent sont rares, disait-il, et il ajoutait : Je n'en suis que plus estimé;
ce qui ne surprend pas quand on connaît l'admiration
que l'esprit humain éprouve à certaines époques pour
tout ce qui le surpasse. La difficulté de comprendre
subsiste pour nous, et peut-être l'obscurité d'une
opinion métaphysique ne sera-t-elle pas pour tout le
monde une raison de l'estimer davantage. Je sens
donc combien est rude la tâche que je m'impose en

voulant donner à mes lecteurs une notion exacte et claire des singulières conceptions d'un philosophe dont le nom n'était probablement pas arrivé jusqu'à eux, quelque bruit qu'il ait fait dans un autre monde. J'essayerai cette fois encore d'initier le public sérieux à ces découvertes de la science orientale, qui, loin des sentiers battus et des redites de l'Occident, met en lumière des empires nouveaux, des siècles ignorés, des religions et des philosophies inconnues.

Il y a un grand danger pour l'esprit humain à creuser l'idée de Dieu. Cette idée est tellement supérieure à toutes les autres, qu'on peut être conduit à en retrancher successivement les qualités et les attributs qu'on aperçoit ailleurs. Si l'on suit jusqu'au bout l'entraînement de l'abstraction, si l'on n'est pas retenu sur la pente de la dialectique par le besoin de s'arrêter à un dieu intelligent et moral, on arrivera ainsi à nier même la spiritualité, la bonté, la personnalité du principe universel. Pourquoi serait-il esprit? pourquoi serait-il bon? pourquoi serait-il une personne? Toutes ces qualifications sont-elles applicables à l'être ineffable? Tout attribut n'est-il pas une limite de l'infini? L'unité divine n'est-elle pas supérieure à toutes les différences qui distinguent les choses bornées? La plus grande, la plus haute de ces différences, celle qui sépare l'être du non-être, n'est-elle pas encore quelque chose d'inférieur à l'idée que nous devons nous faire de Dieu? Dire qu'il *est*, quand nous n'avons pas d'autre mot pour exprimer l'existence restreinte et passagère, n'est-ce pas employer un terme inexact et insuffisant, alors qu'il s'agit de l'existence absolue et souveraine? Telle est la voie qu'ont suivie les esprits qui, dans divers temps et divers pays, ont fini par avancer que Dieu *était* et *n'était pas*. C'est le ὢν μὴ ὢν de Proclus; c'est le principe sans nom, sans attribut, ni bon ni mauvais, ni esprit ni matière, supérieur à toutes les qualités et à toutes les différences, qui est au fond de la plupart des doctrines religieuses et philosophiques de l'Inde; c'est aussi le *tao* de Lao-tseu, le *tao* qui, suivant un commentateur, est comme existant et comme non existant.

Le *tao* est le principe universel des êtres qui émanent de son sein et retournent s'y perdre. Considéré en lui-même dans son essence, il est ineffable, il ne peut être nommé, il est le principe de toute existence, et à peine peut-on dire qu'il existe. Il est vide, c'est-à-dire étranger à toutes les qualités de la matière ou de l'esprit (vide est une expression métaphorique pour absolu). Il est pur, parce que sa substance est distincte de toutes les existences; il est éternel, parce qu'il est en dehors de la succession des temps. Supérieur à l'idée d'un dieu personnel, il *semble avoir précédé le maître du ciel;* il est le modèle et l'image de tous les êtres. Tel est le *tao* en lui-même, dans son essence. Lorsqu'il se manifeste par la production, il prend un nom. Il est la mère ou l'aïeul des êtres; il n'est plus vague, ineffable, il apparaît sous une forme déterminée; en lui-même, il est l'inexprimable unité, quand il se produit au dehors, il se divise, et alors il a un nom.

Cette notion du vide considéré comme l'essence absolue, le principe de tous les êtres, s'exprime chez Lao-tseu par des métaphores d'une ingénieuse étrangeté. Il s'agit de rendre sensible une idée métaphysique, la plus subtile de toutes, savoir que ce qui n'a aucun des caractères de l'existence est le fondement de toute existence. Lao-tseu dit[1] : « Trente rais se réunissent autour d'un moyeu, c'est de son *vide* que dépend l'usage du char; on pétrit de la terre glaise pour faire des vases, c'est de son *vide* que dépend l'usage des vases; on perce des portes et des fenêtres pour faire une maison, c'est de leur *vide* que dépend l'usage de la maison. » Comparez ces métaphores mesquines et triviales, mais claires et exactes, avec les symboles poétiques, mais vagues, employés par le génie indien, pour exprimer la même pensée, savoir que le vide est le principe des choses, et vous aurez le spectacle de la diversité du génie de deux peuples. Rien ne montre mieux qu'une traduction d'un même texte la différence de deux esprits et de deux langues.

[1] Liv. I, ch. xi

Au point de vue de Lao-tseu, l'unité est l'essence de tout; essentiellement donc rien n'est divers, distinct; il n'y a ni vrai ni faux, ni beau ni laid, ni être ni non-être. Ce sont là de simples rapports, des distinctions apparentes au-dessus desquelles le sage éclairé par le *tao* doit s'élever. Aussi Lao-tseu s'oppose-t-il à ceux qui éprouvent des sentiments et qui croient savoir quelque chose; lui se réfugie dans l'insensibilité et l'ignorance [1] : « Je suis calme, mes affections n'ont pas encore germé, je ressemble à un nouveau-né qui n'a pas encore souri à sa mère... Les hommes du monde sont remplis de lumières; moi seul je suis comme plongé dans les ténèbres. » Il n'a pas la fausse science des hommes; il ne veut pas de cette science, mais il connaît le *tao*. « Moi seul, ajoute-t-il, je diffère des autres hommes, parce que je révère la mère qui nourrit tous les êtres. »

Celui qui est en possession du *tao* est supérieur à toutes les affections qui troublent l'âme des hommes; il est impassible comme l'univers; « le ciel et la terre n'ont point d'affection particulière, ils regardent la création comme le chien de paille du sacrifice [2]. Le saint homme n'a point d'affection particulière, il regarde tout le peuple comme le chien de paille du sacrifice [3].

[1] Ch. xx.

[2] Ch. v. — Chien fait avec de la paille liée, que l'on couvre des plus riches ornements pendant que dure le sacrifice, que l'on jette ensuite, et qui est foulé aux pieds par le peuple.

[3] Ce singulier éloge du sage, en qui l'on vante son indifférence

Le quiétisme que Lao-tseu recommande à son sage débute, comme tout quiétisme, par quelques vertus chrétiennes et philosophiques, le détachement, la pureté, l'humilité, la modération des désirs.

« Le saint homme se met après les autres, et il devient le premier. Le sage redoute la gloire comme l'ignominie ; son corps lui pèse comme une grande calamité ; la gloire est quelque chose de bas ; il n'y a pas de plus grand malheur que de ne pas savoir se suffire. » Mais ce quiétisme poussé plus loin arrive, comme toujours, à l'absorption de la volonté, à l'anéantissement de l'intelligence et de la moralité L'homme, pour s'unir complétement au *tao*, doit

pour les hommes qu'il gouverne, frappe encore plus dans l'original M. J. lien a su vi ici un commentateur qui rend par *affection particulière* le mot *jin*, ce caractère énergique, composé du caractere *homme* et du caractère *deux*. et par là exprimant le rapport de l homme a l'homme, l'*humanité*, la *charité* C'est une des vertus les plus recommandées par la morale de Confucius. C'est cette vertu c'est le sentiment d humanité, de charité, que Lao-tseu interdit ici a son sage. Le commentateur, en voulant, comme a son ordinaire, rapprocher les idées de Lao-tseu des idées communes, dit : « Ce passage signifie que celui qui est grandement bienveillant et affectionné pour tous n'es b enveillant et affectionné pour personne en particulier. » Mais Lao-tseu me paraît avoir exprimé ici le mepris qu'a son point de vue moral, selon lequel la perfection se trouve dans l'absence de tous les sentiments de l'âme, dans le vide du cœur, il devait porter à cette vertu vulgaire de l *amour des hommes*, bon e pour ceux qui ne se sont pas eleves jusqu'à la contemplation exclusive du *tao*. On a vu avec quel dedain il répondait a Confucius, qui résumait la morale dans l'humanité (*jin* et la justice. On lit au chapitre xviii du 1er livre. « Quand la grande voie eut déperi, on vit parai re l'humanité et la justice »

« se délivrer des lumières de l'intelligence ; » pour lui, il n'y a pas lieu à l'amélioration morale : « celui qui conserve le *tao* garde ses défauts ; » il n'y pas lieu à l'action : « le sage arrive sans marcher, sans agir il accomplit de grandes choses ; le dernier terme de la perfection, c'est le *non-agir*. »

Ces bizarreries morales s'expliquent et se justifient par ce principe, que la nature des choses est bonne, qu'il faut lui laisser son cours. Pour que le bien se fasse, il faut qu'il se fasse de lui-même ; l'activité humaine ne peut que troubler l'action spontanée et bienfaisante du *tao*. Aussi Lao-tseu reprochait-il à Confucius de troubler la nature humaine par ses vertus pratiques, l'humanité, la justice. « Les hommes d'une vertu supérieure la pratiquent sans y songer, *naturellement*, » ajoute le commentaire. Ailleurs Lao-tseu dit : « La vertu ne doit pas avoir conscience d'elle-même. »

Si le christianisme, où triomphe l'énergie morale de l'homme, a pu s'égarer dans le fanatisme des quiétistes et dans le mépris des œuvres que le jansénisme a prêché après les religions panthéistes de l'Inde, on ne saurait s'étonner qu'une doctrine animée de l'esprit de ces religions ait sacrifié la liberté humaine au développement irrésistible du principe absolu duquel émanent les êtres.

Lao-tseu représente en Chine le quiétisme oriental. « Celui qui est parvenu au comble du vide garde fer-

mement le repos, » dit-il. Le grand précepte de cette
morale, c'est l'absence de désir et la quiétude absolue
qui en résulte. « L'homme doit clore sa bouche, fermer
ses oreilles et ses yeux. S'il ouvre sa bouche et augmente
son désir, il ne pourra être sauvé; augmenter sa vie
s'appelle une calamité. » Ceci montre combien le génie
de l'Orient est opposé au génie de l'Occident. Au lieu
de se livrer à son activité et d'en vivre, l'homme conçoit la pensée de s'y soustraire. Pénétré de la misère
de sa nature, il veut lui échapper pour ainsi dire en
s'abstenant. Il supprime le désir, suspend l'action,
éteint la pensée, et arrive ainsi par la mort au calme.
L'Européen est insatiable d'émotions, d'entreprises,
d'idées; il est constamment tourmenté du besoin de
ce que les Anglais appellent *excitement*. Il ne sent sa
vie que lorsqu'il la dépense; il n'en jouit que lorsqu'il
la prodigue; il a de la peine à comprendre l'Asiatique
qui travaille à sortir du tourbillon ardent de la vie, à
se reposer dans l'impassibilité absolue. C'est à exécuter ce tour de force contemplatif qu'aspire Lao-
tseu. Pour lui, le grand secret de la vie est de vivre
le moins possible. « A peine l'homme est-il né, dit-il,
que treize causes de mort l'entraînent rapidement au
trépas. Quelle en est la raison? C'est qu'il veut vivre
avec trop d'intensité [1]. » Il y a plus, on entrevoit ici
l'espoir de se dérober à l'empire de la mort en se dé-

---

[1] Ch. L.

robant à la puissance de la vie. Si l'homme parvient à contenir son énergie vitale, il ne l'usera point, il ne mourra point. De là sans doute l'origine des recettes merveilleuses pour prolonger la vie, pour assurer l'immortalité que prétendent posséder les *tao-ssé* modernes. Ce qui était dans le principe une idée philosophique devient souvent dans la vieillesse des sectes une pratique superstitieuse.

On ne saurait imaginer jusqu'où peut aller ce divorce de l'âme humaine et de la vie, cet élan par lequel l'homme croit s'élever au-dessus de l'existence, cette aspiration à un état supérieur qu'aucun accident ne peut troubler, et que la mort même ne peut atteindre. On trouve dans les commentaires de Lao-tseu, traduits par M. Julien, ce curieux passage[1] : « Celui qui aime la vie peut être tué ; celui qui aime la pureté peut être souillé ; celui qui aime la gloire peut être couvert d'ignominie ; celui qui aime la perfection peut la perdre. Mais si l'homme reste étranger à la vie, qu'est-ce qui peut le tuer ? s'il reste étranger à la pureté, qu'est-ce qui peut le souiller ? s'il reste étranger à la gloire, qu'est-ce qui peut le déshonorer ? s'il reste étranger à la perfection, qu'est-ce qui peut la lui faire perdre ? Celui qui comprend cela peut se jouer de la vie et de la mort. »

En effet, si l'homme pouvait s'abstraire ainsi de ce

[1] Pag. 185.

qui est l'objet et l'essence même de son activité, il serait au-dessus de tout, il dominerait tout; mais pour lui c'est chercher l'impossible, c'est tenter un effort dans lequel il périt nécessairement, c'est se détruire pour ne pas souffrir, c'est prétendre vivre sans respirer.

Cette doctrine, ennemie par son principe de l'énergie et de l'activité, exalte ce que toutes les morales condamnent, la mollesse et la faiblesse. Elle forme la contre-partie la plus complète du stoïcisme; c'est la conduite du roseau de la fable érigée en principe avec une franchise extraordinaire. « Quand l'homme vient au monde, il est souple et faible; quand il meurt, il est roide et fort. La roideur et la force sont les compagnes de la mort; la souplesse et la faiblesse sont les compagnes de la vie. » Seul peut-être entre tous les philosophes, Lao-tseu a préconisé la faiblesse; il a dit : « Ce qui est faible triomphe de ce qui est fort; ce qui est mou triomphe de ce qui est dur. » Ce singulier axiome devait se réaliser dans le pays de l'auteur, bien des siècles après sa mort, le jour où la mollesse et la faiblesse chinoises triomphèrent de la force et de la dureté tartares.

Rien n'est plus curieux et souvent plus bizarre que l'application de ce quiétisme à la politique. L'idéal de la politique comme de la morale, c'est le *non-agir*. Celui qui gouverne doit annuler en lui le principe du désir et de la volonté, s'unir intimement par la

contemplation au principe des êtres, au *tao*. C'est ce
que Lao-tseu exprime ainsi : « Lorsque le saint homme
gouverne, il vide son cœur..... Il pratique le *non-agir*,
et alors il n'y a rien qui ne soit bien gouverné. » En
isolant cette phrase, on dirait que Lao-tseu a deviné
notre axiome de gouvernement constitutionnel : le roi
ne gouverne pas. La pensée de Lao-tseu est que le
bien s'opère de lui-même par une secrète influence de
la vertu du *tao*, et non par une action directe de
l'homme sur l'homme. « Le sage, dit-il, est comme
l'eau ; l'eau excelle à faire du bien aux êtres et ne
lutte point. Il ne lutte point. C'est pourquoi il n'y a
personne dans l'empire qui puisse lutter contre lui. »
De là le *non-agir* donné comme le seul moyen de devenir le maître de l'empire. De là aussi ce singulier
axiome de politique pratique : « L'empire est comme
un vase divin auquel l'homme ne doit pas travailler. »

Toujours ce principe, que l'action humaine trouble
la nature des choses. Il faut se conformer à cette nature, s'unir à son principe, s'y assortir. C'est ce que
Lao-tseu appelle pratiquer le *non-agir*. Si l'on fait
ainsi, le peuple est attiré invinciblement à imiter
l'exemple de son roi ; il se modifie et s'améliore de
lui-même.

Cette quiétude doit s'étendre du roi au peuple. De
là ces préceptes d'une singulière politique. « Le sage
qui gouverne s'étudie constamment à rendre le peuple
ignorant et exempt de désirs. Il fait en sorte que ceux

qui ont du savoir n'osent pas agir. » Ces maximes, révoltantes en elles-mêmes, ne sont qu'une application du principe général de la philosophie de Lao-tseu. Le peuple ne peut se plaindre d'être traité plus mal que le sage, dont la perfection est placée également dans l'ignorance et l'inaction.

Cette théorie politique, si différente des nôtres, s'en rapproche pourtant par certains côtés. L'inégalité des castes et des races a toujours été une idée étrangère à la Chine. Lao-tseu exprime avec assez d'énergie ce principe tout occidental, et je dirais presque tout révolutionnaire, que ceux qui gouvernent ne valent que par le peuple d'où ils sortent et qu'ils représentent. A l'occasion de ces paroles, « les nobles regardent la roture comme leur origine, les hommes élevés regardent la-bassesse de la condition comme leur premier fondement, » un commentateur dit : « Dans l'ordre de la nature, les grands vassaux et les rois sont de la même espèce que l'humble homme du peuple. » Un autre interprète ainsi ces paroles énigmatiques de Lao-tseu, *si vous décomposez un char, vous n'avez plus de char* : « C'est la réunion et l'ensemble du peuple qui forment un prince ou un roi. *Prince ou roi sont des noms collectifs du peuple.* Si vous faites abstraction du peuple, il n'y aura plus ni prince ni roi. »

La Chine est un pays essentiellement traditionnel, la société y repose sur la famille. Tout s'y fait par

continuation et transmission. Les idées s'y produisent
toujours comme un développement d'idées plus anciennes. Ailleurs, souvent on prétend innover quand
l'on répète, là on prétend répéter même quand on
innove. Confucius, en établissant sa doctrine, affir-
mait ne faire autre chose qu'exposer l'ancienne doctrine des *Kings;* il trouvait les préceptes moraux et
politiques qu'il désirait faire prévaloir dans les signes
mystérieux de l'*Y-king* et dans les chants populaires
de l'antiquité; toutes les philosophies chinoises les
plus diverses dans leur résultat, depuis le mysticisme
contemplatif jusqu'au grossier matérialisme, emploient les mêmes expressions et les mêmes formules fournies par la tradition, qu'elles se bornent
à interpréter et à commenter diversement. Confucius
a aussi un *tao*, mais c'est un *tao* pratique. C'est la voie
morale et politique, tandis que chez Lao-tseu, la *voie*
est la porte mystérieuse par laquelle les êtres entrent
dans le monde. Rien de plus différent pour l'idée,
mais l'expression est semblable. Comme Confucius,
Lao-tseu en appelle à l'antiquité. Il parle souvent de
ce qu'étaient dans les temps anciens ceux qui excel-
laient à pratiquer le *tao*, il invoque des maximes antiques qu'il développe dans le sens de sa doctrine;
car Lao-tseu prétend aussi bien que Confucius s'appuyer sur la tradition et les vieux usages. Dans un
énergique passage contre la guerre, il cite, à l'appui
de la condamnation qu'il en porte, le cérémonial

d'après lequel on place le général en chef selon le rite des funérailles, c'est-à-dire à gauche, du côté consacré à la mort. Et à ce sujet, le plus ancien des commentateurs de Lao-tseu rapporte ce fait remarquable : « Dans l'antiquité, quand un général avait remporté la victoire, il prenait le deuil; il se mettait dans le temple à la place de celui qui préside aux rites funèbres, et, vêtu de vêtements noirs, il pleurait et poussait des sanglots. »

On ne saurait s'étonner qu'une doctrine qui répugne à l'action proscrive la guerre. Lao-tseu la réprouve formellement. « Les armes les plus excellentes sont des instruments de malheur; ce ne sont point les instruments du sage, il ne s'en sert que lorsqu'il ne peut s'en dispenser; il met au premier rang le calme et le repos; s'il triomphe, il ne s'en réjouit pas; s'en réjouir, c'est aimer à tuer les hommes; celui qui aime à tuer les hommes ne peut réussir à régner sur l'empire. » En ce point comme en plusieurs autres, partant de principes fort différents, Lao-tseu et Confucius arrivent aux mêmes conclusions : la glorification de la paix, trait commun à leur double doctrine, trait fondamental de l'ancienne constitution morale et politique de la Chine contenue dans les *Kings*.

Une autre idée essentielle de Lao-tseu, qui se trouve chez Confucius et dont la racine est dans les *Kings*, c'est que la nature de l'homme est essentiellement bonne; que, pour atteindre à la perfection morale, il

n'a qu'à revenir à sa pureté, à sa simplicité native.
C'est, comme on voit, le contraire de l'idée chrétienne
sur la tache originelle, c'est l'idée philosophique de
Rousseau ; l'homme naît bon, la société le déprave ;
tout est bien en sortant des mains de l'auteur de la
nature. Lao-tseu pousse cette idée jusqu'à ses dernières
conséquences. Dans son horreur pour la lutte, il exalte
sans mesure l'état d'innocence primitive. Pour lui, le
dernier terme de perfectionnement auquel puisse s'é-
lever le sage, c'est de revenir à l'état d'enfant. De là
cette pensée remarquable, « plus l'on s'éloigne et moins
l'on apprend. » Le Christ aussi a dit · Soyez semblables
à un de ces petits enfants ; mais il a dit encore : Cher-
chez et vous trouverez. Le christianisme nous enseigne
un pieux respect pour l'innocence qui ne sait pas,
mais il nous enseigne aussi à admirer la science et la
vertu ; il place les séraphins dans le ciel à côté des
chérubins. L'idée de la chute, puisée dans le repli le
plus profond de notre cœur et le plus malade, l'idée de
la rédemption, sublime révélation de l'espérance et d'où
résulte la nécessité de la lutte morale, s'élèvent d'une
hauteur infinie au-dessus de ces conceptions de l'Orient,
profondes, mais tristes, dans lesquelles l'homme n'a
qu'à se faire chose et à se laisser entraîner passivement
par la nature dans la voie universelle et inévitable des
êtres. Ce point de vue tout oriental, et qui a plus d'une
fois, sous le nom de quiétisme, tenté de faire irruption dans les croyances chrétiennes de l'Occident, n'a

peut-être jamais trouvé d'expression aussi franche, aussi nette que celle que lui a prêtée Lao-tseu. Le quétisme est en général vague et vaporeux ; chez Lao-tseu, il est positif et pratique. La puissance d'abstraction et la sévérité positive de l'esprit chinois ont permis à cette philosophie d'être mise pour ainsi dire en compartiment et en relief. Jamais ce qu'il y a de plus subtil et de plus abstrait n'a été exposé d'une manière plus catégorique et mis pour ainsi dire sous une forme plus palpable.

Faire connaître Lao-tseu, c'était donc servir doublement l'histoire de la philosophie en y faisant entrer un monument qui se rattache à la fois à quelque chose de très-général, la religion de l'absolu, le quiétisme, et à quelque chose de très-particulier, l'absolu et le quiétisme sous une forme singulière, sous une forme qui ne ressemble à aucune autre, sous la forme chinoise. En outre, c'était agrandir l'histoire intellectuelle de la Chine en donnant pour la première fois une idée véritable de la moins connue des trois doctrines adoptées dans cet empire. Enfin, la publication de M. Julien offre aux sinologues un texte accompagné d'une excellente traduction, qui peut les aider puissamment dans leurs études philosophiques et philologiques. On ne saurait donc être trop reconnaissant d'un si difficile et si beau travail. Du reste, M. Stan. Julien a reçu une approbation qui vaut mieux que la nôtre. Schelling, dans une lettre adressée à M. Julien, s'exprimait ainsi au sujet de sa traduction de Lao-tseu : « D'après tout ce que M. Abel Rémusat nous avait dit sur l'impénétrable obscurité des paroles et des idées du livre de Lao-tseu, je n'aurais jamais cru qu'un jour viendrait où je lirais ce même livre sans difficulté et avec pleine assurance d'en avoir parfaitement compris le sens et saisi la portée. C'est justement ce que je dois, monsieur, à votre travail aussi consciencieux que judicieux... Je me fais un plaisir d'ajouter qu'à fort peu d'exceptions près je me suis toujours trouvé philosophiquement obligé de me rendre à votre avis... Je me sens éclairé et avancé dans mes connaissances par les résultats si positifs de votre travail, qui témoigne d'une haute intelligence autant que de la plus noble persévérance. »

Nous n'ajouterons rien à un tel suffrage et à un semblable jugement.

LE RAMAYANA

ÉPOPÉE INDIENNE

———

Ceux qui veulent bien suivre, dans la *Revue des Deux-Mondes* mes pérégrinations égyptiennes attendaient un autre titre et une autre date : c'était *Thèbes* que j'avais annoncée au lecteur, quand je l'ai laissé sur le Nil, après l'avoir conduit jusqu'à Denderah[1]. Des circonstances très-peu importantes pour lui, mais assez graves pour moi, en ont décidé autrement. Le climat de Paris, n'ayant pas, l'hiver dernier, ressemblé le moins du monde au climat de l'Égypte, a sévi sur les larynx malades et les bronches délicates ; il n'a été que trop rude et trop funeste. A côté des

[1] [Nous avons conservé ce début parce que c'est une page de la vie de notre ami, et que nous ne pouvions, sans altérer gravement le texte substituer aux allures un peu vives d'un article la forme plus sévère d'un chapitre.]

coups lamentables qu'il a frappés, hélas ! et bien près
de moi, il ne m'est guère permis de parler de mes
petits maux ; mais il fallait expliquer au lecteur, en
supposant qu'il fût assez bon pour s'en apercevoir,
pourquoi, au lieu de trouver un article sur *Thèbes*,
daté des bords du Nil, il en trouvait un sur le *Ramayana*, daté des Pyrénées, et comment ce n'est plus
le voyageur à la poursuite des hiéroglyphes qui va l'entretenir, mais le professeur enroué, à la poursuite d'un
peu de voix, dont il aura besoin, cet hiver, au Collége
de France, pour parler de Montesquieu et de Rousseau.
Ne pouvant emporter aux eaux avec moi tous les matériaux qui me servent à compléter par l'étude les résultats de l'observation, et ne voulant m'écarter que
le moins possible du sujet de mes recherches, j'ai ré-
solu de faire cette fois une excursion épisodique dans
l'Inde, sauf à revenir bien vite sur les bords du Nil, à
peu près comme un voyageur qui, à Suez, prendrait
le bateau à vapeur de Bombay, et, quelques semaines
après, se retrouverait au pied des Pyramides.

Quand je dis que j'ai cherché dans l'Inde un sujet
qui ne m'éloignât pas trop de l'Égypte, je parle plutôt
d'après autrui que d'après moi-même, car je suis
moins frappé que ne l'ont été plusieurs écrivains des
rapports de l'Inde avec l'Égypte, et je ne vois, pour ma
part, aucune raison d'admettre que la civilisation ait
jamais voyagé des bords du Gange aux rives du Nil.

Du reste, cette opinion remonte assez haut, car on

la rencontre déjà dans Philostrate et dans Eusèbe ; plus récemment elle a conduit à d'étranges conclusions. L'aventureux Gœrres retrouve les Védas dans les prétendus livres d'Hermès ; avant lui, le respectable, mais un peu superficiel W. Jones, avait déclaré que c'était dans les Védas qu'on découvrirait la clef des hiéroglyphes ; depuis, cette clef a été découverte par Champollion, M. E. Burnouf a savamment interprété les Védas dans son cours, et chacun peut s'assurer aujourd'hui que ces curieux monuments de la poésie et de la religion primitives des Hindous n'ont rien à démêler avec les signes graphiques des anciens Égyptiens.

Bohlen, qui a composé son ouvrage sur l'Inde particulièrement en vue de l'Égypte, comme le titre l'indique, ne s'est pas fait faute de rapprochements de tous genres entre les deux pays ; mais aucun de ces rapprochements ne me semble démonstratif. Sauf quelques idées générales, qui se trouvent à peu près dans toutes les mythologies, comme l'adoration des puissances de la nature, du soleil en particulier, rien de plus différent que la religion abstraite et sensuelle de l'Inde et la religion matérielle et sévère de l'Égypte. Des cipayes ont cru, dit-on, reconnaître leurs divinités nationales dans un temple de Denderah. Ceci ne prouve rien du tout. Les soldats norvégiens qui, sous le nom de Warangues, allaient servir les empereurs de Constantinople, crurent reconnaître aussi les dieux scandinaves dans les statues païennes de l'hippodrome.

Personne n'en a conclu à des influences de la civilisation grecque sur la civilisation de la Norvége. Une vache adorée dans l'Inde ressemble beaucoup à une vache peinte sur le mur d'un temple égyptien. Qu'on mette un Napolitain ignorant devant Isis allaitant Horus, et je ne serais pas surpris qu'il se crût en présence de la Madone. La ressemblance fortuite de quelques noms de divinités n'est pas une meilleure preuve ; car les racines sanskrites des uns ne correspondent point aux racines coptes des autres. De plus, les deux langues n'appartiennent point à la même famille. Depuis le beau travail de M. Benfey, on ne peut douter que l'ancien égyptien et le copte, qui en est un dérivé moderne, n'aient des analogies essentielles avec les langues sémitiques, avec l'hébreu surtout, et non avec le sanskrit. Les rapprochements qu'on a tenté d'établir entre l'organisation sociale de l'Inde et celle de l'Égypte reposent en général sur une opinion qui, pour être fort répandue, n'en est pas plus vraie, l'*hérédite des professions en Égypte*. Je suis en mesure de démontrer[1], par la comparaison d'un grand nombre de monuments égyptiens, que cette assertion des anciens tant répétée, et qui a passé à l'état de lieu commun, est radicalement fausse, comme beaucoup d'autres lieux communs. On ne peut donc conclure de l'existence supposée des castes à l'identité d'origine de la

---

[1] [Ce travail fait partie d'un autre volume actuellement sous presse, relatif à l'Égypte, et dont l'édition est confiée aux soins de M. de Loménie.]

société hindoue et de la société égyptienne, car les castes, dans le sens qu'a pris ce mot portugais appliqué à l'organisation sociale de l'Inde, étaient étrangères à l'Égypte. L'Égypte et l'Inde n'ont donc rien de commun dans leurs origines; elles diffèrent profondément par la religion, par la langue, par le gouvernement, et il n'est pas plus sage aujourd'hui de voir dans les Égyptiens une colonie hindoue qu'il ne le serait de croire aux fabuleuses colonies conduites dans l'Inde par Osiris et Sésostris, ou d'admettre, avec Huet et le P. Kircher, que les Chinois sont des Égyptiens transplantés un peu loin, il est vrai, *et ayant beaucoup changé sur la route.* Ce qui demeure certain, c'est que l'Inde et l'Égypte sont les deux pôles de l'Orient; que ces deux pays, d'antique renommée et de grand avenir, merveilleux par leur ancienne culture et par les gigantesques monuments qu'elle a laissés, sont bons à mettre en regard, non pour en exagérer les rapports et en confondre les origines, mais pour en caractériser le génie moins encore par les ressemblances que par les contrastes.

Il en est un qui se présente tout d'abord, au moment où nous allons parler de l'épopée indienne : c'est que l'épopée héroïque ne paraît pas avoir été connue des Égyptiens. Ils avaient des chants religieux, on le sait par le témoignage des anciens, on le voit par les monuments sur lesquels sont représentés des personnages à genoux et chantant, tandis qu'ils s'accompa-

gnent sur une harpe[1]. Les Égyptiens avaient des chants
populaires. Champollion a lu la chanson des *Bœufs*,
chanson écrite en hiéroglyphes au-dessous d'une scène
rustique, et où se trouve le plus ancien exemple du *bis*
de nos refrains ; mais un chant étendu, suivi, embrassant un vaste enchaînement de narrations, le chant
épique en un mot, ne paraît pas avoir existé dans l'antique Égypte. La véritable épopée égyptienne ne se
composait pas de chants, mais de peintures et de bas-
reliefs; c'est celle que chacun peut lire aujourd'hui
sculptée sur les murs des palais de Thèbes, où sont
tracés des combats et des scènes de triomphe. Les inscriptions hiéroglyphiques dont ces représentations
sont accompagnées, offrent bien, dans les parties qu'on
a déchiffrées, des exemples d'un langage animé et
poétique ; mais ce langage ne paraît soumis à aucune
règle métrique. Ce ne sont point des chants, ce sont
des bulletins pompeux, qui racontent officiellement, et
en style de chancellerie orientale, les exploits de Sésostris ou de Menephta. Rien dans tout cela ne ressemble
à cette tradition orale qui, transmise par le chant et
tombée aux mains d'un homme inspiré qu'on appelle
Homère, Firdousi, Vyasa, Valmiki, a produit en Grèce
l'*Iliade* et l'*Odyssée*, en Perse le *Livre des rois*, dans
l'Inde le *Mahâbhârata* et le *Râmâyana*.

L'Inde est la patrie du gigantesque ; l'Inde renferme

---

[1] Rosellini *Monumenti civili*, pl xcv, f. 3.

les plus hautes montagnes et les plus grands fleuves du globe ; l'Inde a creusé et sculpté les rochers d'Ellora et de la côte de Coromandel ; l'Inde compte par millions les années et les siècles des périodes fabuleuses de son histoire. Il n'y a pas jusqu'aux mots composés de la langue sanskrite qui ne s'allongent et ne se déroulent dans des proportions colossales. Ces proportions sont aussi celles des épopées de l'Inde. Le *Mahâbhârata* a deux cent mille vers, et encore les Indiens, trouvant ce nombre mesquin, prétendent que le *Mahâbhârata* des hommes n'est qu'un fragment du vrai *Mahâbhârata* composé à l'usage des dieux, et qui, au lieu de se borner à deux cent mille vers, en contient douze millions; pour le *Râmâyana*, il n'est guère plus long que l'*Iliade* et l'*Odyssée* réunies ; on doit lui savoir gré de *conserver encore quelque chose d'humain;* jusqu'à ce jour, ni l'un ni l'autre de ces deux grands poëmes n'a été complétement traduit. On connaît, par des versions latines, allemandes et françaises[1], divers épisodes du *Mahâbhârata*, entre autres l'histoire de Nala et de Damayanti, qui forme à elle seule une touchante épopée conjugale, et la *Bhagavad-gîtâ*, qui contient tout un système de métaphysique. Pour le *Râmâyana*, on peut espérer de le posséder assez prochainement. Déjà M. Auguste Schlegel avait entrepris d'en donner le texte sanskrit avec une traduction latine, et son digne

---

[1] M. Théodore Pavie a donné en français plusieurs parties du *Mahâbhârata*.

successeur, M. Lassen, a continué cette publication.
Enfin l'Italie est entrée dans la lice, et paraît devoir
arriver au but avant l'Allemagne[1]. M. Gorresio a déjà
dépassé le point où jusqu'ici s'est arrêté M. Lassen.
La traduction italienne du *Râmâyana* que donne le savant Piémontais marche avec activité, et bientôt aura re-
joint la publication du texte, aujourd'hui plus avancée.
C'est à l'occasion de cette grande entreprise, si honorable pour l'auteur, honorable aussi pour ce gouvernement de Piémont, que, depuis quelque temps, on
s'accoutume à rencontrer dans les voies du progrès
intellectuel; c'est pour signaler aux amis de la grande
littérature cette double apparition d'un des plus anciens et des plus curieux monuments du génie humain,
que, sans attendre l'entier achèvement de l'œuvre, j'ai
cru devoir en parler; ce sera le complément des études
que j'ai déjà faites sur quelques-uns des travaux les plus
remarquables des orientalistes contemporains, travaux qui ne forment pas la partie la moins importante
de l'histoire intellectuelle du siècle où nous vivons.

Les deux éditeurs du *Râmâyana* ont choisi une *re-
cension*, ou, comme nous dirions pour un poëme moderne, une édition différente. La poésie traditionnelle,
toujours vivante tant qu'elle est transmise par le chant,
se transforme perpétuellement jusqu'au jour où elle

---

[1] En 1806, MM. Carey et Marshman avaient commencé à publier le
Râmâyana et à le traduire en anglais; mais cette publication était
très-défectueuse. — [Depuis cette étude de M. Ampère, M. Gorresio a
terminé son magnifique travail; le texte et la traduction du *Râmâyana*

est fixée par l'écriture. Il a dû en être ainsi des poésies homériques avant que la *récension* définitive de Pisistrate eût fait tomber les autres dans l'oubli. De même nous avons sur la vie du Cid un vieux poëme presque contemporain du héros et des romances plus modernes. On possède sur les aventures merveilleuses de l'Achille des traditions germaniques les chants de l'Edda, qui l'appellent Sigurd, et l'épopée des *Niebelungen*, dans laquelle il porte le nom de Sigfrid. Ce sont deux versions d'une même légende. Rien n'est plus curieux que de comparer ces récits divers d'un fait traditionnel, de voir comment, le fond restant le même, les détails, le caractère, la couleur, changent selon les temps, les lieux et les mœurs; comment, par exemple, le Cid du vieux poëme espagnol est encore un personnage simplement et rudement héroïque, tantôt ennemi, tantôt allié des rois maures, sans ombre de galanterie envers Chimène, dont la situation tragique entre son amour pour Rodrigue et le devoir de venger un père paraît être une invention de date plus récente; comment, dans les romances moins anciennes, cette touchante aventure, inconnue au vieux poëte, tient une place de plus en plus considérable jusqu'au jour où elle devient tout *le Cid* entre les mains de Guilen de Castro et de Corneille.

remplissent 10 volumes grand in-8. M. Hippolyte Fauche a traduit le *Râmâyana* en français, 9 volumes in-18. Il a entrepris la traduction complète du *Mahâbhârata*, et il en a déjà donné 3 gros volumes in-8; le tout en aura 16.]

De même, dans l'épopée germanique, il est intéressant de comparer aux chants de l'Edda, qui expriment par quelques traits sublimes les passions barbares dans leur sauvage grandeur, l'amour de l'or, la soif de la vengeance, — de comparer, dis-je, à ces chants païens et barbares le poëme à demi-chevaleresque et à demi-chrétien des *Niebelungen*, poëme où sont racontées des aventures semblables, mais où apparaissent des sentiments d'un autre âge. Il y a aussi deux versions, mais beaucoup moins différentes, du *Râmâyana*. L'une s'est conservée dans le Bengale, l'autre dans une partie plus septentrionale de l'Inde. C'est celle-ci qu'ont suivie MM. Schlegel et Lassen ; M. Gorresio a choisi la première. Sans balancer ici les mérites des deux rédactions, je dirai seulement que le public ne peut que gagner à cette divergence d'opinions entre les savants éditeurs, puisqu'il aura deux textes au lieu d'un, ce qui lui permettra d'établir d'utiles comparaisons. C'est, du reste, l'opinion fort sage de M. Gorresio, et M. Schlegel reconnaît de son côté que les deux rédactions sont très-semblables, ne diffèrent que par quelques détails et ne s'écartent point l'une de l'autre dans la teneur générale du récit. Ainsi il n'y a pas à se soucier beaucoup de savoir quelle est celle qu'on doit préférer, et il faut seulement remercier les éditeurs de nous les faire connaître toutes les deux [1].

---

[1] On peut reprocher à M. Schlegel d'avoir donné ce qu'il appelle lui-même un *texte éclectique* au lieu de la reproduction fidèle d'une

Si l’on possédait les épopées indiennes dans un état plus voisin de leur état primitif, le *Râmâyana* et surtout le *Mahâbhârata* présenteraient une étendue moins considérable. Évidemment bien des épisodes ont été insérés après coup dans la narration. C’est ce qu’aujourd’hui les plus sages critiques de l’Allemagne croient être arrivé pour l’*Iliade* et l’*Odyssée*, et c’est ainsi qu’on explique les contradictions et les discordances d’après lesquelles l’audace ingénieuse de Wolf s’était trop hâtée de nier l’existence d’Homère.

Quelquefois, au contraire, on surprend dans le *Râmâyana* un travail d’abréviation, qui élague au lieu d’ajouter. Ainsi l’histoire d’un adolescent que son père a élevé dans l’ignorance du charme et de la beauté des femmes, et que de séduisantes jeunes filles viennent troubler au sein de sa retraite; cette histoire a été tronquée dans l’une des versions du *Râmâyana*, parce qu’elle n’a pas paru aux antiques éditeurs assez conforme à la gravité de l’ensemble. Ils semblaient pressentir que cet épisode du poëme sacré était destiné à figurer, après beaucoup de siècles, dans un recueil bien frivole; en effet, il est impossible de méconnaître dans un récit du *Râmayâna* l’origine de la nouvelle italienne d’où la Fontaine a tiré le conte des *Oies du frère Philippe*. Ce n’est pas, on le sait, le seul des fabliaux et des apologues qui, au moyen âge, soit venu

des deux rédactions indiennes. M. Gorresio n’a point suivi cet exemple, et les philologues, je crois, l’approuveront.

du fond de l'Orient pour fournir plus tard, après avoir couru l'Europe, le sujet d'un conte charmant ou d'une fable exquise au génie insouciant de notre la Fontaine, génie si original par l'exécution, mais qui ne s'est jamais donné la peine d'inventer ce qu'il créait. Ce qu'offre de plus piquant la généalogie du conte que j'ai cité tout à l'heure, c'est qu'à moitié chemin entre l'Inde et la France, il a été recueilli et placé dans une pieuse légende par un saint. Saint Jean de Damas, qui a écrit au septième siècle, sous le nom d'*Histoire de Barlaam et de Josaphat*, un roman dévot souvent reproduit au moyen âge, y a inséré le vieux récit que devait rajeunir la Fontaine. Seulement, au lieu de dire au jeune homme que les êtres qui lui ont tant plu sont des oies, le vieillard qu'il interroge lui dit que ce sont des diables, ce qui, de la part de l'auteur, est tout à la fois plus édifiant, plus poli et plus vrai. Cette réponse est aussi plus semblable à celle que le père fait à son fils dans le *Râmâyana*. La comparaison des femmes aux mauvais génies, aux démons, c'est l'idée primitive, l'idée orientale; les *Oies* sont la parodie.

Si, laissant de côté la question des remaniements divers qu'a pu subir la tradition qui est la base du *Râmâyana*, on veut déterminer à quelle époque elle a pris la forme poétique sous laquelle elle nous apparaît aujourd'hui dans le poëme indien; si, en un mot, on prétend fixer la date de la rédaction définitive de ce poëme, on est rejeté vers une assez haute antiquité,

26

vers une époque antérieure, d'une part, à la naissance
du bouddhisme, qui ne se montre pas encore dans le
Râmâyana [1], et de l'autre à l'usage où sont depuis
longtemps les veúves indiennes de se brûler avec le
corps de leurs maris, usage dont il n'est point fait
mention dans l'antique poëme. Or, cette coutume
cruelle était déjà en vigueur, et probablement depuis
longtemps, à l'époque d'Alexandre, et, comme l'établissement du bouddhisme remonte pour le moins au
sixième siècle avant l'ère chrétienne, voilà la date du
Râmayanâ reculée jusqu'au delà de cette époque. Les
plus modérés s'accordent à reporter la composition du
poëme indien au dixième siècle avant notre ère :
M. Gorresio va jusqu'au treizième. C'est, dans tous les
cas, une antiquité fort respectable, et un monument
de cette étendue, conservé soigneusement par l'admiration continue des générations et des siècles, présen-
tant l'image des mœurs, des sentiments, de la civilisation de l'Inde à cette date lointaine, un tel monument
est digne, on en conviendra, de fixer l'attention de
ceux qui veulent connaître l'humanité sous toutes ses
faces et à tous ses âges, sans parler de l'art et de la
poésie, intéressés l'un et l'autre à l'étude de cette Iliade
colossale dont l'Homère s'appelle Valmiki.

---

[1] Un seul vers dans tout le poëme fait allusion au bouddhisme; ce
vers est rejeté par Schlegel. Si le bouddhisme eût existé au temps où
le *Râmâyana* a été composé, il n'en serait pas question dans un endroit seulement du poëme.

On n'en sait pas plus sur l'Homère indien que sur l'Homère grec ; on ignore jusqu'à l'époque où il a vécu ; la tradition l'a fait contemporain du héros qu'il a chanté. Dans une introduction poétique placée en tête du *Râmâyana*, il est raconté comment le sage solitaire Valmiki, quand il eut composé son grand poëme en l'honneur de Rama, confia le soin de le répandre parmi les hommes à deux jeunes fils de Rama lui-même, lesquels, après avoir enchanté de ces beaux récits les anachorètes des solitudes, firent entendre à leur père sa propre histoire. Il y a dans cette tradition une grâce touchante. Ces deux jeunes gens célébrant ainsi la gloire de leur père en sa présence, ces tendres et pieux rhapsodes font un charmant contraste avec le vieux mendiant aveugle de Chio. M. Gorresio croit la tradition véridique, et pense que Valmiki a été en effet contemporain de Rama. Il appuie son opinion de l'exemple, selon moi peu applicable ici, de Camoëns chantant des héros et des exploits dont il fut le contemporain. Je pense que les *Lusiades* et le *Râmâyana* sont le produit d'époques et de sociétés trop distantes pour pouvoir être comparés. Je sais que, dans l'*Odyssée*, Démodocus chante les événements de la guerre de Troie devant Ulysse, et que les larmes du héros coulent silencieuses tandis qu'il entend célébrer ses propres aventures ; cependant je ne puis admettre pour le *Râmâyana* cette coexistence du poëte et du héros. Il faut toujours qu'il s'écoule un certain temps entre le moment où la tra-

dition héroïque naît de la réalité et celui où cette tradition, formée et développée par la muse populaire, arrive
aux mains du poëte habile qui l'arrête et la fixe définitivement en lui donnant la forme durable de l'épopée.

Il y a, bien avant le poëte définitif, des chantres
précurseurs qui sont comme des intermédiaires entre
lui et la tradition naissante; mais ces chantres ne sont
point le poëte. Démodocus n'est pas Homère. Homère
n'est venu qu'après Démodocus. De même Valmiki n'a
pu agir librement sur la tradition, la manier en artiste, que lorsqu'elle était déjà affranchie par le temps
du joug qu'impose à l'imagination le spectacle de la réalité présente. La légende, en faisant Valmiki le contemporain de Rama, a voulu indiquer tout au plus qu'aux
époques primitives la poésie commence avec les souvenirs, et qu'il y a des chants dès qu'il y a de la gloire.

Cette introduction au *Râmâyana* contient une autre
tradition touchante aussi gracieuse, non cette fois sur
la composition du poëme, mais sur l'invention du mètre
dans lequel il a été composé, de ce distique indien de
trente-deux syllabes appelé *çloka*. Ce préambule singulier ne doit pas trop surprendre, car il est de la
nature de la poésie indienne de vouloir rendre compte
de toutes les origines.

Un jour, le sage Valmiki, après s'être purifié, se
promenait dans une forêt. Le regard du solitaire suivait
avec complaisance un beau couple de hérons qui mar-
chaient en toute sécurité sur la rive d'un fleuve. Un

chasseur était caché près de là ; il lance un trait, et
le héron mâle vient tomber sur le sol et palpite san-
glant. Sa compagne désolée voltige et tournoie autour
de lui en gémissant. Le solitaire gémit aussi, il prononce une imprécation contre le chasseur, et cette imprécation a pris dans sa bouche la forme du mètre qui
sera le mètre indien par excellence, du *çloka*. Valmiki
rentre dans sa hutte, bientôt Brahma en personne y
vient visiter le saint solitaire ; mais la présence
même du dieu sur laquelle il s'efforce en vain de con-
centrer toutes les puissances de la contemplation, la
présence même du dieu suprême ne peut empêcher Valmiki de répéter à son insu : « Le chasseur a mal fait, il a
accompli un destin funeste lorsqu'il a tué sans motif
l'oiseau qui murmurait si doucement; » et ces paroles
forment un distique, un *çloka*. Brahma sourit de la
préoccupation du sage, et lui ordonne d'employer ce
rhythme, qui est né spontanément dans son âme et
sur ses lèvres, à célébrer la gloire du grand Rama. Rien
n'est plus profondément indien que ce respect pour la
vie des animaux, cette pitié vive et tendre de leurs souffrances et de leur mort. On conçoit qu'une religion
dont l'idée fondamentale est l'unité de la substance de
tous les êtres, inspire aux Hindous une affection fraternelle pour tout ce qui respire. Le langage de la poésie,
c'est pour l'Hindou le langage de la compassion et de la
douleur; pour lui, l'émotion inspiratrice est une émotion plaintive, le chant de la Muse est un gémissement.

26.

Rama n'est pas seulement, comme l'Achille d'Homère, un héros divin, il est un héros-dieu. Rama est la septième incarnation de Vichnou, incarnation étrange, car elle est quadruple. Ce dieu, s'incarnant simultanément dans le sein des trois épouses du roi Dasaratha, naît à la fois sous la forme de quatre princes, dont l'un est Rama. D'autre part, la race royale, de laquelle sort le héros, remonte à Brahma, né lui-même de l'*essence pure*[1]. Voilà pour un guerrier une origine bien mythologique et bien métaphysique, c'est-à-dire bien indienne. Rama est soumis aux conditions de l'humanité. il en éprouve les afflictions et en supporte les misères, car c'est un dieu fait homme; mais, selon les idées indiennes, la divinité ne peut tellement s'absorber dans la nature humaine, qu'elle ne reparaisse et ne resplendisse par moments à travers son enveloppe mortelle. Ces éclairs de divinité jettent par intervalle sur le personnage de Rama un singulier éclat. Du reste, le héros de l'épopée sanskrite a laissé dans l'Inde de nombreux vestiges de sa gloire. Les sculptures gigantesques taillées dans les grottes d'Ellora représentent des scènes du *Râmâyana*. Les souvenirs populaires, cette suprême consécration des grandes renommées, n'ont pas plus manqué à Rama qu'à Alexandre,

---

[1] Le texte de Schlegel donne *avyacta*, qu'il traduit par *insensilis*, ce qui ne peut être atteint par les sens. Le texte de M. Gorresio remplace *avyacta* par *akasa*, l'éther, ce qui est moins philosoph'que et peut-être à cause de cela plus ancien.

à Charlemagne, à Roland, ces autres héros de l'épopée, dont tant de lieux gardent la mémoire. Comme
Alexandre a, selon les traditions orientales, ouvert les
portes caspiennes et creusé le détroit de Gibraltar ;
comme Charlemagne a bâti toutes les vieilles églises
du midi de la France : comme Roland a taillé d'un
revers de son épée, dans la cime des Pyrénées, la
brèche immense qui porte son nom, tandis que son
cheval laissait sur le rocher cette empreinte de son
pied que mon guide me montrait hier sur la route de
Gavarnie, de même les rochers qui s'élèvent dans la
mer, entre la pointe méridionale de l'Inde et l'île de
Ceylan, sont des débris du pont que Rama construisit
pour aller chercher dans cette île sa belle épouse, enlevée par un géant [1]. Ainsi partout les ruines de l'art
ou les monuments de la nature sont rattachés à des
noms célèbres, et la poésie épique, née de la tradition
populaire, l'enfante à son tour. C'est un écho qui est
répété par un écho.

L'idée fondamentale, le sujet principal du poëme
indien est la lutte de Rama avec les mauvaises puissances. Son rôle est celui de défenseur des brahmanes,
d'exterminateur des monstres, de héros libérateur et
sauveur. De là une suite de combats contre des géants,

---

[1] Une vieille batelière napolitaine m'a bien affirmé que les débris
du môle de Pouzzoles, qu'on voit encore, étaient les restes d'un pont
que Pierre Abailard, *Pietro Bailardo*, avait bâti pour plaire à une ma-
gicienne. Tel est le sort des noms fameux. Du reste, Héloïse peut se
consoler d'être une sorcière à Naples, où Virgile est un sorcier.

des géantes, des êtres formidables et surnaturels.
Cette suite de combats est amenée par un événement
qui répand sur Rama le plus touchant intérêt. Après
de nombreux exploits qui lui ont mérité l'admiration
des peuples, Rama va être associé à l'empire par son
père, le roi Dasaratha ; mais la plus jeune et la plus
belle des épouses du vieux roi réclame l'accomplissement d'une promesse imprudente qu'il lui a faite :
elle exige que ce soit son fils à elle qui monte sur
le trône, et que Rama soit exilé pendant quatorze
années. La consternation du roi et de son peuple est
profonde, car Rama est l'objet de l'adoration universelle. Le héros, avec une parfaite magnanimité, console
son père, ses amis, sa mère. Il s'éloigne avec son
épouse, la belle Sita, qui était née de la terre comme
une fleur, et tous deux s'enfoncent dans les forêts,
où ils vont mener pendant quatorze ans la vie de solitaires et de pénitents. C'est durant cet exil, volontairement accepté, que Rama accomplit une foule d'exploits, dont le but est fréquemment religieux, et
recueille de la bouche des solitaires un grand nombre
de traditions concernant les lieux qu'il parcourt ou
qu'il habite. L'enseignement mythologique domine
toujours l'intérêt épique et humain ; la théogonie
d'Hésiode est toujours auprès de l'*Iliade* d'Homère :
c'est là ce qui caractérise l'épopée indienne et la sépare profondément de l'épopée grecque, où l'homme
est sur le premier plan, souvent seul avec sa force,

tandis que les dieux, qui n'interviennent que de loin en loin, le regardent combattre des sommets de l'Ida. Ici, le divin est partout ; l'infini enveloppe l'humanité et lui communique une incroyable grandeur. Au milieu de ces récits de faits merveilleux, d'exploits gigantesques, on aime à suivre la destinée errante des deux époux et leurs aventures à travers les grandes forêts, remplies d'ermitages célèbres, au bord des lacs sacrés. Une catastrophe, qui est le nœud du poëme, vient jeter un intérêt pathétique et quasi romanesque au sein de la divine épopée. L'épouse de Rama, celle qui a voulu le suivre dans l'exil, sa tendre et fidèle Sita, lui est enlevée par un géant et emportée dans l'île de Ceylan. M. Gorresio remarque avec raison que l'enlèvement d'une femme sera aussi la cause de la guerre de Troie chantée par Homère ; mais Sita ne ressemble point à Hélène : cette Hélène est une Andromaque. La fille de Léda est le type de la beauté physique et de la faiblesse morale ; Sita est l'idéal de la tendresse conjugale et du dévouement. Après qu'elle a été délivrée de son ravisseur, sa pureté est solennellement manifestée par l'épreuve du feu, à laquelle elle se soumet comme une princesse du moyen âge. Le poëme, qui s'est passé sur la terre, finit dans le ciel par l'ascension de Rama, qui, après avoir souffert en homme et combatu en héros, triomphe en dieu.

Telle est la marche du poëme. On voit que les nombreux épisodes qui le composent sont rattachés à un fait principal, l'exil de Rama, que l'intérêt se concentre sur l'aventure de Sita, perdue et retrouvée. Il y a donc une véritable unité dans cette prodigieuse diversité. Le merveilleux du *Râmâyana* est étrange ; non-seulement on y voit figurer les dieux et les démons, mais la nature animale y est aussi représentée par le roi des vautours et le chef des singes, tous deux alliés fidèles de Rama. Cette fraternité qu'établit entre l'homme et les animaux le dogme indien de l'unité substantielle de tous les êtres se montre encore ici. De plus, dans le peuple des singes qui vient en aide à Rama, on a cru, et probablement non sans raison, reconnaître certaines populations établies anciennement dans les régions montagneuses de l'Inde centrale.

L'étude du *Râmâyana* présente un double intérêt : on peut y signaler des beautés d'imagination et d'art, et comparer sous ce rapport l'épopée indienne aux autres grandes épopées de l'Orient et de l'Occident ; on peut aussi chercher dans cet antique monument un tableau de la civilisation de l'Inde mille ans au moins avant Jésus-Christ, une peinture des mœurs et des sentiments qui régnaient alors dans cet état d'Ayodhya (aujourd'hui Oude), où a vécu de nos jours un prince fort différent de l'héroïque Rama, serviteur des Anglais et auteur d'un dictionnaire persan.

La civilisation paraît avoir été à plusieurs égards bien plus avancée dans l'Inde au temps de Valmiki que dans la Grèce et l'Asie Mineure au temps d'Homère. Troie

est une manière de bicoque en comparaison de la ville
d'Ayodhya. Valmiki la dépeint remplie de jardins, ayant
même ses boulevards plantés [1]; il mentionne les
places publiques ornées de fontaines, les rues encom-
brées par les chars, les chevaux, les éléphants. On
répand l'eau dans ces rues pour abattre la poussière;
les jours de fêtes, on illumine avec des fanaux en
forme d'arbres [2]. Dans plusieurs endroits du poëme,
il est question de rochers percés, de forêts abattues
pour la construction des routes, de digues élevées,
de canaux creusés. Le roi a son conseil des ministres, composé mi-partie de brahmanes et mi-
partie de laïques. L'interdiction de la nourriture animale, interdiction qui aujourd'hui même est loin
d'être aussi générale qu'on le croit, n'existe pas encore dans le *Râmâyana*; enfin, ce qui est d'un libé-
ralisme plus remarquable, le roi invite à un sacrifice
solennel les hommes des quatre castes, en y comprenant ceux de la dernière, les *soudras*, si méprisés
de nos jours, et dans l'ancienne legislation de Manou
si constamment séparés des trois castes supérieures.

Les sentiments ont une noblesse et souvent une
délicatesse qui étonnent, et rappellent plutôt les siècles
de la chevalerie que l'âge héroïque de la Grèce. Rama
pousse si loin le respect pour les femmes, qu'il étend

---

[1] « *Ingentium arborum ordinibus circuli instar circumdatam.* »
Schlegel, liv. I, v, p. 12.

[2] Gorresio, l. II, v, p. 225.

même ce sentiment à une affreuse géante. « Je ne puis me décider à la tuer, dit-il, protégée qu'elle est par le droit du sexe féminin [1]. » Il est vrai qu'il se ravise ensuite et la transperce d'une flèche; mais *le droit du sexe féminin*, proclamé par le divin guerrier, n'en est pas moins un fait remarquable. Sommes-nous donc au moyen âge? sommes-nous au dix-neuvième siècle? Ici l'Orient touche à l'Occident, et l'antiquité aux temps modernes.

Rien ne respire une moralité plus élevée, rien n'exprime des émotions plus nobles et plus tendres que les paroles de Rama partant pour l'exil. Il n'éprouve pas la moindre irritation contre le frère qui lui est préféré; il n'a pour lui que des sentiments d'amour. Envers son père, sa soumission et son affection sont sans bornes. « Je n'ai peur de personne, dit-il à Sita, qui voudrait le détourner de l'obéissance aux volontés paternelles, je ne craindrais pas Brahmà lui-même; mais, ô ma belle épouse! je ne puis transgresser la loi qu'observent les hommes vertueux, comme l'océan ne peut franchir ses limites. » Dans cette crise de la destinée de Rama, tous les sentiments naturels se manifestent par les effusions les plus touchantes; mais au-dessus de tous plane le sentiment filial. « Après l'observance des devoirs religieux, dit

---

[1] Schlegel, xxviii, 11. Cette délicatesse de sentiment ne se trouve pas dans la rédaction suivie par M. Gorresio. C'est peut-être encore un signe d'antériorité.

Rama, il n'y a rien de plus grand que d'obéir à un père. » Rama exhorte le sien à tenir religieusement cette promesse dont lui-même est victime, et, en donnant ce conseil désintéressé, il songe encore à ne pas sortir de l'attitude d'un fils soumis. « C'est un avis que je te donne, ô mon père! dit-il, ce n'est pas une leçon. » Voilà une réserve et une mesure de langage bien délicate qui relève singulièrement, ce me semble, l'héroïsme du sacrifice.

Ce que l'affection fraternelle a de plus vif éclate dans les impétueux discours d'un jeune frère de Rama, qui est prêt à combattre les hommes et les dieux, pourvu que Rama soit élevé au trône. « Dis-moi quel ennemi je dois frapper, » s'écrie-t-il. Puis, ramené par son magnanime frère à des sentiments plus doux, le jeune homme reprend avec une tendresse charmante : « Et moi aussi j'habiterai dans les forêts, attentif à t'obéir; moi aussi j'abandonnerai cette cité que tu abandonnes, car sans toi il me serait pénible de vivre même dans le ciel. Si tu m'aimes, ô noble frère! ne me défends pas de te suivre; tandis que tu iras dans la solitude errant de forêt en forêt, je t'apporterai des fleurs et de doux fruits, je serai ton compagnon et ton esclave. »

Quant aux rapports des époux, ils sont indiqués dans le *Râmâyana* d'une manière très-précise. Le mari est le dieu de la femme et son asyle : la femme participe à la félicité ou au malheur qui, dans la suite des existences, résulte des actes du mari. La femme doit être l'ombre qui accompagne constamment son époux, le suivant quand il marche, s'arrêtant quand il s'arrête; l'âme de l'une est unie à l'âme de l'autre, et la mort même ne les séparera pas. « Comme sans corde la lyre ne peut résonner, ni sans roue tourner le char, ainsi, sans son mari, la femme ne saurait être heureuse, quand elle serait mère d'une noble race. Le père donne la joie avec mesure, avec mesure la mère, avec mesure le fils; l'époux seul donne à l'épouse une joie sans mesure. »

Il n'y a pas tout à fait égalité dans le rôle et le dévouement des époux. Rama montre certainement une mâle tendresse pour Sita; mais il n'hésite pas à dire que, si son père l'exigeait, il serait prêt à abandonner à un frère préféré, non-seulement l'empire, mais toutes ses richesses, son épouse et sa vie. La femme est donc comme une propriété de l'homme, comme une partie de lui-même qu'il chérit, ainsi qu'il chérit ses biens et sa vie, et qu'il sacrifierait aussi aux suprêmes commandements de l'autorité paternelle. La mère ne doit être obéie qu'après le père. Rama le rappelle respectueusement à la sienne. Ainsi la paternité, base de l'existence de la famille, est le fondement moral de cette antique société.

Le *Râmâyana* est au moins autant une peinture de la religion que de la société, car, dans le poëme indien comme dans l'Inde elle-même, la religion est toujours sur le premier plan, et, sous ce rapport aussi, ce poëme est d'un grand intérêt. L'idée religieuse a traversé dans l'Inde plusieurs phases analogues à celles qu'elle a traversées dans la mythologie grecque et dans la mythologie du Nord [1].

D'abord se présente une époque primitive durant laquelle domine l'adoration des forces de la nature. C'est la religion des Védas. Un culte naïf est rendu, par des tribus de pâtres et d'agriculteurs, à la lumière, à l'eau, à la terre, à l'aurore. Çà et là on voit, dans les Védas, certaines forces physiques et certains phénomènes de la nature qui commencent à se personnifier, qui passent à la forme humaine. Ainsi se prépare l'Olympe, composé de dieux, de déesses et de génies, qui sera l'Olympe de l'épopée indienne. Plus tard, la tendance spéculative, naturelle à l'esprit de ce peuple, introduira dans la mythologie un panthéisme, ou plutôt un idéalisme philosophique [2],

---

[1] Ces rapports n'ont rien qui doive beaucoup étonner depuis qu'il a été si bien établi que les Indiens, les Grecs et les peuples germaniques parlaient pour ainsi dire des dialectes d'une même langue. La mythologie scandinave offre quelques autres traits de ressemblance avec la mythologie hindoue. Sans sortir du *Râmâyana*, on y voit les dieux épouvantés par le géant Ravana, comme dans l'*Edda* les Ases tremblent devant les mauvaises puissances qui doivent les dévorer. Les mantras sont des espèces de runes. (Comparez avec le *Hava-mal, discours sublime* d'Odin, ce qui est dit dans le *Râmâyana* de Schlegel, xiv, 12.) Sita subit l'épreuve du feu, comme l'épouse de Sigfrid dans l'*Edda*.

[2] Le passage dans lequel Casyapa dit à Vichnou : « O seigneur ! je vois dans ton corps tout l'univers, » ce qui est panthéiste, ne se

et cette théorie de l'*illusion*, qui réduit toute existence à l'essence absolue, et ne voit dans tout ce qui a
forme, couleur, étendue, dans tout ce qui peut être
senti ou perçu, qu'un néant, apparence trompeuse
de l'être inaccessible. Ces doctrines, développées
avec un grand déploiement de fantaisie dans des
poëmes moitié légendaires et moitié métaphysiques
appelés *Pouranas*, ne figurent pas encore dans la
vaste épopée du *Râmâyana*. La mythologie indienne
s'y montre dans un état intermédiaire entre l'adoration primitive de la nature et les raffinements
ultérieurs de la philosophie. Les dieux ne sont plus
des forces physiques; ils ne sont pas encore des abstractions métaphysiques; ils sont des personnes di-
vinés à forme humaine. Cet âge de la mythologie
indienne correspond à l'âge de la mythologie homérique. C'est le point du développement religieux qui
convient à l'épopée. A l'épopée il ne faut ni le culte
des fleuves, des montagnes ou des astres, ni l'adoration de l'impalpable, de l'insaisissable, de l'abstrait;
l'un est trop simple, l'autre est trop subtil pour l'imagination. L'homme ne se prend qu'à ce qui lui ressemble; des dieux humains, personnels, éprouvant
nos affections, participant à nos faiblesses, type
agrandi et idéalisé de notre espèce, voilà les dieux de

trouve pas dans l'edition du Bengale, et M. Schlegel, bien que l'ayant
admis dans son texte, le regarde comme une interpolation. Ici encore
l'édition du Bengale paraît plus ancienne.

l'épopée indienne et de l'épopée grecque, sauf les dissemblances qui tiennent au génie des peuples, sauf surtout les proportions de l'un et l'autre Olympe, proportions aussi différentes que le cours de l'Ilissus et le cours du Gange.

L'allégorie, qui est une chose à la fois très-antique et très-moderne, figure dans le *Râmâyana*; elle figure aussi dans l'*Iliade*. Personne n'a oublié la belle allégorie des Prières. Les allégories du poëme indien ne sont pas si gracieuses, mais elles sont d'une singulière hardiesse. Avant que le Danois Baggesen eût personnifié le *vertige*, Valmiki avait donné pour arme à Rama la *fascination*, et Cartikeia, dieu de la guerre, a pour nourrice des lances, qui l'allaitent de sang.

On sait que le brahmanisme s'est partagé en plusieurs sectes, dont les principales sont la secte de Vichnou et la secte de Siva, chacune ayant élevé le dieu qu'elle préfère au-dessus de tous les autres dieux, sans en excepter Brahma lui-même. L'opposition de ces sectes rivales, partout manifeste dans les *Pouranas*, auxquels elle a en partie donné naissance, n'est point encore nettement prononcée dans le *Râmâyana*. Le poëme est surtout vichnouite, puisque Rama est une incarnation de Vichnou. D'autre part, il y est parlé d'un jour où Siva, *le dieu des dieux*, a renversé toutes les divinités sous ses traits victorieux. Siva est donc aussi proclamé comme un dieu tout-puissant. La lutte qui s'est élevée entre ses adorateurs et ceux de Vichnou n'était pas déclarée, et l'opposition des deux sectes n'était pas encore complétement dessinée à l'époque où fut composé le *Râmâyana*.

Une autre marque d'antiquité, ce sont les sacrifices sanglants et même les sacrifices humains abolis depuis longtemps dans les grands centres de la religion brahmanique, mais qui existent encore aujourd'hui chez quelques populations de l'intérieur, et que les efforts des Anglais ne sont pas parvenus à abolir entièrement.

Le *Râmâyana*, qui présente un tableau fidèle des idées indiennes, nous fait connaître l'opinion qu'on avait dès lors et qu'on a encore aujourd'hui des prérogatives attachées à l'état de brahmane, des mérites, de l'austérité, de la toute-puissance des macérations au moyen desquelles un solitaire peut s'élever jusqu'aux trônes célestes à force de pénitence, et, par un étrange droit de conquête, déposséder les dieux et les remplacer. Cette puissance se manifeste encore autrement et par des prodiges bien étranges. Les mérites de la pénitence sont si grands que celui qui les possède acquiert le pouvoir de créer des mondes. Le sage Visvamitra, par l'énergie de sa pénitence, a déjà augmenté le nombre des astres ; poursuivant son œuvre, il va créer de nouveaux dieux et un nouvel Indra (Indra est le chef de l'Olympe indien), quand les habitants du ciel, qu'épouvante la terrible puissance de l'ascète,

entrent en pourparlers et en arrangement avec lui.
C'est que les personnages divins eux-mêmes ne peuvent résister à la toute-puissance que les solitaires
puisent dans les vertus de la pénitence; souvent les
dieux l'éprouvent à leurs dépens. Un solitaire qui a
à se plaindre de la déesse Ganga (le Gange) la punit
en l'avalant; un autre se venge de Siva, roi des dieux,
en le mettant, par l'efficacité de la prière, dans l'état
où Saturne fut réduit par Jupiter. Tel est le pouvoir
que les anachorètes de l'Inde peuvent acquérir par la
mortification. L'homme, en réprimant ses sens, devient maître de l'univers et supérieur aux dieux.
Cette exagération insensée de l'énergie que possède
la volonté de l'homme affranchi de ses passions a un
côté sublime.

Autre singularité qui caractérise le génie indien : à
côté de l'ascétisme est la philosophie. Les brahmanes
sont représentés discutant sur la nature des choses;
l'un d'eux, pour avoir trop médité sur la misère de la
condition humaine, sur le triomphe des méchants et
le malheur des bons, en est venu à mettre en question
l'autorité des Védas. Ainsi, dès ces temps reculés, la
spéculation métaphysique revendique ses droits en
présence de l'autorité religieuse la plus forte et la
plus tyrannique qui fut jamais, et même le bon sens
moral s'est fait jour dans cette poésie tout imprégnée d'extase au point d'y introduire une pensée qui
sent son dix-huitième siècle. « Un roi n'obtient

pas le ciel par des sacrifices, mais en bien gouvernant ses États. » Je connais peu d'exemples d'une poésie philosophique plus élevée que celle que respire le passage suivant sur la mort. « Les hommes se réjouissent lorsque le soleil se lève, et, lorsque le soleil se couche, ce devrait être pour eux un avertissement que tout a son aurore et son couchant. Ils se réjouissent du printemps quand tout nous semble jeune et nouveau. Hélas ! à mesure que l'année entraîne les saisons, notre vie nous échappe. Comme une goutte de rosée qui tremble sur une fleur de lotus, le bonheur de l'homme est toujours vacillant et près de disparaître ; et comme au sein du grand océan un bois flottant en rencontre un autre, ainsi les êtres se rencontrent un moment sur la terre. » Il y a dans ces vers une mélancolie pleine de grandeur. Du reste, la grandeur est le caractère de la poésie du *Râmâyana* ; ce caractère ne l'abandonne jamais. Un roi sur son trône est comparé au père universel environné par les dieux qui gouvernent le monde. L'arc divin de Siva est si pesant, que huit cents hommes ont peine à le traîner ; Rama le soulève facilement, et en le tendant, le brise avec un bruit semblable au fracas d'un rocher qui se précipite, au retentissement de la foudre qu'Indra lance contre le sommet d'une montagne. Nulle part ce caractère de grandeur ne se montre avec plus de puissance et d'originalité que dans le récit de la descente de la déesse Ganga du ciel sur la terre. Voici les cir-

constances, elles-mêmes fort étranges, qui amènent
cet épisode extraordinaire.

Un ancien roi nommé Sagara avait deux epouses ;
la première lui donna un fils, la seconde lui en donna
soixante-dix mille. J'ai déjà dit que les nombres ne
coûtent rien à l'imagination des Hindous. Il advient
que Sagara, le père de cette abondante postérité,
voulut offrir le sacrifice du cheval. C'est une grande
chose que ce sacrifice dans les idées indiennes : les
prospérités terrestres et les bénédictions célestes sont
attachées à l'accomplissement de cet acte religieux.
Cette fois, tout était préparé pour l'offrande, quand un
serpent sort de terre, entraine avec lui la victime et
disparait. Les brahmanes sont consternés, l'interruption du rite sacré peut attirer les plus grands malheurs.
Il faut à toute force retrouver le cheval enlevé par
une puissance inconnue. Sagara charge du soin de cette
recherche ses soixante-dix mille fils. Aussitôt tous se
mettent à creuser et a fouiller la terre : la terre gémit
de douleur. Les fils de Sagara exterminent toutes les
créatures qu'ils rencontrent. Les dieux et les génies
s'épouvantent et supplient Brahma d'empêcher que les
terribles enfants de Sagara n'achèvent de détruire le
monde. Alors fut entendue, semblable au bruit du
tonnerre, la voix des robustes fils de Sagara ; après
avoir parcouru la terre et l'avoir partout déchirée, ils
revinrent à leur père, et lui demandèrent ce qu'ils
devaient faire encore. Sagara, rempli de fureur, leur

dit . Creusez, fouillez, et ne revenez que quand vous aurez trouvé le ravisseur du cheval. Les Sagarides recommencent à fendre-le sein de la terre. Après avoir trouvé successivement les quatre éléphants qui soutiennent le monde, ils découvrent enfin le ravisseur, c'était Vichnou lui-même. Le cheval paissait à quelque distance; les intrépides fils de Sagara reprochent à Vichnou son larcin et le menacent; mais la bouche du dieu irrité fait entendre un frémissement sourd, et les soixante-dix mille Sagarides sont réduits en poussière. Un petit-fils de Sagara est envoyé à la recherche de ses oncles; il s'enfonce courageusement dans la route souterraine qu'ils ont ouverte, et ne trouve plus rien d'eux qu'un amas de cendres; à cet aspect, il gémit et se livre au désespoir, parce que l'eau manque pour faire à ses parents morts une libation funèbre. Le roi des oiseaux, qui se trouvait être son grand oncle, le console en lui disant que la déesse Ganga descendra des demeures célestes dans les profondeurs de la terre, et que son eau divine, en touchant les cendres des Sagarides, les ranimera. Le jeune homme ramène le cheval à Sagara, qui achève son sacrifice; mais il s'agit maintenant d'accomplir une autre œuvre bien difficile, il faut découvrir un moyen de faire descendre du ciel la déesse Ganga [1]. Après trente mille ans de règne, Sagara meurt sans l'avoir trouvé.

[1] C'est le Gange. M. de Chézy, dans une brochure spirituelle publiée à l'occasion du *Paria* de Casimir Delavigne, reprochait au poëte fran-

Cependant les rois de sa race amassent un grand
trésor de mérites par des austérités continuées durant des mi liers d'années. A ces anciens rois sont
attribuées les macérations auxquelles se soumettent
encore aujourd hui les pénitents de l'Inde. Ils couchent sur le sol humide pendant la saison des
pluies, ils tiennent les bras constamment élevés,
ils vivent entourés de feux durant l'été. Brahma,
touché de ces mortifications, vient trouver dans son
ermitage l'arrière-petit-fils de Sagara, — car la pénitence a mis le saint roi sur un pied d'égalité avec le
dieu, — et lui annonce que ses prières sont exaucées,
que les eaux de la rivière céleste baigneront les cendres
des Sagarides, et que ceux-ci, purifiés par cette lustration divine, monteront au ciel. Seulement, dit Brahma,
il faut obtenir du dieu Siva qu'il reçoive sur sa tête
l'onde qui se précipitera du firmament, car la terre ne
pourrait en soutenir la chute et l'impétuosité. Après
une année que le roi pénitent passe encore dans des
austérités inouïes, Siva consent à recevoir sur sa tête
la déesse Ganga tombant du ciel. « Alors le puissant
dieu du monde, ayant gravi les sommets de l'Himalaya
et appelant Ganga, la nymphe du fleuve céleste, lui
cria : Descends. La fille aînée de l'Himalaya, celle que
le monde entier adore, en entendant cet ordre de Siva,
fut saisie de colère; rassemblant l'immensité de ses

gais d'avoir fait dire à Neala qu elle était l épouse du Gange le Gange
étant *une déesse* dans la mythologie indienne.

eaux, elle se précipite sur la tête fortunée du dieu.
· La déesse se disait : Certainement je pénétrerai jusqu'aux enfers, et j'entraînerai Siva avec mes flots :
mais le dieu se dit à son tour : Je saurai l'humilier.
En effet, il la laissa, durant des années, s'égarer
parmi les boucles de sa chevelure, semblable aux
forêts de l'Ilimalaya; il fallut encore de nouvelles
austérités du descendant de Sagara pour délivrer
Ganga, prisonnière dans l'immense chevelure de Siva.
Enfin celui-ci écarte une boucle de ses cheveux, et le
Gange se répand sur la terre, le Gange, fleuve divin,
immaculé, qui purifie le monde. Les dieux et les
sages célestes, les génies, les bienheureux, s'avancent
pour le contempler sur des chars, des chevaux et des
éléphants, ou en volant à travers les airs; des divinités
se plongent dans les ondes sacrées, et le grand Brahma
lui-même, le père de l'univers, suit le courant divin.
Les pierreries qui forment la parure des dieux resplen-
dissent, le ciel sans nuage semble éclairé de mille
soleils; des poissons et des dauphins sillonnent l'air
en tombant comme des éclairs, et les flots blanchissants
d'écume, dispersés dans l'espace, semblent des troupes
de cygnes volant sous un ciel d'automne. Ici le fleuve
s'élance d'un cours rapide, là il se traîne dans un lit
tortueux; ici il s'épanche sur une vaste étendue, là
ses eaux sont presque immobiles. Tous les êtres, en se
baignant dans les ondes pures qui se sont réunies sur
le corps sacré de Siva, étaient lavés de leurs souillures ·

ceux qui, par l'effet de quelque malédiction, étaient
tombés du ciel sur la terre, purifiés de nouveau,
remontaient aux demeures éthérées. Les sages divins
murmuraient des prières, les musiciens célestes chantaient, les belles Apsaras formaient des chœurs de
danse; les troupes de pénitents se réjouissaient. L univers entier était dans l'allégresse; la descente de
Ganga remplissait de joie les trois mondes. Le sage
roi Bhagirata, assis sur son char, s'avançait au-devant
de tous; le Gange le suivait. Traînant ses grands flots
couronnés d'écume, précipitant sa course rapide et
roulant ses impétueux tourbillons, le fleuve semblait
suivre le roi en dansant. Arrivés au bord de l'océan,
le roi et le fleuve entrèrent dans le sein de la terre
par la voie qu'avaient creusée les fils de Sagara. Dès
que le fleuve saint eut touché les cendres des Sagarides,
ils prirent soudain des formes divines et montèrent
au ciel. »

Tels sont les principaux traits de cet étrange et magnifique épisode choisis dans les deux versions que j'ai
sous les yeux. Il me paraît impossible que, malgré la
bizarrerie de certains détails, on ne soit pas frappé d'un
grand air de poésie répandu sur ce morceau célèbre. Ce
ne sont pas les proportions harmonieuses de l'art grec,
ce sont les proportions gigantesques de l'art oriental;
ce n'est pas l'Apollon du Belvédère, ce sont les colosses
de Memphis ou de Ninive; ce n'est pas le Parthénon,
c'est Karnac; ce n'est pas l'Olympe, c'est l'Himalaya.

Par la même raison, il ne faut pas demander à Valmiki d'être un Homère. Il y a bien entre eux quelques rapports; la poésie de tous deux est une poésie non écrite, chantée par des rhapsodes. C'est probablement cette analogie qui avait fait croire aux Grecs que les Indiens chantaient les poëmes d'Homère traduits dans leur langue. Il y a même dans le *Râmâyana* quelques traits d'imagination qui rappellent l'*Iliade*. Les coursiers pleurent le héros; les dieux d'Homère font trois pas, et ils atteignent aux extrémités de l'univers; de même le dieu Vichnou fait trois pas et franchit les trois mondes. Ici le nombre des pas est expliqué par le nombre des mondes, ce qui semble indiquer l'origine mythologique de l'allure qu'Homère donne à ses dieux; mais ce n'est pas le lieu de s'arrêter à ces ressemblances des mythes indiens et des mythes grecs dont le *Râmâyana* nous fournirait d'autres exemples , et je me bornerai à quelques rapprochements entre les deux poésies.

Une grande infériorité de la poésie indienne, c'est le vague des descriptions. Un trait pittoresque suffit à Homère pour caractériser une localité; il n'en est pas de même dans le *Râmâyana*. Une énumération souvent assez prolixe de circonstances banales ne laisse

---

¹ La vache d'abondance, qui prodigue toutes sortes de biens, pourrait être l'origine de la corne d'abondance. La lutte des Suras et des Asuras ressemble beaucoup à la lutte des dieux et des Titans. Indra l'emporte comme Jupiter.

au lecteur aucune impression distincte et individuelle. Toutes les forêts se ressemblent; il y a pour toutes un lieu commun descriptif qui se reproduit avec peu de variations. La peinture de la ville d'Ayodia est très-frappante, et, comme je l'ai fait remarquer, donne l'idée d'une civilisation assez avancée; mais rien n'y est particularisé, rien n'y fait connaître la situation et l'aspect d'Ayolia. Souvent une épithète homérique a suffi pour indiquer aux géographes le site d'une ville grecque. Si les débris de l'antique cité indienne n'en marquaient encore aujourd'hui l'emplacement, je crois qu'on aurait eu quelque peine à le déterminer, malgré le chapitre entier du *Râmâyana* qui porte le titre de *Description d'Ayodia* et qui a quarante vers.

La sévérité du goût occidental pourrait reprocher aussi à cette riche poésie de l'Inde une prodigalité, une exubérance trop grande d'épithètes et d'images; on trouve quatre comparaisons de suite pour désigner le même objet. Ainsi la belle Ahalya, devenue invisible par un enchantement, est comparée à une image aérienne et insaisissable formée par Brahma, à une vive flamme que voile la fumée, à la pleine lune entourée de nuages, à la clarté du soleil réfléchi dans l'eau. Chacune de ces comparaisons est ingénieuse, mais c'est trop de moitié. Homère n'en a jamais employé plus de deux pour le même objet. Ailleurs cette accumulation est encore moins heureuse. Le père de Rama est comparé à un serpent, à l'Océan, au soleil qui s'éclipse et à un sage qui a dit un mensonge. Il est un peu difficile de ressembler en même temps à tout cela.

Pour le pathétique, l'épopée indienne peut presque lutter avec l'épopée hellénique. Sans doute elle n'offre rien, à ma connaissance du moins, qui égale le discours de Priam aux genoux d'Achille. Il y a même dans les plaintes de la mère de Rama, au moment où le héros s'éloigne, une surabondance qui touche à la déclamation, défaut qui n'approcha jamais de la chaste et sobre muse d'Homère; mais certains passages du *Râmâyana* ont ce charme d'émotions naïves qui nous attendrit aux adieux d'Hector et d'Andromaque. Voici comment est raconté le moment où Rama se sépare de son père, qui l'a banni à regret, et dont le cœur est déchiré par cet exil. Le vieux roi a suivi son fils à pied, accompagné de la mère de Rama; tous deux poussent d'amers gémissements. Rama, ne pouvant souffrir plus longtemps ce cruel spectacle et voulant épargner à son père les déchirements d'une douleur inutile, après avoir jeté à ses vieux parents un dernier regard de tendresse, dit à celui qui guide son char de presser le pas des chevaux. « Alors Rama vit sa misérable mère élevant les bras, gémissant comme une brebis, et chancelant sur la route. Le vieux roi criait au cocher : Arrête-toi. Rama lui disait : Continue d'avancer. Le cocher était comme un homme qui se-

rait suspendu entre le ciel et la terre. Rama lui disait :
« Plus cette douleur se prolonge, plus elle est cruelle.
Quand tu reverras le roi, tu lui diras : Je n'ai pas entendu ta voix. » Et Sumantra, ayant connu la volonté
de Rama, après avoir salué tristement le roi, poussa
les chevaux en avant... Alors les brahmanes dirent
au roi : « Maintenant tu dois cesser de suivre celui
que tu désires revoir un jour. » Les paroles des maîtres
sacrés entendues, le roi retint ses larmes, et s'arrêta
le cœur plein de tristesse et d'angoisse, regardant son
fils qui s'éloignait. » Ici tout est simple, touchant,
bien pris dans la nature, et les gémissements éperdus
de la mère, et la fermeté de Rama dans son affliction,
et la douleur poignante du vieux roi, et ses larmes
qui s'arrêtent à la voix des brahmanes, et son dernier
regard accompagnant de loin le fils qu'on ne lui permet pas de pleurer.

Je m'arrête. Ce qu'on vient de lire suffit, je crois,
pour donner une idée générale du *Râmâyana*, et de
l'intérêt que peuvent offrir la publication et la traduction de ce grand poëme. Du reste, avant d'être
traduit en latin par M. Schlegel, en italien par M. Gorresio, le *Râmâyana* l'avait été dans plusieurs langues
de l'Orient, entre autres en hindoui, l'un des dialectes populaires de l'Inde [1]. Je ne sais quelles étaient
les facilités qu'offraient ces différentes langues aux

___
[1] Voyez l'*Histoire de la littérature hindoui et hindoustani* de M. Gar-
cin de Tassy.

traducteurs du *Râmâyana*, mais je suis bien frappé des obstacles que la nature de la langue sanskrite présentait aux traducteurs européens ; aucun autre idiome ne possède au même degré la faculté de former des composés par l'association d'un grand nombre de radicaux. Un vers sanskrit de trente-deux syllabes peut ne contenir qu'un seul mot. Ce qui ailleurs demande toute une phrase peut être rendu par une seule épithète. En vérité, si M. Jourdain eût connu le sanskrit, il aurait réservé pour ce bel idiome toute l'admiration que lui inspirait le turc, langue qui, à en croire Covielle, dit *beaucoup de choses en peu de paroles*, et où *maraba sahem* veut dire : Ah ! que je suis amoureux d'elle ! Sérieusement, le sanskrit possède au plus haut degré la faculté de réunir les mots simples en mots composés. Le grec, l'allemand, le français de Ronsard, sont les seules langues qui construisent ainsi des vocables formés de plusieurs radicaux ; mais ces langues, en y comprenant la troisième, sont à cet égard d'une extrême timidité, comparées au sanskrit. L'allemand est certainement celle qui, par son génie, se prête le mieux à reproduire, dans une certaine mesure, cette synthèse puissante, qui donne au sanskrit tant d'ampleur et de majesté. Je m'étonne donc qu'un homme, maître de la langue allemande comme l'était Schlegel, ait préféré se servir du latin pour traduire le *Râmâyana*, comme il s'en était déjà servi dans sa version du *Bhagavad-Gîtâ*. Son latin, du reste, a une certaine gravité un peu archaïque, assez en harmonie avec le caractère grandiose de l'épopée primitive [1]. Quant à M. Gorresio, il a voulu faire une œuvre nationale, et il s'est servi de la langue italienne, qui, pour la première fois, avait à reproduire les hardiesses et les richesses de la poésie indienne. M. Gorresio n'est pas seulement un érudit, il est aussi un écrivain. En même temps que l'indianiste habile fait un choix savant entre les leçons et les variantes, l'homme d'imagination aspire à transporter dans son idiome maternel les beautés de l'antique idiome : lutte laborieuse et assez semblable à celle que Rama lui-même soutient contre les géants. C'est aussi contre un géant que lutte M. Gorresio ; aussi rassemble-t-il toutes ses forces et toutes ses armes. La langue qu'il manie est trempée aux bonnes sources ; on voit qu'elle a été forgée sur la puissante enclume de Dante. Quelques mots comme *tartaro*, *bardo*, ont peut-être une physionomie un peu classique ou un peu moderne ; la difficulté de traduire sans trop de périphrases les épithètes complexes qui abondent dans l'original a entraîné le traducteur à user d'un expédient que je ne lui conseille pas de renouveler : c'est de rendre par un mot grec de sa composition, *lotophyllope*, cette désignation

---

[1] Seulement l'empreinte class que efface parfois la couleur locale. Les *quatuor civium ordines* ne produisent pas tout à fait sur l'imagination le même effet que les quatre castes, en sanskrit les quatre *couleurs*

poétique: *celui dont les yeux ressemblent aux feuilles du lotus;* ce serait, ce me semble, *ronsardiser* en italien. Je n'aime pas non plus que, pour désigner une des plantes qu'elle trouvera dans la forêt, Sita emploie l'expression technique de *poa cynosuroïdes.* Ce sont là du reste des chicanes bien vétilleuses. En somme, le besoin d'alléger un peu la phrase sanskrite, tout hérissée, pour ainsi dire, de ces grands mots composés dont les racines s'entrelacent comme l'inextricable végétation des jungles de l'Inde, le désir de ne pas arrêter le mouvement général de la période par une trop minutieuse reprodution de tous les détails, n'empêchent pas M. Gorresio d'être un traducteur fidèle avec élégance, s'il n'est pas littéral jusqu'au scrupule. Je ne doute pas qu'il n'atteigne le but qu'il s'est proposé. En même temps qu'il aura mérité la reconnaissance des indianistes en publiant un bon texte du *Râmâyana,* il fera lire ce poëme d'un bout à l'autre aux gens de lettres et aux gens de goût, et fera partager, du moins en partie, la vive admiration qu'il ressent pour un des plus remarquables produits de l'imagination humaine. Quand il aura achevé sa tâche, quand le poëme entier aura paru accompagné d'une introduction qui sera sans doute bien propre à le faire apprécier, je pourrai y revenir et traiter les questions d'histoire, de philosophie et de littérature que cette introduction ne manquera pas de soulever. Pour aujourd'hui, je me hâte de terminer cette rapide excursion dans l'Inde, de regagner les bords du Nil, de remonter dans ma barque, que j'ai laissée amarrée devant le temple de Denderah, et qui n'attend qu'un souffle de bon vent pour me porter au pied des ruines de Louk-sor.

FIN

TABLE DES MATIÈRES

ERRATA.

Page 150, note, lisez : 629 à 645 *après* J. C.

Page 331, ligne 2 : lisez avant l'an 1000 de notre ère.

PARIS. — IMP. SIMON RAÇON ET COMP., RUE D'ERFURTH, 1.